Making Better Places

メイキング・ベター・プレイス

場所の質を問う

Patsy Healey

パッツィ・ヒーリー 著

後藤春彦 監訳／村上佳代 訳

鹿島出版会

メイキング・ベター・プレイス

場所の質を問う

日本語版への序

なぜ「計画プロジェクト（planning project）」が大切か。本書では、私なりに考えてきたことを書き留めている。私の見立てでは、計画（planning）とは場所の質に影響を与える意図的なマネジメントや開発行為のことである。私はそれを「場所のガバナンス（place governance）」と呼んでいる。しかし、場所のガバナンスであればどんなものでも良いわけではない。人類が生き続けるために不可欠な環境、現在、そして未来、また限られた人々にとってだけでなく、多くの人々が暮らしやすい環境を持続させるための関心を引き出すような、計画的志向を持つ場所のガバナンスを考えたい。こうした場所のガバナンスの概念を用いて私が問うているのは、人間や物事が時空間上でどう繋がっているか、そして、場所のガバナンスを通じて培われる知恵が地域に暮らすコミュニティの知性をどのように拡大しうるかという問題である。実際には、場所の質とは何か、どのようにつくりだすかについて、人々の意見や価値観は千差万別であるが、そういった場合にもこの「計画的志向を持つ場所のガバナンス」という概念は人々が行動を起こす際のよりどころとなる。ここでいう計画とは、単なる物理的な開発や物質的な利益を生みだす以上の仕事なのだ。計画が寄せるべき関心は、特定の場所にまつわる価値、つまりその場所を人々がどう感じるかに影響を与えることなのだ。人々のこうした感性や思考が時間をかけて共に行動することに繋がれば、人類が持続的な未来をつくり続けていけるのではと思う。

未来に向かって場所をかたちづくろうとする計画の重要性は、私だけが訴えているものではもちろんない。研究者や政策立案者の多くも、場所の質は人々のアイデンティティや人類の幸福にとって重要な要素であり、私たちを取り巻く環境の未来に対する関心の高まりを理解している。とはいえ、こうした価値観の一般化や、ある場所での「成功事例」を真似てみることには十分注意すべきだろう。それぞれの場所、町や村、都市や住宅地区、広域あるいは景観には固有の歴史と質があり、そこに変化を加えようとするならば、その場所の特質やそれに対して人々が抱く価値観に細心の注意を払わなくてはいけない。

とはいえ、場所のガバナンスとしての計画が何をどうなしえるかについて、ある程度の一般化は可能である。本書では場所をかたちづくる仕事として三つの領域を取り上げている。まず、個人の行為が社会の未来を危険にさらすことのないよう、身近な暮らしの環境に起こる変化に適切に対応するための日々のマネジメント。次に、新たな場所の質をつくりだすための巨大開発プロジェクト。最後に、場所の変化に影響を及ぼす多様な主体の活動を把握し調整するための計画や戦略づくり。取り上げた具体的な事例が、読者の皆さん自身に何が可能であったかを考えるきっかけになると期待したい。また、それぞれ場所の文脈をしっかりと理解してほしい。

実証例を英国内に限らず他国にも求めてきたが、日本の都市の住宅地区レベルでのまちづくりの実践を取り上げた本書が日本の読者に届けられることはとても嬉しく思う。日本の事例(神戸)は、市民主体の場所づくりの実践として刺激的な内容を含んでいる。主に国連ハビタット(人間居住計画)が発行するグローバル・レポート*Revisiting urban planning*(2009)の報告を踏まえており、この報告をまとめるに当たって協力いただいた日本の研究者の皆さんに感謝の意を表したい。

国際的な視点を強調する理由の一つは、私自身の英国での「リアリティ」に関係する。英国人は、世界を見ることなく内にこもりがちな国民性がある。まずは、私の国の読者の想像力や理解力を押し広げ、刺激を与えたかったのが本書執筆の動機でもあった。もちろん、世界中の読者も念頭に置いている。私たち同様、複数の幅広い課題を抱え、暮らしに関わる場所として都市も農村も含めて移動している彼らがお互いに刺激し合うことも期待したい。

もちろん、私自身の思考が英国やヨーロッパ、西洋の文化や歴史からくる先入観から逃れることは難しい。また、日本の文化や歴史的風土が場所の質を捉える人々の感性にどう影響し、またよりよい質を生みだしうるのか、私の知ることは限られている。しかし、知識とこれまでの経験から、少なくとも二つのことは言えるのではないかと思う。一つは、私たちが暮らし、働く場所、「私たちを存在たらしめる」場所の質というものは、人々にとって重要な要素であるということ、つまり、私たちが経験する生活の質に直接影響を与えるものであるということ。もう一つは、場所の質は複数の関係性や力がある特定の時空間で束ねられた結果として生じるものであること。場所をつくるための適切なやり方をデザインすることは、対象となる場所やその場所に関わる人々から遠く離れるほど困難になる。効果的な場所づくりに取り組むためには、地域のアリーナが必要不可欠だ。そのアリーナにおいてはじめて、問題や適切な対処の仕方が議論でき、それに基づいたデザインが生みだされる。

本書は、「正しい計画の仕方」を説いた処方箋ではない。私の期待は、読者自身が自らの文脈に引き寄せて「よりよい場所をつくる」ことについて考えるきっかけを与えることだ。二十一世紀、変化し続ける状況に私たちは立ちすくむこともあるだろう。だからこそ、日本のいま、そして未来、また世界に思いを馳せてほしい。

パッツィ・ヒーリー

二〇一四年一一月、ウーラー村にて

謝辞

本書の執筆に際して、本当に多くの人々に支えられた。各章の草稿を読み、コメントを寄せてくれた方、また、特に最終稿が完成する前に全体を読み通してくださった方にお礼を申し上げたい。こうしたやり取りを通じて気づいたのは、この手の本には様々な読み方があって良いということだ。

各章の草稿への情報提供、およびコメントを頂いた方の名前を挙げておきたい（敬称略）。Carl Aboott, Sy Adler, Antonio Font, Stan Majoor, Tim Marshall, Eric Morgan, 笠真希、Willem Salet, Andre Sorensen, Huw Thomas, David Webb, Geoff Wright。全体への示唆を頂いたHilary Briggs, Ruth le Guen, Jon Ingold, Ted Kitchen, Bill Solesbury、そして出版社が推薦した匿名の方二人。8章の「計画という仕事」について考察を引用させて頂いたLouis Albrechts, Ted Kitchen, Erik van Rijn, Geoff Wrightには特に感謝申し上げる。また、4章の神戸に関する情報提供者Carolyn Funck、村上佳代、笠真希、渡辺俊一、アムステルダムの近隣住区（Box 2.2参照）の案内役アムステル大学のDirk Schuiling、5章のサウス・タインサイドに関する情報提供者Kath Lawless, Ian Cansfield、ベスターズ・キャンプ・ＩＮＫの情報提供者Carolyn Kerr, Theresa Subban, Mike Byerley, Phil Martin, Adrian Masson, Alison Todes, Nancy Odendaal, Ken Breetzkeをはじめ、多くの方にお世話になった。写真や図版の掲載を快諾頂いた方々――Luke Holland（図1.1）、Yosef Jabareen（図1.3, 1.4）、Alain MotteおよびMichel Chiappero（図2.1c）、神戸市役所（図4.2）、神戸真野地区の資料を提供頂いた宮西悠司および首都大学東京の饗庭伸（図4.3）、Ali Madanipour（図6.4）、一九四四年の大ロンドン計画の図版（図7.1a）を提供してくれたStephen Ward、大ロンドン市役所およびMike Newitt（図7.1b）、アムステルダム市役所（図7.2a, 7.2bおよびBox 7.1の図版）。図1.2、図4.1、図7.5はShutterstock.comから、図6.1はワシントンDCにあるNational Archivesより提供頂いた［編註＝図1.2、図4.1、図4.2、図6.2、図7.5は日本語版のために写真を差し替えている］。提供者の表示がないものは著者自身の撮影による。

最後に、出版社Palgrave Macmilanの編集者Steven Kennedyには、私のアイデア段階から出版までの道のりを支えて頂いた。最終的な内容は彼の思いとは違うものになったかもしれないが！ 記して感謝申し上げたい。また、熱意ある支援を惜しみなく提供してくれたStephen Wenham、同出版社の「計画学シリーズ」のアドバイザーであるYvonne RydinおよびAndy Thornleyからは適切な示唆を、また出版社が選んだ匿名の二人からは機知に富んだコメントを頂いたおかげで、より良い文章になったと思う。出版に先立ってテキストを整えてくれたLinda AuldおよびSally Osbornに感謝する。

目次

凡例

- 原文においてイタリック体で示された書物・雑誌名は『 』で、語句を強調する〝 〟は「 」で置き換えた。重要な語句は原語を（ ）に残した。
- （ ）や——は原則原文を踏襲したが、——に関しては文脈に応じて（ ）に置き換えた場合がある。
- 訳者による補足は〔 〕を付した。原註番号は註記号[ ]を、訳者註番号は註記号〚 〛をそれぞれ該当する語句に付し、註記は本文末尾にまとめた。

はじめに

計画という考え方、そしてその実践が本書のテーマである。この計画（planning）という言葉は、人々が暮らし働く場所をつくりだし、よりよいものに更新することを指す。この「計画（planning）」は「都市（city）」「都市・地域（urban and regional）」あるいは「空間（spatial）」という単語を伴って世界中で使用されるようになってきた。多くの人間が都市環境で暮らすようになり、環境に与える様々な負荷を無視できない事実がその背後にある。計画は人々の生活環境を改善しつつ、人間活動が生みだす環境負荷を減らすことを目指して、特に密集して人々が暮らす都市環境で用いられてきた。

計画行為（planning activity）は「計画システム（planning system）」と呼ばれる社会的制度のプロセスあるいはその実践として広く理解されている。「計画システム」は、空間開発計画の策定に加えて、公共の利益を守り高めるために、私的な不動産権利に規制をかける。しかし、こうした行為は官僚的な失策あるいは、極端に野心的な事業として批判されることも少なくない。世界の多くの地域で、計画行為は行政事務や政治的な実践として行われるようになっており、本来のシステムを創造するという意欲的な目標を見失っている。

計画プロジェクト（planning project）が何を目指すかについては、いつの時代も批判的議論の対象となってきた。計画行為の目的が、未来の可能性や課題に目を向けた、場所の質(qualities of places)の改善であることに異論はないだろう。しかし、場所の質がどうあるべきか、何をもって改善というのか、誰の意見が採用されるのか、そして可能性ある未来という考え方をどのようにして具体的なプログラムに仕立てるか、という場面で様々な異論が持ち上がる。こうした異論は計画領域の専門家の間だけで見られるものではない。あらゆる人々は自らの地域を良くしたいと願い、要望を前に進めようとする。そこに現れる様々な異論は、計画の実践(practice of planning)そのものを変化させることになる。そうした現場では、極めて政治的そして法的な判断が現れる。つまり、ガバナンス(governance)の行為が生じるのである。しかし、計画行為を通じて達成しようとしているのは、はたして単にこうした討論を促し、調停することだけなのだろうか。

本書の目的の一つは、二十世紀後半に実践されてきた狭く還元的な見方から、計画プロジェクトの真意を再び問い直すことにある。都市をつくるという壮大な構想は、極端な野心、社会的公平の追求、そして金融危機といった出来事の繰り返しによって、錆びついたものとなってしまった感がある。空間領域の開発は、都市空間がどうつくられ、維持されるべきかといった時代錯誤のモデルをベースにしており、予想とは異なる事態が起こるたびに、こうした開発の概念そのものが陳腐化されてきた。土地利用規制は、アメニティや環境の質の保護を意図しているにもかかわらず、実際には込み入ったルールや判断が取り決められ、そもそも目指していた目標とは何の縁もないものに変質した時代が相当長く続いている。紛争を調停するという機能でさえ、より暮らしやすく持続可能な場所をつくることを人々に認知させるという目的を見失っている。

しかし、本書であえて計画プロジェクトをとりあげるのは、それが場所や場所の質の発展に寄与するものとして、これまでにもより広範囲に関心を寄せてきたこと、そして、今後も寄せるべきものと考えるからだ。計画行為という概念を再考する動きは、近年ますます顕著になってきている。こうした文脈では、場所の開発やその未来をかたちづくる社会的プロジェクトとしての意味が強い。それは、少数の人間にとってではなく、多くの人々にとってより良い、持続可能な環境をつくるという意志を持つことが重要だ。本書の中心テーマは、いかにして暮らしやすさや持続可能性といった考え方を具体的な行動プログラムにつくりかえるか、そしてそれが居住環境や地域自然環境上、いかなる物理的効果をもたらすかということである。こうした関係性を、三つの領域を通じて考察してみよう。まず、近隣居住区における日々のマネジメント、二つ目に巨大開発プロジェクトの現場、三つ目は空間戦略づくりの場。こうした現場の状況を詳細に考察しながら伝えたいのは、計画領域は将来を想像することだけが仕事ではなく、想像した未来を現実のものに変えていくという実践も重要な仕事であるということだ。そして、私が本書の中で想定するのは、ある特定の未来へ向けた計画行為である。その未来は、国王や独裁者が権力を誇示するような記念碑的景観ではない。目指す未来像は、そこに暮らし、そこを訪れ、そこで事業を興す人々に様々な機会や刺激、日々の利便性を提供するような場所をつくること、そして将来の世代の選択肢を狭めることのないようなやり方でそれを実践するような計画プロジェクトなのである。

本書のねらいのもう一つは、上記のようなパースペクティブから計画領域の仕事を広く伝えることにある。世の中には、暮らし方、技術、物理的なデザイン、特定のマネジメントシステムといった私たちの今の暮らしをよくするような処方箋が溢れている。本書はそうした考え方のレビューではない。私の関心は、いかにして特定の考えに至るのかといったプロセス、そしてその考えを実現することで、場所の質やそれに対する人々の経験をいかに変化させるかという点にある。

私は、この本を計画領域の「内部事情を知る者」として書いている。しかし、私が計画という「プロジェクト」(the 'project' of planning)の意義を説くのは、私がプランナーとしてのバックグラウンドを持つからではもちろんない。二十一世紀、世界の総人口の半数以上が都市に暮らしている。世界のあらゆる地域で、政治的コミュニティはこの都市環境の暮らしやすさや持続可能性を高めるべく行動を起こさなくてはならなくなる。そのため政府の介入やより広いガバナンスの行為の重要性が高まる。しかし、生活の質の改善や福祉の提供を任務とする政府にとって、人々に日々の生活を営む環境、その質に対して十分な政策的関心を持ってもらうのは容易ではない。二十世紀の政府の活動は、私たちの暮らしをパーツごとに「分解」して対応してきたが（教育、保健／医療、交通網整備、雇用、介護支援など）、実際、人々がこうした暮らしに必要な要素を求めてそれぞれの場所に出向かなくてはならないという問題を無視してきた。しかし、実際には暮らしを営む場所の質にこそ、多くの人は関心を持つのでないだろうか。例えば、健康や福祉に関心を持つ人々は、地域環境がどのように構成されているかにますます強い関心を寄せるようになっている。こうした動きこそが、これからの時代、場所の質に強い政治的関心を向けるべきだと考える背景となっている。更にいえば、どういった質、そして誰の関心が優先されるのかをめぐる争いは、より広い意味での政治的影響をもたらす。こうした場所の質に関心を持つ人々に、社会が応える能力を有するか否かが問われているのだ。二十世紀、「都市計画（town planning, urban planning）」「環境計画（environmental planning）」「スペーシャル・プランニング（spatial planning）」といった政策システムが用いられてきた制度的アリーナは、こうした場所をめぐる政治が実践される重要な舞台となってきた。しかし、場所の質に関する関心が広がるにつれて、多様化する社会状況の中で人間にとっての幸福を持続的な方法で希求するとはどういうことなのかを、こうしたアリーナやその実践の場で再定義し、再構築する必要がある。

本書を執筆するにあたって、複数の異なるタイプの読者を想定している。まず、都市計画を生業とする同僚のプランナーたち。計画領域で長く経験を積んできた専門家である彼らに、今一度都市計画に対する理解を見直し、その背後にある考え方を確認するために是非読んでもらいたい。また、計画領域で仕事をしたいと考えている学生たちには、計画という仕事の射程、具体的仕事そしてその価値についての考えを提供できるだろう。プランナー、そしてプランナーの卵たちには、世界の多くの場所の経験を共有し、特に国際的な視野を持つことの重要性を意識的に伝えたい。自らの特殊な文脈を良く理解することに加えて、各国、地域ごとに異なる計画システムやその文化に内向的にならないようにすることはとても重要だからである。加えて、この本を計画プロジェクトに関心のある別の領域の専門家、特に一般的な論説や学術研究の中でよく見られる「プランナー」の仕事や「計画」の役割に懐疑的な人にも届けたい。

読者の皆さんは、本書が前向きな姿勢[1]と規範的な立場で書かれていることを感じ取ると思う。私が前向きなトーンを維持するのは、この計画プロジェクトに対して私自身が強い期待感を抱いているからだ。高度に都市化された多様な社会が存在する二十一世紀には、暮らしやすさと持続可能性を併せ持った場所づくりが、何よりもまして重要と考える。もちろん、それは簡単な仕事ではない。しかし取り組みがいのある課題なのだ。客観的根拠を基に計画行為を批評することは常に価値あるものだが、具体的な経験に基づいたエピソードを紡ぎながら、丁寧な計画の仕事がいかに日々の暮らしの持続可能性をもたらしているのかを語ることも大切だ。様々な経験を伝える際、私が気をつけてきたのは、こうした事例を読んだ読者が「ベスト・プラクティス」として簡単に模倣しようと考えるのではなく、何をそこから学ぶかを自ら考えられるように話題を提供することだ。規範的な立場というのは、ある一連の価値を訴えることであるが、こうした態度は二十世紀後半から二十一世紀にかけて発展した計画プロジェクトの中に本来的に宿っているものだ。どんなに「客観的」で「批判的」であろうとも、議論の対象に対していかなる立場にも立たないといった研究はありえない。ある特定の価値観から規範的な立場に立つことを明確にしておいた方が、分析理論や「外部者」の中立性といった隠れ蓑をかぶるよりは、真摯に向かい合うことができると信じている。また、私たち一人一人が、何らかのかたちでこれから議論するテーマの「当事者」である。それゆえ、私の語り口が計画プロジェクトの「真意」を掲げた、さながら伝道者であることを前もって断っておきたい。そして、多様な文脈において計画プロジェクトの価値を現実化するためには何が必要かを探求しつつ、その可能性や理想の限界についても十分考慮していきたい。

とはいえ、場所やその将来を方向付けていく制度的文脈に同じものは二つとないため、ごく一般的なレベルを除いては、計画についての原理、原則、その過程を描写することは控えている。同様に、こうした事例の多様性をタイプ別に分類するやり方も採用していない。計画プロジェクトの語り口に多様性があるからこそ、特定の実践の中にダイナミクスが生まれるのであって、こうしたタイポロジーは特殊な場合を除いて研究自体を台無しにする。幾つかの変数によるタイポロジーが、対象とする地域が変化する本当の理由を見いだせないことはよくある。こうした理由から、計画領域では対象事例を「深く描写する」方法が採用されることが多い[2]。本書でもこの方法論を採用した。三つの実践領域（近隣居住区における日々のマネジメント、巨大開発プロジェクト、空間戦略づくり）に分け、それらの領域に関わるテーマに接近できるよう具体的な事例をとりあげていこう。各事例は複数の情報を基に稿を起こし、それぞれ現場に直接携わった人々に整合性のチェックやコメントを受けた。もちろん、こうした事例が計画実践例を代表するものではない。すべての計画実践を拾い上げた世界を知ることはできないし、そうする意味もない。

事例はあくまで、多くの人々の日常生活の質の向上にどういった計画の仕事が貢献するかを示す指標として扱っていく。事例は都市を対象としているが、今日、大多数の人間が都市部に暮らしており、また、非都市部であっても都市化現象によってもたらされた施設や文化的価値観に依拠して暮らしていることからも、議論の内容は都市部に限らずあらゆる地域、また非都市部での複雑な居住環境のマネジメントにも関連する。読み進めながら、読者の皆さんがそうした関連性を見いだしてくれることを期待している。

読者に自由で柔軟な読み込みを期待する一方、計画領域における学術書の避けられない問題も前もって伝えておこう。資料を整理し、議論を組み立て、事例を示していく中で、仮説を立てたり複数の考え方や証拠を結びつけることは避けられない。社会科学や哲学といった学問領域では、縦横無尽に異なる見方や「理論」を積極的に受け入れる傾向があり、それによって仮説や推論が打ち立てられるのだ。計画学の領域にもその伝統が強い（Hillier and Healey 2008）。しかし、本書では理論については背景として最小限に止めている。理論を説明することで理解が助けられると判断した場合に限っては、概要を短くコメントとして入れている。それ以外、特に議論の余地の残るテーマや概念の基礎となる部分については、参考文献あるいは註として取り上げているので、興味のある方はこれらにも目を通していただければ理解が深まると思う。

1章ではまず「計画プロジェクト」とは何かについて、その最新動向を踏まえて私の考えを提示したい。これを踏まえて、場所の質がどのようにつくられ、人々がどのように意味を見いだすかについて議論を発展させ（2章）、場所のマネジメントや開発を進める際に人々が共同して何をするかを考えてみたい（3章）。続く章では、先に示した計画プロジェクトに関わる三つの領域を順番に紹介していこう。一つ目の領域だけは二章にわたって取り上げる。4章ではどのように近隣住区の変化がかたちづくられるか、5章では途上国の事例を取り上げて土地利用規制や居住区の改善といった日々の計画業務の現場を検証する。6章では、大きな物理的改変をもたらす巨大開発事業の推進に焦点を当て、都市の中の場所性がどうかたちづくられるのかを追う。7章では、場所の開発戦略の意義について考えを深めたい。8章では、計画という仕事について、特に都市計画プランナーの役割にスポットを当てる。本書のまとめとなる

9章では、いかにして計画的志向を持つ場所のガバナンスの実践が可能であるか、それに関連した文脈や主体の重要性について理解を深め、計画プロジェクトの持つ価値が場所の暮らしやすさと持続可能性にいかに寄与しうるかを改めて考えていこう。各章末に更に理解を深めたい読者向けに参考文献を記している。事例の詳細やテーマの中で特に掘り下げたい議論やアプローチについては、挿入されたコラム（Box）も同時に読んでほしい。

1章

計画プロジェクト

The Planning Project

暮らしの中の場所

人は暮らしを営む場所を気にかけ、愛着を持ち、手入れを惜しまない。目的の場所へと向かう親しみある細い小道。ふとした緊張感を感じる場所や、怪しげな隙間があれば避けて通ろうとする。私たちは個人の自由を求める一方、それは時として、社会におけるルールづくりや制約を設けることに繋がる。それによって、他者と共存する空間に生じる緊張をほぐし、個の価値を守ると考えるからである。人々が暮らし、働き、気にかける場所。その質を高め、守ろうとする話は世界中にある。固有の文化や価値感、生活スタイルを有する異なる集団が、有限の資源を分かち合う場合、特に都市部において物理的な空間を共有する際には、人々の間の緊張感は自ずと高まる。私たちは、空間を媒介として他者と出会う。それによって、自己とその依って立つ社会環境、つまりアイデンティティや連帯、個人の自由や社会的責任を確立し、また探し続けているのだ。

ここで三つのエピソードを紹介しよう。一つ目は、イングランドのある村での宅地開発にまつわる争い、二つ目はニューヨークでの環境汚染をめぐる見解の変化、三つ目はイスラエルのナザレで善意による事業が引き起こした悲劇的結末である。

最初は、裕福な南イングランドからの話題[1]。ロンドンからブライトンへ向かう高速道近く、サセックス高原地帯に位置するディッチリングは人口二千人ほどの小さな村である。何世代にもわたって集落に暮らす人々に加え、ロンドンやブライトンといった都市にも近いうえに、美しい高原の景観を有することから、この土地での暮らしに憧れて移住してきた人々も多い［図1.1］。南東イングランドには、こうした田園地域が少なくない。この村には様々な価値観を持つ人々が共存している。将来の農業の行方を

［図1.1］ディッチリング村
出典＝Luke Holland www.sussex-southdowns-guide.com/films

心配する農家、スポーツとしての狩猟愛好家、二十世紀初頭に彫刻師エリック・ギルによって設立された工芸共同組合に参加した芸術家や工芸作家たち。多国籍企業で幹部クラスとして働いていた富裕リタイア層、デイム・ヴェラ・リン[2]といった歌手や元俳優、そして自分たちの居場所がなくなることを恐れて変化を拒絶する人々。村には四十四もの市民グループがあり、地元の博物館には世界中から観光客が訪れる。地元の祭りでは、伝統衣装を身にまとった住民がモリスダンスを踊る。異なるグループの中には同じような価値観を持つものもあるが、それぞれが適度な距離感を保っている。皆が狩猟行為を了承しているわけでもなく、ギルが提唱したライフスタイルを世界中から見に来るのだから保護すべきだと頑になっているわけでもない。

集落の質を守るためなら戦うこともいとわない住民もいる。この集落の中心部はイングランドの計画システムの中で「保全地区」規制がかけられている。最近まで、集落には四つのパブがあった。パブの梯子をする者もいないわけではないが、それぞれのパブに

は特有の雰囲気があり、常連がついていた。ところが、その一つのパブのオーナーが、その大きな庭付きの特徴のない建物を住宅地として開発したいと提案したのである。パブの常連客や地元サッカーチーム、ダーツクラブ、教会の鐘つきグループのメンバーらは、日頃ミーティングの場として利用していたパブがなくなることに、当然反対した。住民は、パブが消滅することによって集落全体の価値が下がることを心配した。集落の共有資産ともいえるパブがなくなり、民間企業がそれを使って利益を上げることに信条として賛成できないという者もいた。実際には、騒々しいパブよりは住宅にした方が良いと考える人もいないわけではなかったが、開発反対グループに先導されるかたちで、集落の「多数」は開発に反対した。パリッシュ・カウンシル〔地区レベルの自治組織〕も開発反対の意思を表明した。

しかしイングランドの自治システムでは、パリッシュ・カウンシルの持つ権限は限られている。開発に関する決定権は、広域を管轄するディストリクト・カウンシル〔町村レベルの基礎自治体〕に与えられているが、その権限も実際には限定されたものだ。基礎自治体は、国が発行するガイドラインに沿ってローカル・プラン〔基礎自治体が策定する総合計画〕や政策を策定せねばならず、これは国による複雑な審理過程を経て承認される。それゆえ、基礎自治体には、例えばパブのような事業を維持することを要請する権限は全くない。しかし、申請された新規開発が開発規制に照らして問題がないかを判断する権限はある。ディッチリングのパリッシュ・カウンシルの議員は、ディストリクト・カウンシルの集落代表も兼任していたため、集落の意向は届けられたはずである。しかし、ディストリクト・カウンシルでは、開発反対の声を聞きながらも、それに応える術を持たなかった。なぜなら、ローカル・プランでは、その場所に住宅開発を行うこと自体は望ましいとされていたからである。もし、開発不可の決定がディストリクト・カウンシルから出されたとしても、開発業者が計画上の規制がないことを理由に司法に訴え勝訴した場合には、カウンシルはその代償を払わなければならない。最終的に、ディストリクト・カウンシルの行政担当者は、開発業者に住宅開発の規模縮小を要請する一方、議会に対しては承認するしかない旨をアドバイスした。ローカル・プランもイングランドの都市計画システムにも、自治体がその許可を撤回する機会は事実上ない。許可を撤回した場合にかかる膨大なコストに加え、計画行政としてのカウンシルの沽券にも関わるからである。

［図1.2］ブルックリン
© Songquan Deng / Shutterstock.com

このような経過を経て、計画申請は認可され開発が進んだ。住宅が増えたことを喜んでいる住民もいる。しかし、多くの住民の間に深いしこりを残す結果となった。単にパブが一つ消えたという事実だけでなく、自分たちの声を届けることができなかった現実への失望感が生まれたのである。反対派の意見を受け止めたパリッシュ・カウンシルは開発拒否に賛同したにもかかわらず、ディストリクト・カウンシルの計画委員会においては許可に転じた。住民らはその裏切り行為に慄然となった。地元の意見になぜディストリクト・カウンシルが賛同できないのか？　なぜ、計画決定に住民が異議申し立てできないのか[3]？　イングランドの計画システムとのこうした戦いを通じて、地元住民はこの国の民主主義の不条理を日々体験している。

二つ目は、地元住民の知見が行政の専門家と対立したケースを紹介しよう。場所はニューヨーク市、マンハッタン島の対岸に位置するブルックリンのある住宅地区での出来事である［図1.2］。グリーンポイント／ウィリアムズバーグ地区は「ニューヨーク市内で最も汚染のひどい地区の一つ」と言われる地域である（Corburn 2005: 12）。地区人口は十六万人、様々な階層の人々が千三百ヘクタール（五マイル四方）の空間に暮らしている。二〇〇〇年当時、この地区では人口の三分の一が貧困状態にあるとされていた[4]。この辺りには工場が集積しており、汚染の原因となる施設も多かった。近年の調査でも、危険物を取り扱う施設が集積していることが報告されている。加えてマンハッタンからブルックリンへの通過交通が多く、それによる大気汚染が深刻だった。これを受けて合衆国環境保護省（US Environment Protection Agency）とニューヨーク市の環境保護課（Department of Environmental Protection）によって、これらの有害物質が引き起こす健康被害を特定する調査が実施された。米国内で広がる環境正義運動、特に貧困層が受ける環境被害への関心を背景に、先の公的セクターがこの地区の有害物質と健康の因果関係を深く調べることになったのである。

　しかし、地元住民はその調査方法を疑問視した。公的機関による「科学的知見」は、市民の「ストリートレベル」の生活感をないがしろにしかねないという不信感が生まれた。地元住民が日々経験している問題をどのように環境衛生の専門家に認知してもらうか。様々な問題に関連する地元ならではの知見を、住民はあらゆる方法でまとめることにした。この一連の出来事を検証したコバーンによると、住民は、例えば、水質汚染と地元で釣れた食用魚の関係、地区内の喘息患者数や食中毒になる子どもの多さ、大気汚染を原因とするリスクなどを取り上げたという。彼は、こうした地元ならではの知見からこそ、抽出されたデータを扱う科学者が往々にして見逃してしまうような豊かな視点、文化的な生活の実態や地域ごとの微妙な差異を発見できると考えていた。当初、専門知識を持つ環境科学の専門家と地域住民の間には意見の食い違いや不信感があったが、最終的に「専門的技術に裏付けされた地域の見識」として総意をまとめることになった（Corburn 2005: 3）。コバーンはこれを「草の根の科学」と名付け、このような科学こそが、地元住民の健康改善を促す政策を決定する際に有効な科学的調査であると考察している。コバーンは、コミュニティこそ彼らが地域の出来事に熟知した「識者」だと言う。もし彼らに、特に経済的な貧困状態にあり多数の人種が共存しているようなコミュニティに欠けているものがあるとしたら、それは「声」である。「声」はより広い世界に彼らの関心を伝える術である。グリーンポイント／ウィリアムズバーグの場合、声を届けることができた要因がいくつかある。居住環境に対する関心事が異なっていても、その地区内で活動する様々なグループが連携できたこと。市民運動の力と環境正義運動を結びつけたこと。「境界を結びつけるもの」としての役割を担った「中間組織」が存在したこと、様々な組織の中で草の根の知識と専門的知識を結びつけたこと、そして迅速な行動によって住民の目に見える変化をつくりだしたことである。

三つ目の事例はイスラエルのナザレという町での出来事。善意による計画事業が最終的には不穏な闘争を生みだしてしまった事例である。このエピソードはヨセフ・ヤバリーンが提供してくれた。二十世紀の終わり、ナザレには七万人ほどの人々が暮らしていた。皆パレスチナ出身者であるが、六十七％がイスラム系アラブ人、残り三十三％がキリスト系アラブ人であった。彼らは皆、二十世紀中頃にイスラエルが設立された際、パレスチナの地を追われナザレに移り住んできた人々である。共に土地を失った民であった。しかし、ナザレの町の状況やその発展はイスラエル政府の関与するところではなく、地区の環境改善は住民の手にゆだねられた。だが彼らの資源は限られていた。住環境は劣悪であったが、両者は平和に共存しており、町は国際的な観光地としての地位も獲得するまでになっていた。

一九九〇年代の始め、イスラエル政府は町の発展に積極的に乗りだした。当時のナザレ市長は中央政府のメンバーでもあった。中央政府、ナザレ市長が目指したのは、イスラエル人とパレスチナ人の平和的共存、そして、手つかずのまま取り残されてきたナザレの居住環境の改善であった。これを受けて「ナザレ二〇〇〇計画」が策定された。二〇〇〇年のミレニアム祝祭の際には、ナザレがその中心的役割を担うよう計画された。観光を促進して経済を発展させ、

「国際的観光地の中でもユニークな存在」(Jabareen 2006: 309)に押し上げることが目標となった。計画では町全域にいくつかの中心的プロジェクトと十分な予算が用意された。そのプロジェクトの一つが、イスラエル政府お抱えの建築家がデザインした新しいプラザ開発であった。それは町のシンボルであるアナンシエーション〔受胎告知〕教会の景観を良くするねらいだったが、イスラムグループが、その場所はそもそも近くに立地するモスクに与えられた土地で[図1.3]、イスラム教コミュニティに帰属するため、それ以外の目的に使用すべきではないと主張したのである。そして、キリスト復活祭の前夜、一九九九年四月三日から四日にかけて、町の何千というキリスト教徒とイスラム教徒の間で予期せぬ衝突が勃発。異なる宗教グループが平和に共存してきた数百年の歴史の中で、この衝突はイスラエルに暮らす少数のパレスチナ人を震撼させた事件となった(Jabareen 2006: 305)。

この衝突の原因が新しいプラザ計画にあることは疑う余地がない。計画推進者は、ミレニアムの祝祭にローマ教皇を迎える計画も立てていた。しかし、イスラム教徒はアナンシエーション教会の横にモスクを建設するよう主張したのである。この市行政の計画に反対して、多くのイスラム教徒らが計画予定地にテントを張り占拠し、新しいモスク建設の基礎工事を強行した。この座り込みの抵抗は四年にも及んだ。この状況を見かねたブッシュ米国大統領、ローマ教皇、ロシアのプーチン首相など各国首脳は、テント撤去とモスク建設の基礎撤去を要求した。それに続いてイスラエル政府は大量の軍兵士を投入し、二〇〇三年四月、テントおよびモスクの基礎は強制撤去された。ナザレのほんの小さな区画に計画された新しいプラザに端を発したこの出来事は、長期にわたって維持してきた社会的連帯を引き裂き、ナザレに新たな社会、政治的危険因子を埋め込むことになってしまった(Jabareen 2006: 305-6)。

二〇〇六年一月までにプラザは完成したが、そのオープンは数年後となった[図1.4]。このような悲劇的な結末に誰が責任を取るべきかについて様々な見方があるだろう。しかし、この場所の安全性が以前にくらべ劣悪になり、以前にはなかった分断を感じ恐怖を覚えるようになったことは、共通した見解である。「今日、ナザレはキリスト受難の仮面をつけた町になった」とある人は言う。そして「計画は衝突の演出家にすぎなかった」と(Jabareen 2006: 317)。

［図1.3］前方にモスク、背後に教会が隣接するナザレのプラザ
Yosef Jabareen
［図1.4］ナザレの新しいプラザ(二〇〇九年)
Yosef Jabareen

これらの事例から次のことが言える。計画行為を導く考え方やその実践には、それぞれ正当な根拠や意味がある。計画行為とは、場所の質を高める意図的で集団的な行為であり、場所のマネジメントや開発に寄与することを意図している。その意味で、計画行為は開発行為そのものではなく、場所の物理的な変化を左右するガバナンスの基盤と見なすべきである。しかし、それ以上に、計画という考え方やその実践は、人々が場所をどう理解し、何をそこに感じるかを表現し、そのプロセスそのものに影響を与える。計画行為は、空間の物理的状態だけでなく、人々が感じるアイデンティティに強い影響を及ぼすことを確認しておきたい。

場所をめぐる政治

これまで述べてきたような話は、世界中で繰り返し起こっているに違いない。しかし、なぜか「特殊な現象」として取り扱われ、国や国際レベルの政治的テーマ、イデオロギーや政治運動のパワーゲームを探るレーダーに感知されるのは稀である。しかし、こうした明らかに局地的な出来事であっても、その影響がそのエリアだけに留まらず、小さな紛争がより大きな闘争へと発展する場合もある。わずかな計画行為に関わるだけでも、社会全体のガバナンスの仕組みを強化することもあれば、状況を破綻に導くほどの影響を及ぼすこともある。例えば、建物建設の申請、通過交通の増加が見込まれるような病院や学校の拡張、高速道路の建設や空港の拡張など、場所にまつわる問題に直面すると、人々は社会の中の政治機構がどのように機能しているかを改めて思い知る。何に価値が置かれ、同じ価値観を共有するのは誰か、反対意見を持つのは誰かを改めて知る。そして、異なる価値観を有していても共存していかなくてはならないことも。多様な問題の相互関係や対立構造は、特定の場所を舞台にこれらの問題が浮上した時に顕在化する。「計画」や地域開発の問題が議論される制度的な場所、あるいは舞台は、それゆえ市民が政治を学ぶ格好の場所となる。そこでは、人々が近隣住民と自らの関心の相互関係に気づき、そこでの議論を通じて、かかる問題に関心を寄せる他者が遠方にも存在することを知る。

二十世紀のヨーロッパでは、政府公権力は場所をめぐる政治を動かす術を持っていなかった。中央集権制度下では、住環境に対する市民の関心は無視されてきた。民主主義の民主化が進むと、市民のニーズにいかに応えるかが政治的関心の中心となるが、ニーズの把握の仕方も産業化の過程における階層間の闘争に組み込まれていった。つまり、労働者階級のよりよい居住環境を求めることが第一義とされたのだ。エリート対大衆という構造の中で進行したこの闘争は、資源の再配分だけでなく市民の過酷な労働条件の緩和が目指された。二十世紀後半の西ヨーロッパおよび北米で発展を遂げた福祉国家が目指したのは、産業拡大によって雇用の場を確保し、社会事業として良好な住宅、保健医療、教育をすべての人に提供するような福祉のかたちであった。都市に多くの人が移り住み、企業が立地するようになるにつれ、日常生活の社会的側面がますます重要性を増すようになった。その結果、計画領域にまつわる考え方や行為は、政治家にとって重要な関心事となる。二十世紀には、場所の質を改善するようなプロジェクトは、特定の活動家らの手を離れ行政府が担う重要な役割へと変化してきた。そうした中で、「計画システム」は土地利用や開発を規制する手法として登場した。空間や場所の質を高める行為は、経済、社会文化的目標を達成する有効な手段と考えられたのである（Sutcliffe 1981, Ward 2002）。

二十世紀の前半に発展を遂げたこの計画プロジェクトは、経済発展の機会を押し広げる手段として、またすべての人が雇用され、住宅を持ち社会福祉サービスを享受できるような場所を開発する手段として期待された。第二次世界大戦後のヨーロッパでは、一九三〇年代の経済恐慌によって荒廃した社会経済状況の改善、また戦中の爆撃で破壊された都市の復興手段として、都市形成や再開発としての計画が主流となった。一方、米国では計画プロジェクトに異なる役割が与えられた。それは地域発展の機動力として、また合理的で科学的な行政のあり方、民主的で効率的な政治システムとして発展を遂げた。そのため、より自治体の自主性が重んじられる傾向にある（Friedmann 1973, 1987）。

しかし、その両者に共通するのは、専門家やエリート政治家が市民の声を代弁し、政策立案に携わっていたという事実である。当時、市民は誰もが同じ要求やニーズを持つマスとして扱われていた。米国の社会学者ハーバート・ガンズは、プランナーは自分自身と価値観の似通った人々の意向に従った計画をつくる傾向にあると言う（Gans 1969）。その結果、計画規制や開発プロジェクトは地域特性を無視して全国一律に広まっていった。こうした計画システムが有効に機能したのは、より広域の政治行政制度が下支えしたからでもある。例えば米国のような分権が進んだガバナンスの仕組みでは、計画によって規定される制度や手法を用いても、個々の文脈や経験に柔軟に対応でき、包括的方法によって市民の場所への関心を高めうるような地域力を引き出すことも可能だろう。もちろん、これらの計画システムが特定の利害関係者に利用される可能性も残す。二十世紀後半、米国のほとんどの都市部では、企業連合に掌握されたエリート政治家や官僚らが都市づくりを担っているような事態も生じた（Fainstein and Fainstein 1986, Logan and Molotch 1987）。一方、中央集権の強い計画システムでは、地域で場所のマネジメント能力が高まっても、地域の主体的な動きは国全体の経済成長のような上位目標の陰に隠れて無視されやすい（4章の神戸の事例を参照）。あるいは、中央政府が考える都市計画の位置づけに準じて、地域でのマネジメントのスタイルが形成されることもある（5章のサウス・タインサイドの事例を参照）。

専門家が先導してつくり上げてきた福祉プロジェクトとしての計画という考え方も、行政の仕組みや実施過程でまた別の問題に直面する。一部のエリート政治家や専門家らが市民の声を代弁するという仮説そのものに、疑問を抱く人が増えてきたのである。圧力団体、社会運動やロビーグループは、政策決定プロセスでより強い発言権を要求するようになってきた。人々が実体験として捉える事実、そこから生まれる期待感を社会に向けて表明する動きは、階級のみならず、性、人種、民族や宗教、身体能力の差異から生まれる差別といった不平等社会に抗議する一九六〇年代、七〇年代の公民権運動をきっかけに拡大してきた。また、一九六〇年代以降、経済成長や資源開発による環境負荷が無視できないほど顕在化してくると、人間と自然環境の関係、人間社会が持つべき責任についての議論に大きな変化が起こり始めた。この環境保護運動において科学的知識は重要な要素ではあったが、ここにも見解の対立や不確かな結論が多く残されていることも、人々の知るところとなった。これはグリーンポイント／ウィリアムズバーグの住人らが発見したことでもある。つまり、科学的知識を有する専門家も、市民を代表するする立場の政治家も、ある場所が持つ特有の条件について十分な知識を有する者として信頼に足る主体ではないという理解が深まった。場所のガバナンスの実践を下支えする知性を求めて、より幅広いアプローチが必要となってきたのはそのためである。

政治家、そのアドバイザー、行政職員は不正に利益を追求しようとする、あるいは彼らの支援者の中でも特定のグループの利益にかなうような政治決定を下すといった論評が頻繁にメディアに取り上げられる。政治家は市民の声を代表する立場にありながらも、利己的な行政官僚やロビーグループに操られ、人々の日常からは遠い存在に感じられるようになる。こうした政府や政治家の統治能力に対する疑念と諦めは世界中に見られ、国の有り様を議論する市民の関心も萎えていったかに見えた。しかし、市民や民間企業が場所の質への関心を失ったわけではない。実際、食料や住居環境が最低限整うと、大気汚染や過密居住環境への問題意識、開発対象地、街路や公共空間の質、公共施設やインフラへのアクセスなどへの関心は次第に高くなってきた。また、人々の関心は単に場所の質だけではなく、その場所が物理的、社会的、経済的にアクセス可能となるような方法で計画され管理されることを要望するようになる。場所のマネジメントや開発の質を取り巻く議論は、参加の機会を奪われ不満を募らせてきた市民を、再び政治の舞台に呼び戻すことに繋がる。それがきっかけとなり、政治的コミュニティが持つガバナンスの風土も変わらざるをえなくなる。

こういった状況では、計画制度やその実践、またそれ以外の様々な事象との関係は単なる地域の問題ではなくなる。また、政府や政治による関与のあり方そのものも変化しはじめる。そこでは、国レベルでの優先事項（例えば経済振興や住居提供）が、個々の場所の質に関わる諸々の問題（インフラ整備、環境問題、持続可能な開発の理念）と衝突し、また、多国籍企業や世界的な圧力団体と地域住民が開発計画をめぐって衝突するようになる。週刊誌『エコノミスト』の記事を引用しよう。「英国の非効率な計画ルールは、人々の激高を招く要因の一つだ」（Economics, 9 Dec 2006: 36）。場所の質をめぐって、利害関係者の間にいかに衝突が起きやすいかを良く言い当てている。「計画」行為を担うため政府によってつくられた制度や組織は、社会的安定の希望にも崩壊の元凶にもなりうる。よい計画は衝突を和らげることもあろう。また、「計画上の制約」を取り除けば、これらの衝突も回避されるかもしれない。しかし、計画行為、またそれを担う人々はその曖昧模糊とした状況の中で途方に暮れるというのが実態であろう［図1.5］。

私が本書で強調したいのは、場所をめぐる政治は避けて通れないという現実である。人間の半数以上が都市に居住している現代、人間としての幸福[5]の可能性を広げながら、他者との共生をいかに可能にするか。考える葦としての人間は、常に自然界、そして過去と未来と繋がっている。それゆえ、私たちの生き方が自己そして他者にとっての将来的環境に与える影響を無視できないのである。二十一世紀、政治的コミュニティの中に生きる社会的存在として、私たちはいかに場所のマネジメントや開発に関わるべきか？　この重大なテーマを詳しく掘り下げて考えていこう。

進化する計画プロジェクト

「計画的志向を持った場所のガバナンス」とは、何を意味するか？　この問いへの回答は二十世紀を通じて大きく変化してきた。計画という概念の中で唯一変わらぬ考えは、将来像に向けて今行動すべきであるということだけだ。それゆえ、「場所のガバナンスへの計画的アプローチ」は、将来その場所に生まれるであろう質を重視する。では、一体どんな質、誰にとっての理想なのか？

百年前、急速な工業化が進む国々では都市化が速やかに進み、それに伴う様々な背景のもとに計画プロジェクトが進められた（UN-Habitat 2009）。ある国では、都市の近代化によって為政者の権力を強化すべく都市計画が登用された。今日でも、例えば上海の浦東地区や中東ドバイに建設される超高層ビル群など、こうした権力を誇示するタイプのプロジェクトが進んでいる地域がある。こうした「巨大開発事業」は都市活動のための空間を提供すると同時に、見せること、美化が重要な視点となる。

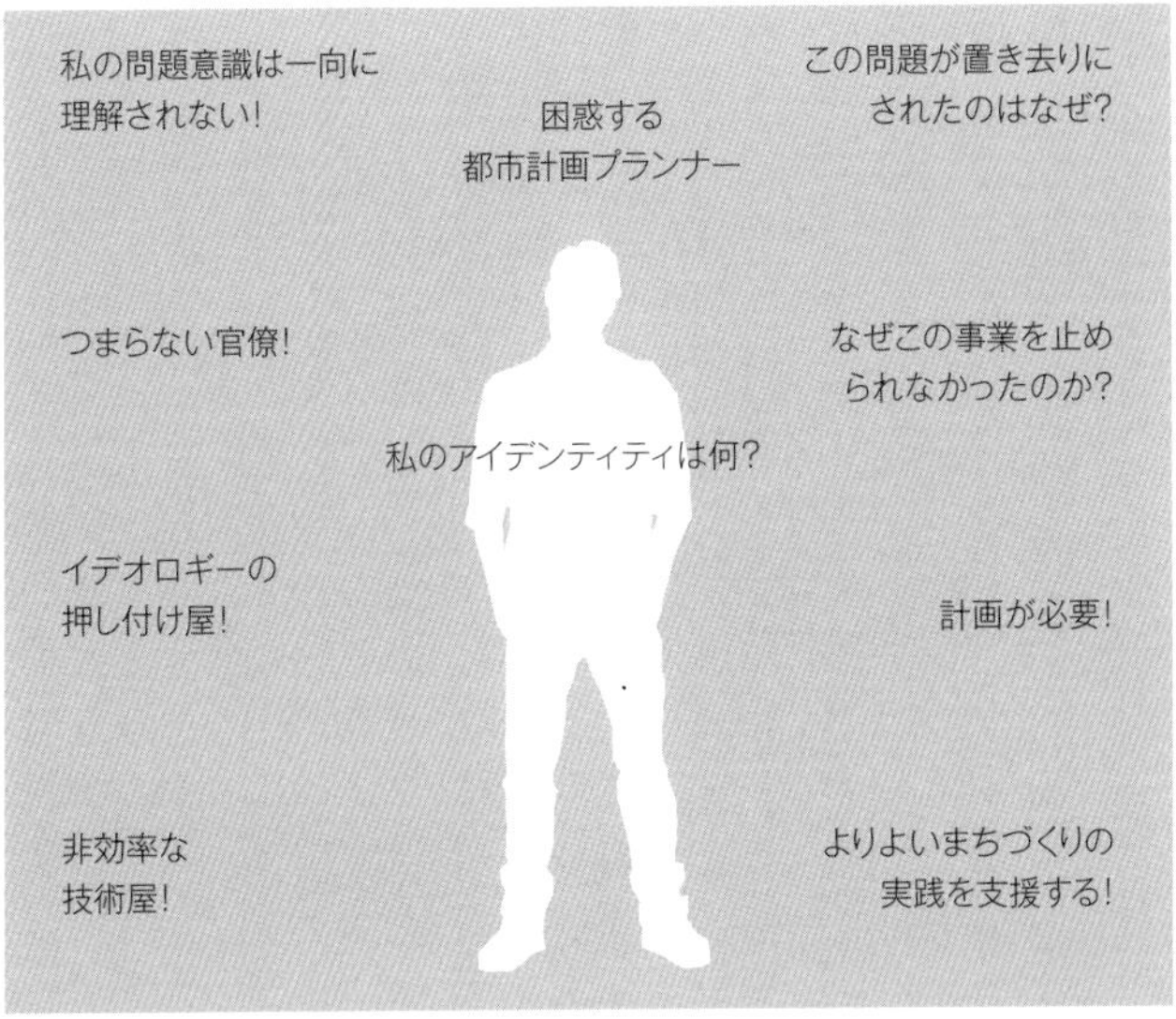
私の問題意識は一向に
理解されない!
困惑する
都市計画プランナー
この問題が置き去りに
されたのはなぜ?
つまらない官僚!
なぜこの事業を止め
られなかったのか?
私のアイデンティティは何?
イデオロギーの
押し付け屋!
計画が必要!
非効率な
技術屋!
よりよいまちづくりの
実践を支援する!
［図1.5］多義的な立場にある都市計画プランナー

計画プロジェクトの採用には、都市の拡大をコントロールする目的もある。先進国の多くでは二十世紀の初期から中頃にかけて、また新興国でも今急激に拡大しているメガロポリスのように、国や自治体が土地利用規制によって都市拡大を防ぐ手段を模索していた。二十世紀を通じて、都市拡大のコントロールは土地開発とインフラ整備がセットになって実施されてきた。また汚染物質を排出する産業から人々の健康を守るため、土地利用のゾーニングという考え方が生まれてきた。今日の計画プロジェクトの中でも、都市部の利便性や効率の良さといった価値に重きを置く場合、ゾーニングの考え方は強く残っている。もう一つの動機は、都市生活に根強くはびこる社会的不平等が背景にある。景観の美化を掲げると富裕層には好意的に受け入れられ、効率性や利便性を掲げると拡大する都市の中流層にアピールする。しかし、その場所が経済的に貧しい市民やマイノリティの最低限のニーズを満たし、都市の様々な可能性にアクセスする入り口であったとしても、彼らが関わる機会は極めて少ない。百年前、計画プロジェクトを推進した者の多くは、社会の最貧民層に住宅および居住環境を改善する方法を模索することがそのモチベーションとなっていた。都市が持つ可能性を誰もが享受できるという社会的公正。それは、計画プロジェクトにおける重要なテーマの一つであり続けている。

二十世紀初頭、都市の物理的な構造を改良する役割を担っていた計画プロジェクトは、進歩主義的な都市の「近代化」という概念と密接な関係にあった。一世紀が経過した今、人々の関心は、場所の変化を通じた経済的かつ社会的プロセスに集まるようになっている。計画プロジェクトを推進する者は、いかに地域経済を発展させるか、地域が被っていた経済的困難を開発によっていかに克服しうるかに関心を寄せるようになった。これは逆に、統計的な社会科学分析を通じた社会経済のダイナミズムを理解することを促すことに繋がった。こうして、計画プロジェクトは公共政策を選択する際の知識や判断材料と理解されるようになった(Friedmann 1987)。しかし、まだ課題は残る。どういった知識、誰の見解が重視されるのかという問題である。これは、グリーンポイント/ウィリアムズバーグの住民が特に関心を寄せたテーマであった。大多数の人は、計画プロジェクトで重視されるのはエリート集団の意向(「私たち」の世界からは遠く離れた「彼ら」)であろうと考えている。都市計画が市民の福祉を増進させる手段として公式に位置づけられた地域であっても、こうした疎外感は拡大していた。福祉という概念が家父長主義的、トップダウンで表明されることが多かったからだろう。

二十世紀後半に入ると、こうした批判の声はますます大きくなった。計画プロジェクトが市の中心部、近隣区、周縁部へと次々に広がると、反対運動やロビーグループはそれらが引き起こす重大な問題を指摘しはじめた。このような反対運動がより良好な計画実践へと繋がったエピソードは後章で詳しく見るとして、ここでは簡単に説明しておこう。批判の一つは、計画プロジェクトはある一部の民間企業が便益を得るためのもの、つまり資本主義的な利益が優先され、広く市民全体の利益は無視されているという点である。また、別の批判は、行政主導の計画システムの制度や実践は、少数意見を意図的に押さえ込む手段として利用され（ポストコロニアルの状況でも同様に）、一部のエリート政治家が都市開発による利益享受を独占している、というものである。マニュエル・カステルは、フランスの都市を対象とした研究の中で、計画システムが企業や不動産所有者の利益を機械的に高め、労働者階級である庶民の経済活動の機会をいかに制限しているかを分析している（Castells 1977）[6]。後ほど詳しく見ていくが、ユィフタチェルも計画メカニズムが、イスラエルの都市でパレスチナ人差別という事態をいかに招いたかを考察している（Yiftachel 1994）。サブサハラアフリカ諸国の事例からは、エリート政治家が計画システムを巧みに利用して、私益、部族益を高めているのが明らかだ[7]。このような経験や報告は、計画プロジェクトの批判へと繋がっていった。計画プロジェクトが現代の新しいエリート階級を生みだし、また市民の意向を無視した政治形態として汚職の温床となると懸念されたのである。

こうした批判は、計画プロジェクトが市民に与える悪影響を非難するものであるが、そもそも意図的に場所のマネジメントや開発を推進するために構築された制度やその実践も、一部の権力を持つグループによって転覆させられることにも留意しなくてはならない。では、そのような事態を回避するには、どのようにガバナンスを実践し、その文化を育てていかなくてはいけないのだろうか？ 都市住民の多様な経験や希望を十分に汲み、場所のガバナンスを実践することは実際可能なのだろうか？ 政治的コミュニティのあり方、つまり、民主的な暮らしとは何かといった大きな問題意識を背景に、二十世紀後半の計画プロジェクトではその意義が見直されるようになってきた。場所のガバナンスは一部のエリートやお抱えアドバイザーの手に委ねるだけでは、また間接民主主義のメカニズムに頼るだけでは解決しえない問題を含む。市民や様々な関係主体は皆、場所の質に言及すべきそれぞれの知識や価値観を持つ。そのため、その場所にどのような価値を見いだすべきか、また場所のマネジメントや開発の優先順位をめぐる紛争や論争が絶えない。こうした紛争や論争は、人々の経験や想像、期待のリアリティがいかに多様であるかを反映するものに他ならない。しかし、この多様性は異なるグループ間の利益をめぐって紛争を引き起こすだけではない。政治的コミュニティは、すべての人にとって良好な生活環境を整え、開発を効率的にインフラ整備に結びつけ、都市部の物理的空間の良質なデザインを生みだし、長期的な視野に立って環境への影響に配慮することも可能なのだ。しかし、どのように優先順位を与え、その価値をどのようにして具体的な場所のマネジメントや開発行為に反映させることができるだろうか？

この問題は二十世紀の終盤、特に重要なテーマとして議論されるようになった。人間活動が自然に与える影響への対応は、自然災害が私たちの日常生活を脅かすようになったため避けて通れない問題となっている。と同時に、経済活動が引き起こす危機、しかも連鎖的な世界経済危機が発生するようになっており、その背景には、ある場所でのダイナミックな経済成長と他地域での経済崩壊の相互連関が見て取れる。「場所」の競争力を高めることで企業を再生しようという試みは、一九八〇年代、九〇年代に多くの国で都市開発の暗黙の目標であった。このような経済と環境への関心は、更に社会的公正の問題と共存することになった。特に、多様性を承認することで社会的格差の拡大を避けるような、政治的コミュニティの結束力をいかに醸成できるかが課題とされた。こうした背景のもと、多くの政府で（中央政府も地方自治体も）将来へと繋がる持続可能なプロセスが意識的に模索された。図1.6にヨーロッパの文脈に即して発達してきた考え方をまとめた。

二十一世紀初頭の計画プロジェクトにはいくつかの中心課題がある。ここで三点まとめてみよう。まず、持続可能性という考え方。これは将来性を考えていく際の重要な視点を与える。二つ目は、多様な価値観の調整と合意形成。こうしたプロセスを経て、人々は論争のリアリティを認識するだけでなく、政治的コミュニティ全体として必要あるいは適切と判断されたことに関して、意見の対立を超えて

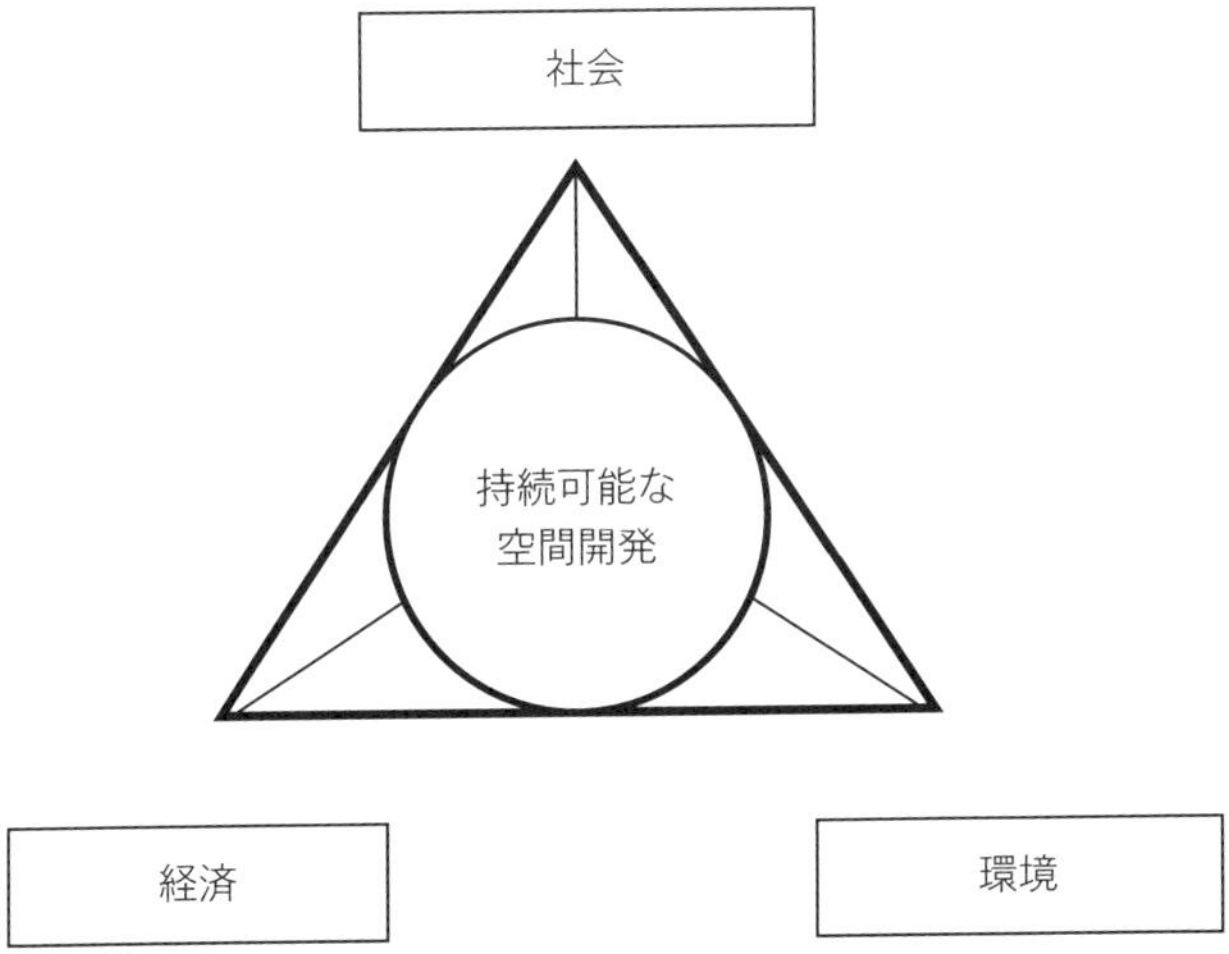

［図1.6］バランスのとれた持続可能な開発
European Spatial Development Perspective (Committee for Spatial Development 1999: 10)を基に作成。ＥＳＤＰはヨーロッパ全域に及ぶ空間開発戦略として策定された

行動を起こすことの必要性を認識するようになる。

三つ目の市民参加の原則は、エリートや専門家だけではコミュニティにとって「最良の答え」を出すことはできないという事実を反映している。これら三つの中心課題を念頭に入れると、本書で取り上げる計画プロジェクトが、いかに都市生活という概念の拡大と深く結びついていることがわかるだろう。都市に生きるためには、人間の多様性を認め、自然環境への十分な配慮を忘れてはならない（それこそが私たちの暮らしを支える基盤である）。そして、一つの場所に無限の可能性が宿っているように、人間としての幸福を追求するならば、私たちを存在たらしめる様々な側面に関心を寄せることが欠かせない。都市生活をこのように理解すると、計画プロジェクトが果たすべき役割も自ずと見えてくる。それは、場所のマネジメントや開発の可能性についての理解と専門知識を提供し、その上で市民が十分に話し合えるような場をつくることだ。とはいえ、特定の条件下で予定されるプログラムや政策、事業の実施に必要なのは何かを見極める態度も忘れてはならない。

場所のガバナンスを実践するために必要な行動は何か、常に関心を寄せることが重要だ。本書では、計画的志向に喚起された事例を紹介しながら場所のガバナンスの実践を考える旅に出たい。

計画プロジェクトの視座

ここではまず、計画プロジェクトを「ある特定の方向性や哲学を持って場所のマネジメントや開発を進めるアプローチ」と理解しておこう。こうした計画プロジェクトでは、場所の質に関する考え方、ガバナンスをどのように進めるかに関心が向けられる。しかし、これらの考え方や方法も様々で、それがどうあるべきかは計画領域でも統一の見解がない。次節ではまず、進歩主義の立場からの議論を提示しよう。その中心課題は、現在そして未来の住環境、選ばれた少数の人だけではなく、多くの人々にとっての住環境である。

人々が共同して行動を起こすこと、つまり公共政策の一事業としての計画という考え方は、次のような信念が根底に流れている。人間は他者、人間も非人間も含めたものとの相互関係の網に生じたある具体的な状況に生きており、それゆえ人間の居住環境をよりよくすることは努力に値する、という信念である。また、個としての私たち自身も多様な顔を持つ存在である。そして「私」という感覚は他者との関わりの中でつくられ、つくり替えられていくものである。このような人間社会を想定した場合、ガバナンスという行為は、私たちの社会を安定させるための装置と捉えられる。私たち自身が多様であるという前提に立てば、また、他者を押さえ込む人やグループが存在することを考えれば、オープンで民主的なガバナンスのかたちを追求することは非常に重要である。しかし、ここで扱うガバナンスは、選挙で選ばれた政治家が専門家の意見をもとに物事を決定し、行政の官僚らが実施するといったかたちに留まらない。民主主義に関する現代的な考え方では、ガバナンスのアリーナが複数あること、また人々が共同して行動することを正当化する価値観が複数あることが重要と考えられる。生き生きとした対話がなされ、意見が割れて対立が生じてもそれらすべてに価値をおくような議論の場があるのは、豊かでオープンな文化を育んでいる証拠である(Cunningham 2002, Connolly 2005, Briggs 2008, Callon et al. 2009)。この特質の重要性が明確に現れている事例を4章から7章で紹介していこう。

人間は社会に対して異なる考え方や様々なニーズを持つだけでなく、身体が移動し精神も変化するような流動性の高い生き物である。物質世界を探検し、思考や想像の世界を自由に探求する。私たちは生活を支える複数の領域に暮らし、他者と様々な関係を結びながら日々生きている。また見方を変えれば、私たちはこうした人間関係の網の目の中で他人との関係を通して初めて、そして、住まいや出会いが起こる空間の中で初めて、社会文化的に「ある特定の場所に位置づけられる」。私たちが価値や意味を見いだすのは、こうした場所である。この特定の場所は、一方で私たちの日々の生活をかたちづくりながら、他方では様々な日常や非日常的な出来事を包摂する。その結果、その場に付与された意味が集積され複雑に変化していく。ディッチリングやナザレがその好例である。また、私にとって意味あるものが隣人にとってもそうであるとは限らないため、私の社会的な繋がりは、隣人のそれとは基本的には異なるものである。しかし、特定の場所を介して他者とも共存しようとするならば、場所の潜在力や可能性を探るために共に行動することが不可欠となり、様々な接点で交錯し交流することになる。そして、この交錯し交流しあう場こそ、可能性そして緊張状態が発生する接点なのである。このような場所は、衝突が勃発することもあれば、緊張状態の緩衝帯になることもある(2章参照)。

Box 1.1に現代における計画プロジェクトの特徴をまとめた。まず、計画では未来に向かって行動することは有意義であると考える。他者と共同して行動を起こすことは、より良い状況をつくりだすという期待に加えて、一部の人あるいはすべての人の潜在能力を下げるような圧力に抵抗することが可能だと考える。また、他者との共同作業こそが将来にわたる人間の幸福を保障するという信念に基づくものである。この信念は、一世紀ほど前に哲学者ウィリアム・ジェームズ[1]によってこう記されている。

> 信じるという行為を通じて、ゴールは我々の前に現れる。しかし我々自身の努力なしにはそこには到達できない。成功するとは限らなくとも、意志は我々を行動へと駆り立てる（James 1920: 82）。

ジェームズは、人々が日々暮らし移動する中で、どのように特定の場所への関心を持つようになるかを細やかに理解しているだけでなく、その未来が自ずとやってくるわけではないことを見抜いていた。未来は人々が共同して行動を起こした結果、人々の「意志」が結実したものとして立ち現れるのである。

第二に、計画領域では、限られた人のためではなく多くの人々の生活環境や暮らしやすさ、持続可能性を高めることをその本旨と考える。二十世紀の計画と決定的に異なるのは、「多くの人々」を共通の価値観や関心を持つマスとして捉えるのではなく、異なる価値観や生活スタイルを有する個人あるいはグループの多元性そのままに捉える点である。その際、経済問題を無視すべきでない。経済問題は地球上で持続的に人間が発展していくという概念に内包されるものであるからである。

第三に、計画では物事が互いに「関係する」複雑性に着目する。それによって人々は特定の事業や行為の結果として現れるインパクトの連鎖性、また時空間を超えて影響がどのように及ぶかを知ることになる。計画では、私たちの暮らしの多様な局面（家庭生活、仕事、余暇など）がどのように繋がり、どのようにしてその時空間を渡り歩くのかを考慮しなくてはならない。計画は個人の関心に着目するだけでなく、他者との間、私と場所の間、私の「今」と過去や未来との間に生まれる複雑な相互関係や義務にも関心を寄せる。

第四に、計画という考え方は、他者と共生する際に必ず発生する問題、経験、可能性や相反する考え方を知ることの重要性を教えてくれる。「知る」ことは必ずしも科学的探求、統計的な知識や技術的専門性だけを重要視するわけではない。しかし、知識は私たちが共同して行動を起こす際には活気を与える重要な要素である。知識にはあらゆる経験知や文化的理解の仕方の違いがある。こうした知識を場所のガバナンスの領域に翻訳する際には、人々の経験知をベースにしながら、様々な媒体を通じた文化的表現、都市・地域のダイナミクスを現す統計的な科学を用いることが重要となる。

第五に、計画は政府という仕組みを有意義なものと見なす。もちろん、官僚や政治家の駆け引きのプロセスを包み隠さず公開する政府であることが前提である。計画はむしろ、問題の所在が何で、それがどのように表現され、最終的に誰にとって何がよくなりうるのか、といった問題を積極的に明らかにするような方法を模索する。万人に開かれた透明性の高い場所で政策議論がなされるように促すのが、計画の本旨である。計画や政策指針、ビジョンや戦略といった仕組みを生みだすのが計画的考え方の特性であるが、皮肉にも多くの実践面では場を無秩序にしてしまう傾向がある。しかし、

Box 1.1

二十一世紀における「計画プロジェクト」の特徴

- 未来志向。今行動することが将来の可能性をかたちづくるという信念
- 多くの人にとっての暮らしやすさ、持続可能性を志向
- 時空間をまたいで起こる様々な現象の相互依存や相互関係に着目
- 市民活動の聡明さを拡大すること、政策の知性を拡大することを志向
- 万人に開かれた透明性の高い政治プロセスによって公共圏の拡大を志向

これは計画が有する公開性がその原因ではない。公開の場で何を議論すべきかがまとまらないのは、十分に考慮されないからである。計画的考えそのものがガバナンスの実践に骨抜きにされてしまうのだ。

ある方向性を与え、まとまった考えを実現することを使命とする計画プロジェクトでは、人々が意志を持って共同し行動を起こすことが重要と考える。すなわちガバナンスの行為に積極的に関わることで、具体的な方向性を与えて場所の質を変えていこうという試みである。こうした取り組みは、いわゆる「計画」と名前のついた組織や行政システムの中で矮小化して理解すべきではない。計画という概念は、「計画」という名前を想起させるような実践に陳腐化されてきた経緯があるため、本書ではあえて、「計画的志向を持つ場所のガバナンス」という長い言葉を用いて計画の実践を論じていきたい。計画プロジェクトという概念は、複雑な都市社会の登場を背景に、こうした一連の考え方とその実践として構想されている。ここでは、私たち人間は多様な経験と希望を持ち合わせた存在として、政治的コミュニティあるいは場所に「寄せ集められたもの」(Massey 2005)でしかない。それゆえ、人間どうし、また非人間とも共生する術を身につけねばならない存在なのである。ひとたび計画が制度化されると、異議を唱える者が現れ抗争が始まる。安定的な戦略が一時的に見いだされたように見えても、また、政治的コミュニティの構成員の間にオープンで自由度の高い雰囲気が醸成されていたとしても、政府による規制としか感じられなくなる事態も生じる。もし、制度の中で柔軟さを欠いて位置づけられてしまうと、計画概念の意義は陳腐化してしまう。それゆえ、場所のガバナンスの実践は、それが計画的志向性を持ち続けているかどうかを含めて、継続的な批評の対象であるべきなのだ。ここで私が考察している計画概念の一般的な特性は、場所のガバナンスの実践を評価する一つの方法、また計画的志向を持つガバナンスの実践が矮小化され、形骸化することを防ぐ方法である。

次章からは、場所のガバナンスにまつわる課題について、より具体的な特性に着目して議論していきたい。2章では人々と場所の間の関係について話しを掘り下げ、人間としての幸福に寄与するような場所の質について考えていこう。3章では、場所のマネジメントや開発にまつわる意図的な行為を理解するために必要な視点、そして計画プロジェクトに影響を及ぼすガバナンス能力の側面について更に議論を深めていこう。

理解をより深めるための参考文献

- 都市計画の考え方やその実践を論じた文献は、ある特定の国や地域での経験を踏まえたものであることに留意する必要があるが、都市・地域の環境を改善することを意図した計画学の歴史を広く理解したいなら、
  Boyer, C. (1983) *Dreaming the Rational City*, MIT Press, Cambridge, MA.
  Hall, P. (1988) *Cities of Tomorrow*, Blackwell, Oxford.
- 都市計画の領域における近年の都市デザインの動向を知りたいなら、
  Madanipour, A. (2003) *Public and Private Spaces in the City*, Routledge, London.
- 都市計画理論の全体像を把握するには、
  Allmendinger, P. (2009) *Planning Theory* (2nd edn), PalgraveMacmillan, London.
- 本書の根底に流れる著者の都市計画理論を深く知るには、
  Healey, P. (1997/2006) *Collaborative Planning: Shaping Places in Fragmented Societies*, Macmillan, London.

2章 場所を理解する
Understanding Places

場所を経験する

「計画行為」と聞いて、人々は何を思い浮かべるだろうか？　例えば、環境破壊を引き起こす開発事業や目障りな構築物。その他にも、住宅地区を分離し、都市のランドスケープを切り裂く高速道路や、デザイン賞を受けた住宅開発の住みにくさといったこと。十九世紀の産業化時代にゆっくりと発生していた都市では、二十世紀に入ると急激な都市開発が行われるようになった。その結果、極端な大気汚染、交通渋滞、貧困、劣悪な衛生環境や「悪夢のような都市〚1〛」（Hall 1988）と揶揄されるように、複雑な問題が混在する状況を生みだした。こうした問題への対処法として、二十世紀の計画プロジェクトは発展してきた。今日、地球のあらゆる場所にメガロポリスが出現している。このメガロポリスにはいくつもの都心部があり、そこでは膨大な数の人々が暮らし、働いている。こうした都市空間、つまり中心部や人々が集い生活している地区を、いかに暮らしやすく、持続可能でアクセスしやすい空間にすることができるかが、都市計画の今日的な課題となっている。

二十世紀、都市環境の改良を啓蒙してきた人々は、都市という物理的空間をかたちづくる重要な貢献をした。今ある都市空間は、都市環境の改善を目指した主要な事業の結果としてある。そしてまた、土地利用や開発規制の進化と改変の賜物でもある。ここでは二つの事例から考察を深めよう。

最初の例は交通渋滞、大気汚染や貧困の巣窟と揶揄された都市の中心部が舞台だ。イングランド北部に位置するニューカッスル・アポン・タインは、十九世紀、英国の産業革命の発祥地として発展した都市である。しかし、二十世紀には重工業、造船業、軍事産業、化学工業といった業種がその拠点を世界中に移動させたため、産業の空洞化が顕著になった。独特な景観デザインが残る中心部から足を伸ばせば、この地方中心都市に投影された異なる計画的考え方の三つの時代（Box 2.1参照）を見て歩くことができる。

市中心部は常に時の政治家の関心の的であった。経済活動を集中させ、重要な文化施設や行政府も集めて配置された。政治家、また政治的コミュニティである市民らにとっても、中心部は市の顔としての「場所」の意味を持つため、地元のリーダーたちはその空間や社会的環境を維持し、よりよいものにしていこうと努力してきたのである。

その昔、都市居住者の多くは市の中心部あるいは隣接する地区に暮らしていた。しかし、都市が拡大し、より経済的に豊かな層が増えるにつれ、人々は市街地を出て周辺の村や小さな町を飲み込みながら広がる郊外に暮らすようになってきた。こうした郊外住宅地は民間業者による事業で開発されたものも少なくない。その多くは、都市空間の需要を高めて短期間で収益を上げることを目的にしているが、中には居住環境を向上させようという民間事業も存在した。よりよい住宅地のデザインとマネジメント、持続的に開発を促す方法としての計画という考え方は、土地利用や開発規制、また住宅地デザインを担う者に強い影響を与え、住宅地区のデザインは大きく発展した。

また、政府が事業者となって住宅地開発を進めた例も多い。次に紹介するのは、オランダ、アムステルダム市の南西部にある郊外住宅地の事例である。この地域の景観はライン川とマース川からなる広大なデルタ地帯によって形成されている。湖や運河を複雑に組み込んだ干拓地に、集約的な放牧地と園芸農地が広がっており、住宅地など都市的なまとまりは、これらの中に点在している。都市の中心部、

Box 2.1

北イングランド、ニューカッスル市の大胆な計画と都市生活

まずは一九六〇年代から出発しよう。ニューカッスル市役所の建物（デザイン賞を受賞）、その横の小さな公園には色とりどりの花壇と噴水。市役所周辺には二つの大学が立地している（うち一つは十九世紀に設立）。キャンパス横には地域の主要な総合大学病院。一九六〇年代に設立されたもう一つの大学は、「高等教育地区」として意図的にこの場所に誘致されたものである。今日、これら教育、医療、行政機関が市全体の主要な就業先となっている。市役所の前には、十九世紀の産業革命時の名残である煤煙で真っ黒になった教会がある。当時、この場所は工業地帯への主要な入り口になっていたが、現在はショッピングストリートの入り口となっている。地下鉄の駅、バスターミナルもあるこのエリアは、隣接するマークス&スペンサー（英国の総合スーパー）の店舗開発の際に同時に再開発が行われた。この辺りの建物は古い時代のものから、一九六〇年代、七〇年代に建設されたもの、それ以降に改修されたものなどが入り乱れている。歩行者専用となった通りには人々が絶え間なく行き交い、最近では大道芸人や露店も現れ、賑やかさを増している。一九五〇年代以降、この場所を訪れるチャンスがなかった人には、この様変わりは容易に想像できないだろう。というのも、当時、主要な商業地区はここから更に南に下ったエリアで、そこは十九世紀の市の中心地であった。現在の主要な通りとその賑わいは、一九六〇年代の大胆な計画の賜物である（部分的にしか実施されなかったが）。この再開発事業には市役所の精力的な働きかけがあった。その大胆な計画というのは、歩車分離を目的として、現在ある道路レベルよりも一段上に歩行者専用道路をつくるというものであった。

ハイストリートを南へ下ってみよう。足下を見ると、道路の舗装はガタガタ、ヒビもあちこちにある。そして通りの角を曲がると、また異なる風景が現れてくる。十九世紀に活躍した社会改革家グレイ卿

を讃える背の高いモニュメント。このモニュメントを起点に市の西側と南側地区へと続く大通りが延びている。この地区はすべて十九世紀に建設されたものである。市役所、地元の有能な建築家、そして不動産開発業者による協働、今でいう公共と民間のパートナーシップによる計画スキームが実践された場所である。この計画では、店舗や事務所を道路に面して配し、その上をアパートメントにするというレイアウトおよびデザインが提案された。しかし、十九世紀当時、裕福な中流階級は市の北部地区の郊外を住まいとしており、市の中心部に住むという考えに賛同する者は皆無であった。その結果、計画でつくられた市街地の建物上部の多くは入居者を迎えることなく取り残された。一九六〇年代には先に述べた北側に商業地開発が計画され、一九八〇年代に南側の河川沿い地区の再開発が行われた結果、この十九世紀の中心地区は斜陽化の一途をたどることになった。

現在、この地区はレストランやカフェの客が通りに溢れ出し、賑やかさを取り戻している。店先は改

［図2.1］三つの時代の異なる計画的考え方がつくりだした景観

［a］19世紀につくられた劇場シアター・ロイヤルと1990年代に改良された通り

［b］前面に押し出された店舗デザインは2階レベルに歩行者道路建設が予定されていた名残

［c］タイン川沿いのキーサイドにおける大規模開発（6章も参照）

装され、テナント事務所が入居し、上部アパートメントは、都心暮らしを楽しむ学生や若い就業者層を想定した居住空間に改変されている。これらはすべて、中央政府の補助金による再開発プロジェクトの結果である。これによって不動産所有者や投資家の意識が大きく変わり、また歩行者空間を拡張し、北スコットランド産の高級石材を使った舗装やカスタムメイドのストリート・ファニチャーなどに十分な予算を割くようになった[Box 6.1に続く]。❖

例えば首都アムステルダムでは、水辺空間が主要なオープンスペースとなっている。しかし、古い時代につくられた住宅地区では、建物や水辺空間、そして緑地スペースが混在している。こうした地域の景観からは、市政府、専属のプランナーが採用したその時代の住宅地デザインの考え方が見て取れる。ブイテンベルダートと呼ばれる住宅地区は一九五〇年、六〇年代に計画された。当時、世界的に有名なモダニストで都市計画家だったコーネリアス・ファン・エーステレンがアムステルダム市都市計画局を率いて実施したものである。不景気と世界大戦から二十年後、市内に暮らす労働者層に良好な住居を提供することを目的に建設された一連の住宅地開発の一つである(Box 2.2参照)。

意図的に計画された住宅地であっても、暮らしやすさや持続可能性という点で、事例のブイテンベルダートのような成功を収めるとは限らない。一体何が違うのだろうか? その答えの一つは立地にある。ブイテンベルダートは市の南地区に位置し、市の西部、東部や南東部の郊外に比べて裕福な地域と見なされている。また、アムステルダムの市街地やスキポール空港の巨大な就業地域(ブイテンベルダートの北側のスカイラインを形成)からの車や電車、バス、トラム、地下鉄を使ったアクセスが非常に恵まれた

Box 2.2

ブイテンベルダート、「モダニスト」かつ「持続可能な」計画された住宅地

ブイテンベルダートは東西を二つの広大な公園（アムステル公園、ボス公園）に挟まれ、十五階建ての高層棟および四階建ての中層棟が道路に面して並ぶ。住宅地の内側は、道路、建物、水路、公園が正方形、長方形のかたちで配されており、三階建ての低層住宅とコートヤードのある三、四階建ての集合住宅が混在している。その中心には複合商業施設が立地しており、小・中学校、健康／保険サービスセンター、公共施設（教会など）がバランスよく立地し、四つのスポーツ施設は住区の周縁に配置されている。様々なサービスにアクセスできる配置のデザインは好意的に受け取られてきた一方、建物のかたちのデザイン（タワーブロック、中層、低層の集合住宅）は世界中のデザイナーから酷評されてきた。実際、多くの都市ではそのようなデザインは取り壊しの対象になっている。居住希望者がおらず、また、集合住宅の環境を管理できない、あるいは近隣住民との軋轢が生まれ、社会的な環境が危機的な状態になることが多いためである。このような不運に見舞われた住宅地はアムステルダム市の中にもある。しかし、ブイテンベルダートは例外である。建設から五十年を経て、高齢化した居住者は、若い子育て世帯など新しい居住者と入れ替わりつつある。アムステルダム市内の都市社会空間の中にあって、この住宅地は年月を重ねながらごく普通の郊外地域として成熟してきた。市役所の継続的な調査によると、この住宅地の住民からは「暮らしやすさ」の評価軸では常に高得点を得ているという[1]。❖

［a］4階建ての住居群

［b］中庭に面したテラスハウス

［図2.2］多様な集合住宅が混在する住宅地区

地域なのだ。当時の都市計画家らが一九五〇年代にこの立地を決めた際、他の地域で見られた戦後の住宅地デザインよりは、建物やそのレイアウトに若干のゆとりをもたせた設計となっている。その結果、ブイテンベルダートは住宅市場においても主に中流クラスの人々の関心を引くことに繋がったのだろう。特筆すべきは、英国や米国の主流な考え方と異なり、この住宅地が「単一」クラスの住民を想定した郊外開発ではないことである。複数のタイプの住宅（戸建て、アパート、低層、高層）に加え、分譲および賃貸を含む不動産保有形態も多様である。低所得者向けの賃貸住宅は開放的なコートヤード付き[2]、その中心には子どもの遊び場、近くには店舗や学校、公園が配されておりこれらはすべて住宅協会[2]によって管理されている。建物自体も複合利用が意図されており、一階店舗の上にはアパート、高層棟にはオフィス群も配置されている。「直線的な」レイアウトが特徴的な住宅地ではあるが、歩行者専用ルートも考慮されたデザインとなっている。例えば、乳母車や歩行器、車いすでの移動が楽な路面、車道とは切り離して設けられた自転車専用道路、公共交通へのアクセスに十分な配慮がされており、また周辺地域からのアクセスにも、複数の交通手段が容易に利用できる配置のデザインが実現している[3]。この住宅地は、あらゆるディテールに、デザイン、レイアウト、建設そしてマネジメントへの細やかな配慮が見て取れる[4]。その結果、私たちが呼ぶところの「持続可能な」都市デザインの原則を体現しており、それは米国で起こった「ニューアーバニズム」運動と同じ方向を示している（Duany et al. 2000, Talen 1999, Grant 2006参照）。立地とデザインがうまく計画された住宅地は、五十年の年月を経て都市の風景にすっかりなじんでいる。立派に成長した木々の緑は、グリッド状の街区構造をも和らげている。ここは、極めて「暮らしやすい」都市内の住宅地として、少なくとも今後五十年間は持続しうる場所であろう。

このように、場所の物理的なかたちやその配置は意図的な行為によって形成されることが多い。その動機は1章で取り上げたように様々な要因が考えられる。政治家がその権力を誇示するために物理的な表現を利用することもあるだろう。新たな政権が登場する時には、「国家」を象徴するための空間的な表現として、首都となる都市建設を計画することも多い（例えばブラジルのブラジリア、台湾の台北、スリランカのコロンボ、インドのニューデリー）。一九六〇年代のニューカッスルでは、政治家が「北のブラジリア」を建設しようと試みた（Smith 1970）。アムステルダムでは政治的な野心よりはむしろ、労働者のためによりよい居住環境をつくりだすことに関心が寄せられた。しかし、どのような意図があるにせよ、開発事業はそれ以外の力と相まって実施されるのが常である。例えば、自然システムの恵み、土地所有者／開発業者／基盤整備業者の不動産、その土地に代々受け継がれてきた独自の土地利用制度、自らの環境改善を望む人々による行動、予期せぬ悲惨な自然災害などである。もちろん、政府の計画は常に人々の思いを反映して実施されるわけではないし、その結果生まれた場所が常に「よい」と判断されるわけでもない。しかし、政府の介入は、計画という理想論に刺激された事業も含めて、場所がいかに開発されていくかを決定づけるべく、実質的には重要な影響を与えてきた。

都市の物理的構造に対して意図的に介入する際に大きな課題となるのは、都市のかたちを想像することと、それがいったん都市景観の中で生みだされた際に与える影響との関係を十分に理解することである。開発によってどのような影響があるのか？どのような意味をその場所にもたらすのか？　土地と不動産の関係、人々の日常生活、企業活動の可能性の広がり、自然システムの流れに対してどのような影響があるのか？　本章の後半では、これらの問題を一つずつ議論していこうと思う。まずは、人と場所の相互関係、社会空間的な関係のダイナミクスについて。二つ目に、場所の質がいかに生みだされるのかについて。三つ目に、都市計画家によって場所というものがどのように想像されてきたのかについて。最後に、ある場所に対する私たちの関心が、いかにして他者や場所との関係に結びついていくのかを考察していく。

「よい暮らし」を求めて——場所に生きる人々

1章で、計画プロジェクトに価値があるとすれば、それは場所の暮らしやすさと持続可能性を高めることに寄与することだと述べた。とはいえ、抽象的な一般的理念、例えば「社会正義」や「持続可能な開発」を追求することは、私たちが何を考えなくてはならないかを示唆することはあっても、具体的場所の未来を形成するに足るデザインや介入の方法を教えてくれるわけではない。私たちは皆、ある特定の場所を動き、その中に暮らしている。私たちがそうした空間に様々な意味を見いだすことによって、場所としての多様な質が生まれる。しかし、この多様性を前に、何が「改善」と言えるのだろうか？　可能性を高めるとは一体何を意味するのだろうか？　異なる場所で生きる様々な人々が「繁栄すること」、そして「よい暮らし」に導くこと、とは何を意味するのか。私たちが「家にいる」時、リアルな経験に潜む細やかな暮らしの襞という文脈において、「社会正義」や「持続可能な開発」とは何を意味するのか？　1章では、計画という概念を進歩主義の立場から理解し次のように定義した。まず、計画は将来へ向けたある方向性を持って遂行される行為である。様々な事物の相互依存や関係性に着目し、人々に暮らしやすさと持続性をもたらすことを使命としている。また、人々が計画に関わることで、人間が場所に見いだす価値、場所が人間に与える影響といった基本的知見を理解するようになる。こうした計画プロセスでは、政策立案の透明性を高めることが重要となる。しかし、このような価値を認めたとして、実際の文脈では一体何を意味するのだろうか？　透明性の高い政策立案プロセスとは具体的に何をすることなのか？　これらに対する回答は本書の後半で議論するとして、ここでは、ある場所に私たち人間が「共存する」ことによって発生する諸処の問題に関して基本的な考え方を述べておこう。

共存という状態は、個という存在が社会や自然に対してどうあるべきかという複雑な問題を生みだす。これは何世紀にもわたり哲学者が議論してきたことである[5]。一面では、私たちは皆、人間らしく生きたいという欲求をもち、責任や対価を得る権利を有する。このような考えは、すべての人間の「基本的要求」を満たすことを求めた人権宣言へと発展してきた。特に西欧社会では人権を求める運動が、場所の開発およびマネジメントへと発展してきた。具体的には、性別や身体能力、文化や収入の違いによらず、すべての人々にまともな住居、仕事、保健や医療、教育を提供するというものである。この目的は住宅地の開発プロジェクト、例えばアムステルダムの事例（4章、5章も合わせて参照）の根底に流れる考え方である。また、これらの基本的要求と権利のレベルを超えて、私たちはある特定の社会的「位置」で暮らしているため、複数のアイデンティティを持った存在である。高齢者、若者、親／子ども、居住者／就労者、土地所有者／賃借人、専門職／労働者、先生／学生、政治家／有権者、といった一度にいくつもの肩書きを持つのが普通である。このような多様性は次のような考えを生みだす。個人は複数の関心を有しており、その好みの中から既存の経済用語でいうところの「合理的なトレードオフ」を選択するというものである。とはいえ、ある個人の選択は他者の好みと食い違うこともあるだろう。それゆえ、社会的な緊張関係があちこちで生まれるのは避けられない。

しかし、私たちは目に見える利益を追求するだけの経済的な生き物ではない。私たちは、社会的世界[3]に生きる倫理的な存在でもある。この社会的世界とは、私たちの経済的関心や好みをつくりだす構造であり、個人の倫理的なアイデンティティをかたちづくり、他者や私たちを取り巻く世界との関係の結び方さえも規定する。そして、私たちはこの社会的世界に「位置している」だけではない。他者との関わりを通じて、つまり、こうした社会的世界に存在する他者との関係を自らに投影しながら「よい暮らし」とは何かを理解し求めようとする。社会人類学者や社会史研究者らによれば、「よい暮らし」という考え方には時代や場所を超えて世界中で共有されうる共通した意識があるという。もちろん時代や場所が異なれば、人々の間で「よい暮らし」がどう翻訳されるかは大きな違いが生まれる。二十一世紀の世界、人間、モノ、情報やアイディアの高度な流動性を獲得した時代では、社会的世界の一部は絶えず流動しぶつかり合い、それによって人々は複数のアイデンティティをもち、一度に異なる場所で影響を及ぼすことが可能になっている[6]。しかし、場所の質に関して異なる文化的解釈が存在する場所では、こうした高流動性も大きな対立を引き起こしかねない。

ヒリアーは南オーストラリアの事例を用いて、別の対立の有り様を紹介している。ある開発業者と行政が新しい橋とマリーナを建設し、島の観光名所となるようなプロジェクトを進めていた。経済的な波及効果が地元にもたらされるだろうと考えてのことだった。一方、そこに暮らす島民らは、対象地の景観は先祖の神聖な象徴であり、現在と未来の島民が彼らのコスモスと繋がる手段となるものである、といって反対した。しかし、このような価値観、神聖なものとして部族の女性たちを通じて受け継がれた知恵は、南オーストラリアの政治システム上の審議や法的手続きによって明らかにされるものではなかった。政治家や地元メディアのコメンテーターは、意見が割れた際の苦肉の策として島民らが持ち出した「つくり話」として取り上げ、島民の開発反対意見は完全に無視された。文化や伝統の違いによる深いレベルでの対立だとは受け取られなかったのである（Hillier 2007: Chapter 4）。

今日、このような動きや対立とは無関係な場所を探すことは難しい。こうした対立は、物理的な場所やモノ、そこに生きる人々、そこに生まれる倫理観の間にある緊密な関係を壊す。それはドイツ社会学で言うところの、コミュニタリアン・ゲマインシャフト『4』のことである（Tonnies 1988）。ここでは次のような考察ができる。ある場所で起こる出来事に「関与」する者は、地元住民あるいは住民登録されている市民だけとは限らない。「利害関係者」は全く別のところからやってくることもある。彼らはその具体的な場所における質に関心があるか、あるいはその場所で起きた出来事による影響を懸念している。つまり、場所の質を生みだし、またその場所の質に影響を受けるような関係の網は、空間的にも時間的にも無限に広がっている。

更に、複数の動き、アイデンティティや利害が存在することを考えると、人間性とは何か、また自然社会との関係がどうあるべきかという共通の価値観なくしては、よい暮らしを規定するもの、場所の質に求める価値は常に対立の元凶となる。場所の質を形成するどのような社会的行為であっても、その結果、異なる価値観、そしてその場所から便益を受けるであろう異なるグループの中から、いずれかを選択しなくてはならない。政府がある場所の質を高めようと開発事業を実施する場合でも、個々の事業を進めていく中で、その場所に何が重要であるかについて異なる意見と対立する場合もある。それゆえ、相反する考え方の中から物事を選択し正当化するプロセスは、最終的に何を選択するかと同じぐらい重要なのである。地理学者デヴィッド・ハーヴェイは、「空間の配分に関する正義」とは何かを研究する中で、このことを「公正な分配は適正に行き着く場所に行く」と考察している（Harvey 1973: 98）。

よい暮らしとは何か。それは、場所を構成する基本的な原理原則として公式化されるものではない。しかし、政府は人々の生活をそのように想定しがちである。二十世紀、場所の開発やマネジメントを進める際にこうした方法が採用されたことは、都市計画の最大の過誤であり、専門家の多くがその失策に加担した。現在そして未来の世代にとって暮らしやすく持続的な環境をつくりだすために必要なのは、千差万別の「よい暮らし」という考え方があることを認めた上で、それでもなお広く共感できることは何かを探り、どこに深い亀裂があるのかを模索するような方法なのである。後述するバンクーバーでは、このような認識が街区ごとに生まれていた。それはプランナーと住民が協働し、この多様性（住民間、更には都市全体の中で）を認めるような地区改良のマネジメント手法を編み出したからだ（4章参照）。彼らが求めたのは暮らしやすさと持続性の定義を複数認めることであった。「私たちの場所」といった狭い単一の概念を誇示するのではなく、視点の多様性を包含し状況の変化に柔軟に対応できるようにしたのだ。ハーヴェイの言葉を借りれば、場所のマネジメントの理想は、人々が共同して行動するプロセスの先に見いだされるもの、場所に関わるありとあらゆる利害関係者がよいと認める考えによって正当化されるもの、ということになる。

場所の地理、場所の質

ところで、私たちはどのように「場所」という概念を理解しているだろうか？　プランナーとして訓練を受けてきた者、その多くは建築学や工学分野で教育を受け、「場所」を物理的な実在物と捉える傾向が強い。つまり物理的な自然環境にあってあるかたちを持った対象物、あるいはそのまとまり、と考えるのである。しかし、これまでの議論を見てもわかるとおり、場所をつくりだすということは極めて社会的、政治的概念かつ行為である。もちろん、科学的事実を伴って「場所」が理解されることもあるが、1章で紹介したブルックリンのグリーンポイント／ウィリアムズバーグのように、そこに見いだされる意味や価値は人々の生きた経験の相互作用の中で生まれるものだ。それゆえ、場所の社会的意味を物理的に目に見えるものから読み取ることは容易ではない。急速な勢いで発展するアジアの都市に発生するスラム街は、例えば英国の都市における低所得者向け集合住宅地のそれとは社会、政治、経済的条件が全く異なっている。後者では、物理的な改良が幾度となく繰り返されているにもかかわらず、相変わらず改善が見込めない（UN-Habitat 2003, 英国の事例はHanley 2007参照）。

場所、そして場所の質というものは、例えば適正価格の住宅、社会的活動の様々な機会や施設、スムーズな乗り換えや空間の接続といった具体的なものを生みだすだけの存在ではない。場所は意味や価値を包含する。その意味や価値に対して人々は投資し、その周辺にどれほどの影響をもたらす可能性があるかを勘案する。ドリーン・マッシィ（2005）といった当代の地理学者は次のように定義する。場所とは単に物理的に「そこにあるもの」ではなく、ある表面に位置する物事の集まり、あるいは住宅地区や都市、農村地域を構成する器の中の物事の集まりである。そして、こうした場所は私たちがそれを経験することによって初めて立ち現れてくる。つまり場所には常に意味が伴う。私たちは日々の生活の中で様々な場所を行き交いながら経験する。日用品を手に入れる、日暮れの散歩に出かける、子どもを学校に連れて行く、仕事に出かける、同僚と議論する、家族や友人を訪ねる、バーで出会った人とおしゃべりをする。宗教的な集まりや店、道端、公共交通を利用している時、駐車場にいる時、他の場所と比べてその場所を評価している。その場所の持つ心地よさに魅惑されワクワクすることもあれば、残念に思えたり、恐怖を感じたり、だまされたと感じることもあろう。場所の質とは、暮らしを取り巻く物理的環境を経験し、そこからある種の意味を見いだすことから生まれてくるものである。

場所という言葉を用いる際[7]、私たちが関心を寄せるべきは、客観的に表現された現実ではない。もちろん、場所の物理的な状況を把握することはできる。例えばそこに立っている建物や景観、道路、小道、公園や施設の様子、そこで人々や車がどう行き交っているかを客観的に理解することは可能だ。また、ここで議論されている「場所」とは、特定の行政区（市や県）として区切られたような空間でもない。事物は同じ地点に共存し、様々な関係性は物理的な空間に重層する。しかしそれらが「場所の意味」を生みだすとは限らない。私たちが「場所」に意味を見いだすのは、どこかに到着したと感じる時、ある雰囲気を感じた時、暮らしの中で何かと出会ったと感じる時である。したがって、場所の意味、あるいは場所の質に関する観念というのは、個人の行為と社会のルールが交差する地点で、物理的な経験（使う、飛び込む、見る、聞く、呼吸する）と、想像的解釈（意味や価値を与える）が同時に行われた時に生まれるのである。

私たちは、自らが暮らす世界の「空間」に常に意味を与えようとする。そして「ただそこにある」物事を、ある特質を持った場所の観念へと昇華させる。しかし実際には、自らのアイデンティティの基盤となっている社会的世界からの影響を受けるばかりでなく、他者との関係性における時空間の距離（近さ、遠さ）にも左右される。市の政治的リーダーといえども、私たち市民と同様だ。十九世紀中頃のニューカッスルで都市空間の改造に関わった人々は、例えば、ジョージ王朝時代のエジンバラをモデルに都心部の理想的空間像を描いた。その後継者らは、一九六〇年代には南米の新首都計画プロジェクトであるブラジリアを模倣した。一九八〇年代には、ヨーロッパ各地でボストンを都市再生のモデルと見なす風潮が強くなった。一九九〇年代には、バルセロナが都市再生の象徴となる。

しかし、市民はこうした政治家とはまた異なる場所の知識と経験を持つ。二十一世紀の今、ある場所がどうなるべきかを考えるために、私たちは直接的な経験を通じて、あるいは、様々な社会的ネットワーク（これは最貧民層であっても超国家的な広がりがある）やメディアを通じて様々なアイディアを得ることができるようになった。このようにして、他の地域で起こっていることを知るようになるだけでなく、それが自分たちの身の回りにも何らかの影響を及ぼすことにも気づきはじめている。低賃金で雇用される労働者が後進国の工場で増加しているというニュースを聞けば、自らの職場も脅かされるのではと心配するようになる。例えば、EUがつくりだした国家の枠組みを超えた労働者の流動化が、私たちの身近な農場、店や観光地などで人々の新たな就労のかたちを生みだしていることを経験している。家の周りの治安が悪くなっているのではないかと離れて住む親戚に指摘されれば気分を害し、生物多様性や気候変動の問題に対して人類の行き過ぎた資源収奪の影響を心配し、自らの行動を改めようとする。私たちは自分たちの未来、そして家族や友人の未来を憂う。ある特定の場所に暮らしていても、一日の時間の流れの中で、私たちは絶え間なく異なる時間と出会う。年間のサイクルや、世代間の時間、地球の反対に暮らす人々の時間。こうした一般的な時間概念は、外発的に押し付けられるものである一方、人々が日常生活の経験の中での「場所」の意味について、そしてこれらの場所が将来的にどう変わりうるかを考えるきっかけを与えてくれる。

このように、場所の意味や経験は標準的な二次元マップで表現できるようなものではない。ましてや、場所の特性を要素の寄せ集めとして描写したところでつかみ取れるものではないのである。場所の質とは、多様な社会的世界に住む人々の間にある複雑な相互関係を通じて生みだされ、維持されるのである。また、こうした場所の持つ特性こそが、別に存在する様々な場所と時間に、動的で予想できない方法で私たちを繋ぎとめる要因でもあるのだ。1章のナザレや南オーストラリアの事例はこのことをはっきりと示している。だからこそ、「人間としての幸福」を保障し、その可能性を広げようとする社会的行為としての場所づくりでは、誰がどこに暮らし、何をして、何を知りどう対応しているのか、また互いにどう関わり合い、何に関心を寄せ「必要」と感じているのか、ということに対して極めて繊細な対応をしなくてはならない。ある場所とその未来がどのように想像されるかに影響を及ぼす様々な関係や側面を取り上げるという、「包括的」で繊細さを要する作業となる。しかし、そのような作業は、都市「全体」を自己完結した、境界のはっきりしたものと扱う限り成果は得られない。巨大な都市空間で起こっていることは、様々なかたちでより広い世界の動きと連動しているからである。

場所を想像する

都市計画領域の愉しみの一つは、形象（イメージ）を読み直す作業にある。このイメージとは、空想家、政治家、プランナーが場所に光を当てる手段として用いてきたものである。こうしたイメージは、過去に存在した、具体的には理想化された古代都市の概念を模倣して描かれることがある。あるいは未来のユートピアを想像して構想されることもある（Fishman 1977, Boyer 1983, Hall 1988参照）。イメージは、スケッチや図案といった物理的なかたちで表現されることが多い。イメージはまた、言葉によって表現されることもある。例えば「ビジョン」といった文書。理想郷に関する有名な書物、例えばトーマス・モアの『ユートピア』やエベネザー・ハワードによる『明日の田園都市』（Howard 1989）は人々に長く読まれているテキストであり、その中では物理的なかたちは一側面でしかない。このような理想化されたイメージは今日の環境理想論や技術理想論のテキストにも見受けられる。

都市計画の伝統では、図案やスケッチ、アイコン、地図や計画文書やコンセプト文などはよく使う手段である［図2.3］。開発地区から、市全体、広域、国全体、あるいは超国家領域を対象とする。例えば、EUレベルで働くプランナーは、近年、ヨーロッパ大陸の空間的な多様性を視覚的に表現するのに試行錯誤を繰り返している（Dühr 2007）。イメージの強みはそれが多様な部分を繋ぎ合わせ、場所の特性を包括的な表現に落とし込むことにある。イメージはまた、空間像を前進させる手助けにもなる。人々の関心を翻訳し実在する場所に意味を与えることによって、異なる属性の市民や彼らの関心事を特定のプロジェクトや企画と連動させることができる。イメージを用いることで、計画を実行に動かす「エネルギー」を生みだし、人々の関心を次の段階に発展させることもできる。政策上の考えを都市環境の変化を促す行為に翻訳する計画という仕事では、その技術の一つとしてこうした可視的表現が多用される。一般的に、計画という行為は計画案を策定することと考えられているだろう。しかし、4章や7章で議論していくが、この物理的な計画案というのは場所のマネジメントや開発行為の中では、単なる一つの手段でしかない。

場所のイメージによる表現は、その内容やそれがもたらす効果について中立的であるとは限らない。特に場所の特性を可視化する際に図や地図を使う場合、中立性を保つのはとても難しい。図案やスケッチは、単に考えるための手段、一つの可能性を提示しただけかもしれないが、これらが一人歩きすることもある。視覚化されたものはあたかも未来の最終的なかたちに見えてしまいがちで、スケッチや地図が説得力のある絵であれば、人々は描かれたものが実現されることを望むようにもなるだろう。一方で、都市計画局やコンサルタントが提示した図案に自分たちの意見が反映されていなければ、無視されたと思い険悪なムードを醸成することもある。開発事業の中心となる関係者との協議を経て描かれたイメージであったとしても、その場所に同時に存在するその他大勢を排除することは避けられない。特定のエリートや過去の植民地支配によってシステム的に抑圧された状況が続く場所では、政府が提示したデザインや計画案は侵略者による案と捉えかねられない。そのような場合、そのこと自体が計画案を棄却する正当な理由となることもある(5章のベスターズキャンプの例を参照)。

このような現実からは次のことが考えられる。場所を想像する行為は、単に思考のツールや議論を活性化させるための手段に留まらない。場所の質を考える際、議論の領域から物質的なかたちへの展開が必要となる。そこでは、土地利用や建築制限といった形式に翻訳していかなければならない。こうして想像された具体像は、開発プロジェクトのデザインや配置を決定し、公共空間のマスタープランとして表現される。こうしたイメージが長期にわたって及ぼす影響を考えてみよう。ある時点で意図的に採用された考えは、ある政治的コミュニティが考える場所の質に対する価値や利害を表現するものであったとしても、時間が経つにつれ、それが恒常化して社会的規範となり、その後に続く出来事の流れの一部になっていくこともある。逆に、その場所の価値が時代遅れのものになれば、後の世代からは障壁と感じられるかもしれない。こうした事態は場所のマネジメントの現場では頻繁に起こる。その場所に与えられた意味が固定的になると、特定のグループを除いて多くの人々の関心からはこぼれ落ちてしまう。それゆえ、こうしたイメージを時々取り出して慎重に見直してみる必要があるだろう。とはいえ、場所と場所の質が有する多元的なコンセプトを伝える場所のイメージをつくりだすのは容易ではないこと、そうしたイメージが場所の物理的なかたちを変えていく積極的な介入を先導するわけではないことは、強く自覚しておくべきだ。

The Vision for Leeds has three main aims

- Going up a league as a city - making Leeds an internationally competitiv city, the best place in the country to live, work and learn, with a high quality of life for everyone.
- Narrowing the gap between the most disadvantaged people and communities and the rest of the city.
- Developing Leeds' role as the regional capital, contributing to the nation economy as a competitive European city, supporting and supported by a region that is becoming increasingly prosperous.

Source: Vision Statement for the Leeds Community Strategy, downloaded 10.02.09 from www.leedsinitiative.org

[a] リーズ市（英国）のビジョン　出典=www.leedsinitiative.org

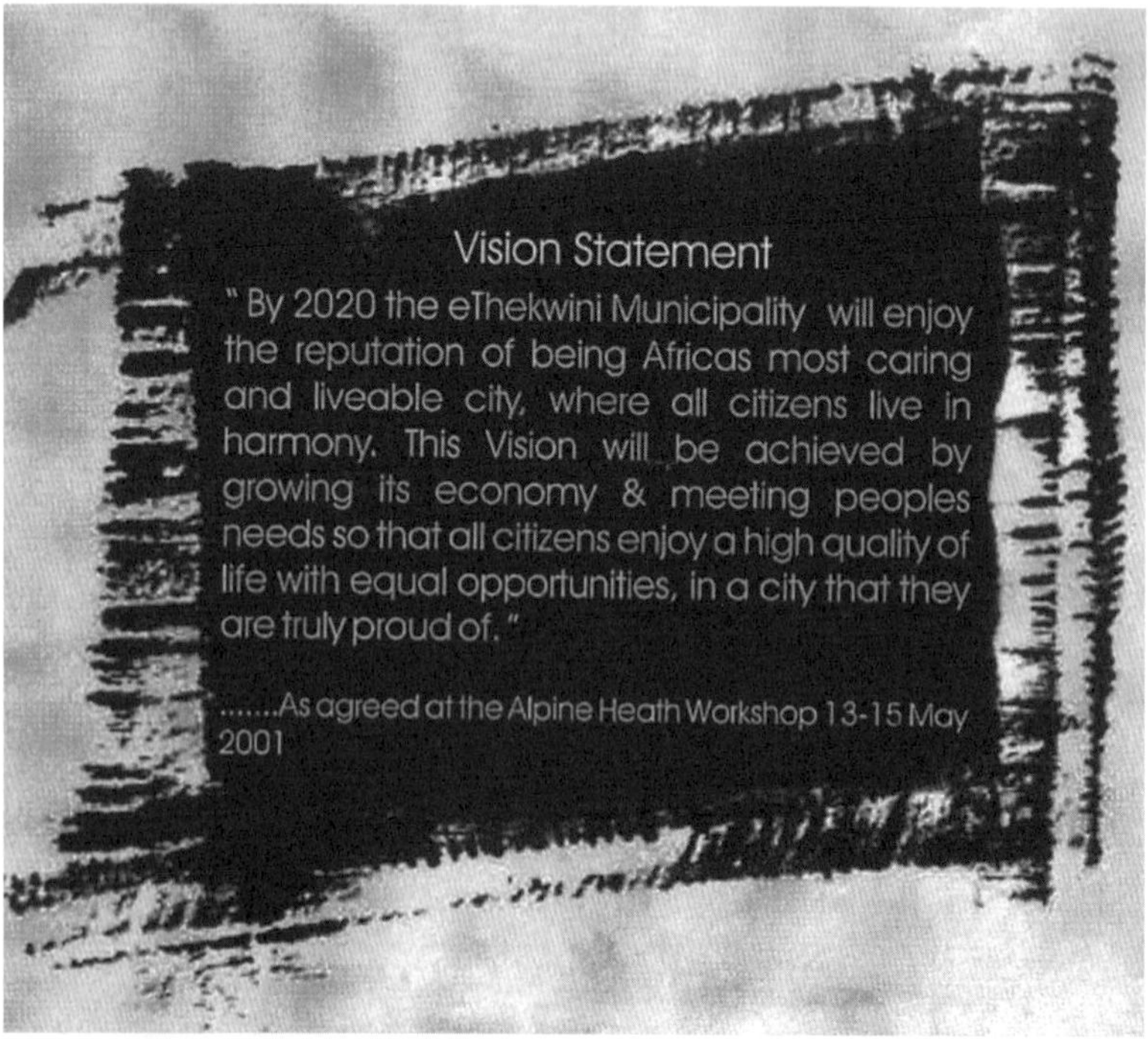
Vision Statement
" By 2020 the eThekwini Municipality will enjoy the reputation of being Africas most caring and liveable city, where all citizens live in harmony. This Vision will be achieved by growing its economy & meeting peoples needs so that all citizens enjoy a high quality of life with equal opportunities, in a city that they are truly proud of. "
.......As agreed at the Alpine Heath Workshop 13-15 May 2001

[b] ダーバン地域（南アフリカ）のビジョン　出典=Office of the Mayor of Durban (2001)

［図2.3］未来の場所のイメージ　a、b、c

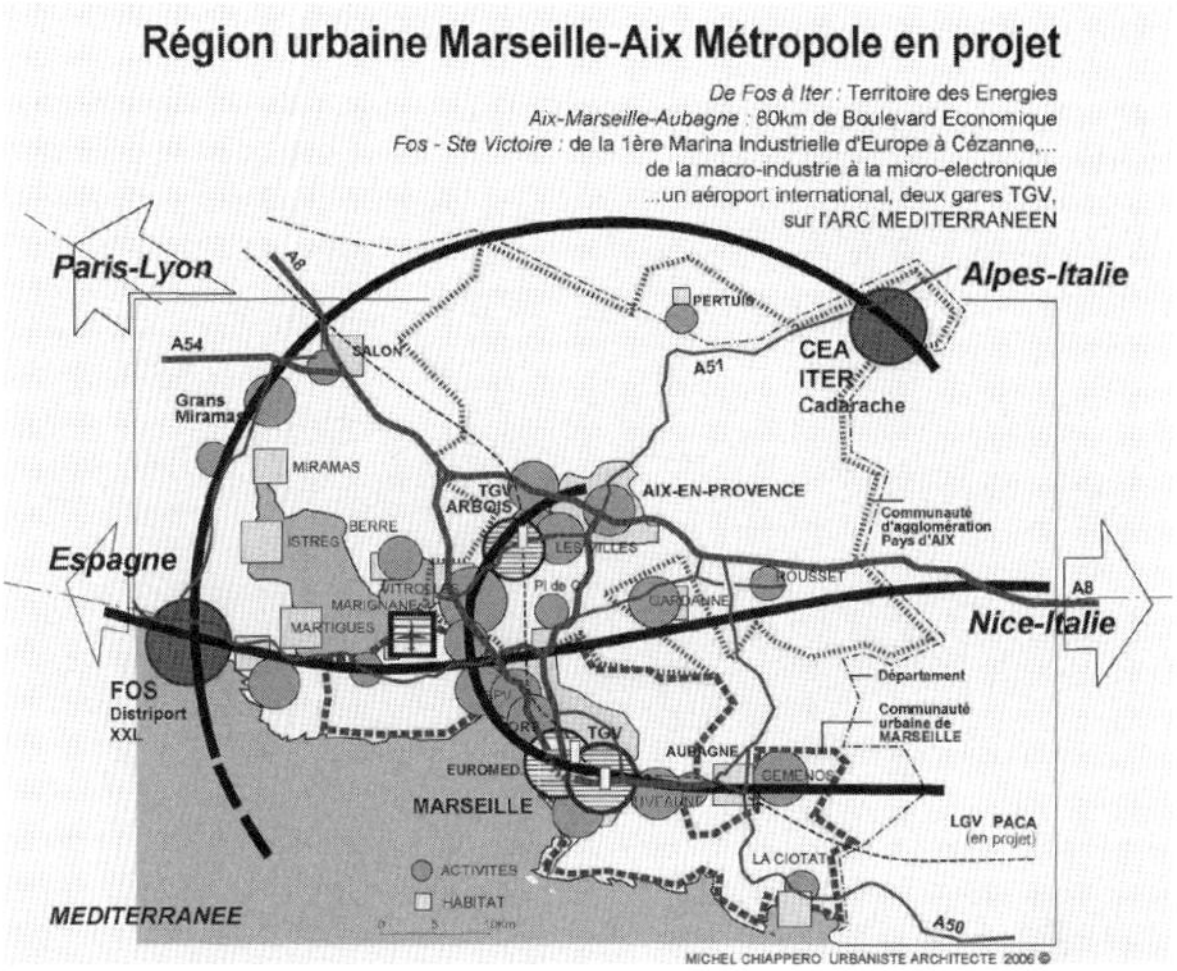

［c］進化するマルセイユ大都市圏（都市地域の動態を視覚的に表現するための学術的研究）
©Michael Chiappero.

バンクーバーでは、様々な近隣住区のガイドライン作成を実現していく中で、市全体のイメージをつくり上げていたが、それには膨大な時間が費やされてきた（4章参照）。バーミンガムでは、都心部のデザインフレームワークを設定するという考えは、市の中心地での巨大な開発プロジェクトの進行と同時に生まれてきた（6章参照）。このことは、場所の質、それをどのように表現するかは、社会的な学習のプロセスを経てその強みや妥当性を獲得するものであることを意味する。そのプロセスの中で、参加者自身が、問題の本質を学び、未来に何が起こるかを理解するようになるからである。

より広い世界の中での場所

ここまで、私たちが「場所」と認識しているものは、その地点や周辺に流れてくる様々な活動が具体的な型を伴って蓄積され、更に、こうした物事や流れ、それが生みだす対立に私たちが意味や価値を見いだすことによってつくられている様を論じてきた。しかし、場所とは単なるジグソーパズルの一つのピースではなく、それを組み合わせると世界の全体図が完成するようなものでもない。また、ロシアのマトリョーシカ人形の一番小さいものでもなければ、中心点や階層性を持った地図上の特定の地点でもない。場所とは、様々な濃度で、その地点を横切り、あるいは「存在する」社会的関係性が集まり、それが結びついた結果として存在するものである(Graham and Healey 1999, Amin 2002, Healey 2004b, Massey 2005参照)。このような社会的関係や出会いこそが、人々に「関与する」感覚を与え、その場所とその質に関してどう繋がっているかという感覚を生みだすもとになる。私たちは、ある状況における自らの立ち位置が、他者の関与の仕方、アイデンティティやコミットメントとどう関係付けられているかを理解するようになるのである。

人々の関心が場所の質へと向かうのは、一つの場所に関与する人々の間に対立が生じやすいためである。その場所を保存することによって野生生物の保護や歴史的遺構を守ろうとする者もあれば、不動産として保有する者はその場所への厳しい規制は企業活動を妨げると危惧する。このような対立は、具体的な場所には様々な価値や暮らし方が共存していることの証である。しかし、多くの場合、場所の質を脅かすような要素はその場所の外からやってくる。空港や高速道路、鉄道網といった国家主導の巨大な投資対象となる現場には、すでにそこにある場所の質とは無関係な計画が持ち込まれる。神戸の中心市街地がこの一例である(4章参照)。一九五〇年代、六〇年代に北米やヨーロッパの多くの都市で建設された高速道路も、地元での抗議行動の引き金となり、計画の実践を変更するように迫った(4章のバンクーバー、神戸の事例、6章のボストン、7章のオレゴン州ポートランドの事例を参照)。

民主的な政治文化が醸成されていたオランダでは、こうした対立を回避する方法として、経済、社会、環境上の課題全体を見据えた上で共通点を見いだしていこうという努力がみられる。この場合、基礎自治体とその計画行政スタッフは、国の政治・経済的優先事項の介入を制限する重要な役割を果たす。アムステルダム近郊のハーレマーメール市役所の議員やプランナーの最大の関心は、スキポール国際空港およびその物流をより効率的なものにせよという国や企業の巨大な経済的圧力と、その地区住民の暮らしやすさや持続可能性の確保をいかに両立させるかということにあった（Box 2.3参照）。ハーレマーメールの議員やプランナーは、国と地元が同時に協議を進めることによって、住宅地区レベルでの居住環境への配慮と共に、国際的な経済活動によってその地区住民に雇用の場を生みだすような方策を検討していったのである。

「地域コミュニティ」にこそ「彼らの場所」に何が起こるかを決定する権限を与えるべきだという議論がある。本書後半でこの点を深く掘り下げるが、社会的行為として場所の質を高め、変化を促すことを考慮する際、その場所に暮らす人々の意見に関心を寄せるべきだとする理由は多くある。日々の生活環境が影響を受ける場合は、そこに暮らす人々が「声」をあげる権利を持つのが倫理的な理由となろう。ニューヨークのグリーンポイント／ウィリアムズバーグの住民が示す（1章参照）ように、その場所に暮らす人々は詳細で豊かな知識を有していることも、手法論的にも地域の人々の意見を取り入れる理由となろう。ディッチリング（1章参照）の住民が訴えたことは、パブの将来を左右する公的な計画システムの実施にも地域住民がより深く関与すべきだということだった。住民の声が議論の中心に据えられた場合、何が起きるか。その答えは、4章で紹介するバンクーバーや神戸での住宅地区レベルでのマネジメントの実践の中で提示していきたい。

しかし、コミュニタリアン的考え方、つまりそこに暮らす人々がその場所で起こる出来事を管理したとしても、その効果という点で、常に良好な方法であるとは限らない。ある特定の人々が支配的になることは避けられず、その価値観がそれ以外の人に押し付けられる状況が生まれてしまうことが、その理由の一つである。その結果、極端な状況が生まれる危険性がある。米国では基礎自治体がゾーニングの条例を用いて、異なる属性の人々を意図的に排除した経験がある。ある住宅地では子育て世帯を排

Box 2.3 国からの圧力と地元における場所の質

アムステルダム大学の卒業生エリック・ファン・レインはアムステルダム市の西端に位置するハーレマーメール市役所の計画課で働いている。彼の話を聞いてみよう。

「ハーレマーメールにとって、国際ハブ空港の誘致は相反する問題のバランスを考えることなのです。まず、スキポール空港は経済活動の原動力であり、それによって企業が立地し雇用を生みだします。道路整備、公共交通への投資が増え、人々の暮らしの向上に繋がるでしょう。直接的、間接的にも良い経済効果が広域、また国家スケールでもたらされます。一方、スキポール空港は負の影響も及ぼします。例えば空港や飛行経路周辺では、騒音、大気汚染、安全問題、空間利用規制などが発生するでしょう。空港を有する地域としてハーレマーメールは政治的な責任を負っています。それは、より広域なレベルでの経済的目標と、空港付近の住民にとって良好な生活環境と質を提供することのバランスを計ることです。私たち自治体の見解（市長および市議会）として、航空およびそれに関連する陸上での投資のさらなる成長と、住民が被る騒音問題を低減するための具体的な方策への投資が直ちに必要であると考えています。私たちの哲学として、騒音問題の解消や暮らしやすさを高めることは、主要空港であるスキポールの開発と同様に重要なのです。しかし、前者の問題は外圧に押しつぶされがちです。そのため、現在の行政政策として重要視していることの一つは、そのバランスの回復、そして地域の住みよさの改善です。

ハーレマーメール市役所は、スキポールの将来を決定していくプロセスの中で、多くの主体の中の一つでしかありません。主要なアクターとしては、スキポールグループ（空港所有者／運営母体）、航空交通管制、オランダ航空、アムステルダム市、北オランダ県などがありますが、空港の拡大（滑走路の拡張、離発着対応能力、騒音コンター）に関しては、集中的な協議期間を経て中央政府が決定を下します。スキポール空港の中期開発（二〇二〇年まで）

に関する現在の意思決定プロセスでは、主要な主体は皆関わっており、その中で私たちの目標（経済と住みよい環境）は実践されるべきだと理解されていると思います」[8]。❖

除する状況さえ見受けられたのだ（Ritzdorf 1985）。

また、非常に貧しいコミュニティが暮らす地域では、地元のマフィアや権力を握った武装集団がシェルターや水源へのアクセス権を掌握するといった事態も起こりうる。ある意図を持って開発マネジメントを進めようとする際、こうした事態に直面する機会は少なくない。バンクーバーでは、裕福な住民らが極端に排他的にならないよう、プランナーは慎重な対応をしている（4章参照）。また南アフリカのダーバン郊外で実施された貧困居住区におけるコミュニティ開発では、開発の可能性を公平に分配できるよう苦慮し、その地域では違った方法で資源を分配する知見を得ている（5章参照）。

場所というものを、自律的に自己完結し、自己統治しうるコミュニティと結びつけて捉えるべきではない。その理由は、その場所にいる人々は様々な他の場所との繋がり、つまり、社会的、経済的、政治的関係によってかたちを変えるからである。例えば、いくつもの場所を貫通する自然環境システムは、空間的にも時間的にも複数の異なるスパンを持ちながら結びついている。人々は他に存在する場所を売り買いする。私たちにはあらゆる場所に暮らす友人、親戚、様々な関係者がいる。水のシステムは同じ流域に暮らす人々を結びつけており（流域圏）、それは国境を越えたものになることもある。気候システムは地球全体を循環する。それゆえ、場所のマネジメントや開発行為は単純に「ローカルに行動する」だけでは済まないのである。より広い世界とのやり取り、それに対する責任がそこに発生するのだ。計画プロジェクトの価値を積極的に押し進めようとする場所のマネジメントや開発行為は、したがって、異なる集団の要求や主張を調整し、場所に生成する様々な生活圏のバランスを計るだけでなく、それらの関係に加えて、影響のレベルや規模の調整も必要となる。

ここで鍵となるのは、適切なアリーナを見つける作業である。場所の質に関しての計画案や提案が議論され、異なる要求や論点の中に適切なバランスが見いだされるようなアリーナを。公式な「計画システム」の一つの機能は、そのようなアリーナの提供にあり、それこそが計画システムの真価でもあるのだ。それによって具体的な紛争を解決することもあろう。こうしたシステムはある特定の自治区域内、例えば国家、広域あるいは基礎自治体といった範囲で適応される。ただ、このシステムは権力の階層の中で発展してきたため、より広域な空間にまたがる問題は、より上位レベルの政府によって解決されることになる。5章で取り上げる英国のサウス・タインサイドの場合、開発マネジメントに責任を持つ基礎自治体の計画部署は、常に広域圏あるいは国家政策上の要請を無視できない。逆に、基礎自治体が上位レベルに意見することは限界がある。しかし、オランダの状況は多少異なり、政府間の関係は水平なパートナーシップ型である。7章で取り上げるハーレマーメール市やアムステルダム市の政治家やプランナーは、価値が高いと認められた場所の質を強く訴えることで、そのアリーナがより広域になったとしても関心を繋ぎとめることが彼らの役割であると考えている。計画システムの中には、地域に権限が与えられている所もあるかもしれないが、様々な法的規制があるため実際には身動きが取れないことも少なくない。米国ではそのようなケースは多く、法廷が場所の質に関する要求や価値の調整を計る主要なアリーナになっている。ヨーロッパにおいても、EUが法的権限をもち、計画や環境分野において重要な役割を占めるようになりつつある。また、国際的には人権擁護論が、場所のマネジメントや開発を現地で進める際の障壁になるケースも増えつつある。

状況がより複雑に見えるのは、ある場所にいる人々が、行政区域を超えた別の場所にいる人々ともかかわっている、と認識するようになったからである。例えば、北イタリアのミラノのような広域都市地域が有する繋がりは、スイスにまで広がっているのである。世界中のあらゆる都市で、お互いの利益を追求してパートナーシップを構築する動きもある。特殊な環境問題に対処しようとして、世界的なキャンペーンを展開する圧力団体もあるだろう。そして、このような動きは、場所のガバナンスに大きな障壁となることもある（3章参照）。

場所の質に関する現場の知識や考え方、価値観をより広域のテーマに結びつけるようなガバナンスの仕組みを考えると、また別の難しい問題に突き当たる。私たちが場所を介して経験する日常の生活は、「顔の見える」人々による「習慣」的に慣れ親しんだやり方で成り立っている。しかし、実際にはより広い範囲に及ぶ関係も間接的に私たちの行動に影響を与えている。こうした「システム」や「構造」は明らかに目に見える場合もあるが、自分にとってあまりにも当たり前な考え方や行為である場合には、気がつかないことも多い。二十世紀の社会学的思考が没頭したのは、このようなシステムを見極め、その構造をアクティブ・エージェントとしての私たちという存在と関連づけることであった。システムとは、「私たち」に対する「彼ら」の世界として理解される（1章参照）。アナーキストやコミュニタリアンは、あらゆる「システム」が生みだす相互依存や責任から逃れる道を探ろうとする。「よい場所」をいかに計画するかを考えていた十九世紀の知性は、この二つの考えに強い影響を受けていた（Hall 1998）。しかし、こうしたユートピア的発想は、人類が引き起こす地球規模の環境に対する集団的影響に十分気づいてはいなかった。彼らは関係の全体性がもたらす影響や、個人や小さな集団が起こす行動が時間を経て重大変化を引き起こし、広範囲に影響を及ぼしうるかを理解できなかったのである。今日、自給自足できていると考える人間集団も、もし彼らの暮らす流域の水システムが干上がってしまえば生き延びることはできない。アナーキストは、経済活動の中核を担う主体、政府システムや市民社会が提供する様々な社会的取り決めにも頼らずに生きる道を探るかもしれない。しかし、それでもこうした仕組みがあるところでしか生きてはいけないのだ。起業家は新しい製品やアイディアを生みだすが、それが広範囲に受け入れられ頒布されるかは、それを開発し利用する範囲内の関係がいかに広いかということに依る。二〇〇〇年代後半の国際的な金融危機は、あるシステムの中で野放図になった起業家たちの活動が、システムそのものの生き残りの条件を一掃してしまった典型的な例であろう。

関係のシステムは、したがって、アクティブ・エージェントである人々が利用可能な機会を整備し、その一方で、それに応えるかたちで人々はそのシステムを利用しながらつくり替えるという双方向の動きによって成立しているのである(Giddens 1984)。そのような例は、場所のマネジメントや開発の現場では枚挙にいとまがない。土地の利用形態、水利権、開発権利や土地不動産の利用権、「地元企業」に「地元の」人々を雇用することをたやすく、あるいは難しくさせるような雇用利権の問題。様々な属性の人々や地域間で国税を分配するメカニズム。土地や不動産市場が価格を形成し特定の場所や建物への支払額が決定され、その結果、その場所に暮らすあるいは事業を営む人が選ばれるといった仕組み。計画「システム」は法律、政策、公式なプロセスや制度的なアリーナの集積であり、場所のマネジメントや開発行為の基本的なルールを提供する。それによって積極的な計画を促し、狭小で利己的な思考の蔓延を防ぐ役割を果たす。

したがって、積極的な計画的志向を持った場所のマネジメントや開発は、現在進行中の開発マネジメント行為や、都市の一部を刷新するような主要プロジェクト、あるいは都市部の将来的潜在力を豊かにするような政策に結びつくだけではない。それは、計画プロセス、規制、規範、制度やそれらが実践されていくアリーナも含めて、特定の場所づくりの活動を通じて「計画システム」そのものを改変していくのである。1章で概略した計画プロジェクトを更に深めていくために、こうした計画システムの有り様を理解し、デザインするという意識が特に重要になる。具体的には、場所の経験や想像、その価値付けに多様性を認める繊細さを保ちつつ、関係や責任のシステムは複雑に折り重なっているという事実、つまり局所的な行為が広範囲の関係、影響力、責任問題と関連していることを理解することの両方が必要となる。

意志を持った行為としての場所づくり

本章では、私たちが「場所」と認識するものが人間行為の流れの中でいかに生みだされてくるかを見てきた。私たちは何かをしようとする際、その事象の「存在するところ」を想定し、そこに意味付けをおこなう。このような「場所」は、地表面にはめ込まれた静的な物理的対象ではない。それは私たち人間や、人間の暮らしそして私たちの住む世界同様に無常な存在である。衝突、対立、ジレンマ、課題、そして可能性や潜在力が「場所に根ざした存在」として立ち上がってくるのは、「場所」に対する私たちの欲求や価値づけが千差万別だという理由だけではない。多様性を生みだすあらゆる力はそれぞれのリズムや時間単位で変化しており、こうした変化の軌跡をすべてたどり理解することは不可能に近いからでもある。そうなると、もはや諦めるしかないのだろうか？　場所、その質については自然の変化に任せるか、あるいは、実力あるリーダーにプロジェクトを委ねてしまうべきか。ただ、その場合はその結果生まれる環境の中で私たちは甘んじて生きていかなくてはならない。場所のマネジメントや開発に対する意識的で革新的な働きかけは、社会的には無用なのか？　それとも、政治的コミュニティとして、私たちはいかに場所の質が立ち現れてくるかを把握し、それをかたちづくる方法を見いだすべきなのだろうか？　そうすることで、長期間にわたってより持続可能な方法で人類は発展することができるだろうか？　本書がテーマとしている革新的な計画プロジェクトでは後者を支持する。こうした信念のもと、場所のマネジメントや開発行為に関わるとは具体的に何を意味するのだろうか？　よりよい未来への働きかけだけでなく、1章で述べたように、場所のマネジメントを聡明で透明性の高いやり方で行うとはどういうことか。

計画に関する文献の中では、場所の質を維持するための介入と、場所の質を改変する際の介入の仕方には違いがあるとされている（Friedmann 1987）。しかし、これまで述べてきたように場所の質は変化し続けるものと考えれば、こうした差は重要ではなくなる。ここでは、介入には二つの側面があると考えた方が良い。まずは、すでにある環境の中で変化の流れをかたちづくること。これは、人々が場所の質を価値付けし、それを推進する、あるいは現在あるいは将来にわたって悪影響を及ぼしうると判断された他者に対して拒否するといったあり方である。こうした細やかな作業は先進国社会では計画システムの「地区レベル」で実践されている。例えば、住民らが建物の改築許可を求める運動を起こしたり、地元の景観やルート、地域経済や文化施設に悪影響を及ぼしうる開発の噂に一喜一憂するといった事象が対象となる。地区レベルでの変化を促し管理する日常的な活動については4章、5章でより詳しく見ていこう。二つ目は、意図的に変革を求める方法である。都市や景観の一部に実施される新たな建設や再開発、あるいは包括的な戦略として経済、社会、文化や環境のダイナミクスを踏まえた新たなプロジェクトが対象となる。この領域の計画の仕事は6章、7章で詳しく見ていく。

場所の改良や開発といった計画概念は、より広い意味で社会がどう発展すべきかの議論と深い関係がある。二十世紀、国家（行政府）あるいは市場（民間企業）のどちらがより効率的な開発をなしえるかといった政治的議論が活発になったことがある。また、様々な問題以上に経済に優先権が与えられる傾向が強いことを危惧して、開発のどの側面が優先されるべきかも議論されてきた。社会を構成するものは曖昧で多面的な現象であること、それは多くの要素が一度に作用しあうような複雑なプロセスを経て浮かび上がってくるものと認められるまでにはしばらく時間がかかった。進化が起きるための基本的なメカニズムとでもいうような唯一の力、あるいは主体といった存在はないのである。

人間の暮らしや、私たちが暮らす環境をかたちづくる力というのは、経済、社会、環境そして政治的側面を持った重層的なものであり、それが特定の時間や空間に異なる事象として現れてくるのである(1章参照)。

二十世紀の後半に入ると、発展に関する新たな議論が熱を帯びた。それは環境問題に対する運動、特に「持続的な開発」という概念のもとに起こった。この議論は「善良な暮らし」、つまり基本的ニーズを公平に満たすことの重要性に加えて未来の世代が引き受ける環境を破壊しない、という考え方からの影響も受けている。この概念のもと、善良な暮らしとはどのようなものであるべきか、社会は様々な理想郷を実現するためにどのような変化を遂げるべきか、多くの提案がなされてきた。

このような議論を経て、開発という概念も新しい展開をみせるようになった。それは、二十世紀前半の都市計画家が考えていたものと比べて、はるかに複雑な内容を持つものであった。古い都市計画の考えでは、社会全体に分配される「成長」を生みだす経済的ダイナミズムと技術革新の力によって、社会は単一の発展経路をたどると考えられてきた。場所は、この成長過程のどの段階にあるかによって異なる状況を呈すると考えられたのである。例えば、その地域の経済基盤が変化すると一時的には再調整が必要となるために、発展が遅れると考えられた。また、自治体の力が弱かったり、一時的にインフラ整備が遅れた、あるいは資格を有する雇用者不足や主要な生産要素のバランスが崩れたなどの理由でも場所の発展が停滞すると考えられた。それゆえ、外発的な力は地元の経済基盤を強化するために必要とされ、あるいは内発力だけで場所の成長のダイナミクスをつくり得ないような場合には、地元資源から新たな価値を見いだしたりすることが是とされた。場所開発のための介入は、地域の発展の道筋を予定されるものに戻し修正することにあると考えられてきた。

一方、新しい考え方では、発展の道のりが唯一であるといった単純な発想を否定する。日本の東北〘5〙や東ヨーロッパといった人口や経済が近年減少に転じた地域では、「成長」を目標とするような考え方が望ましいものなのか、また持続可能なものであるかといった問題も真摯に議論されている。ここでは、発展は複数の側面を持った概念と捉えられ、人類が発展するために必要なものは何かというより広い考え方に着目し、他者や次世代に対する責任感を考えることが重要となる。私たちは未来をかたちづくる冒険的事業の不確実性を理解し、細心の注意を払わなければならない。人々は、世の中の仕組みに関する知識は十分蓄積されてきたような「知識社会」に暮らしていると錯覚しているようにに見える。しかし目の前にあるのは、「危機に瀕した」私たち自身の姿、その危機に無知な人間の姿ではないか。これは完璧にコントロールすることなど不可能な自然の力に対して、私たち人類が加えてきた行為の結果なのだ。人類の運命を「mastery（制御）」するという事業、一世紀前の欧米知識人の多くが力強く唱えてきたものは、私たちの未来は「mystery（理解不能）」であるという感覚におきかわってきた。こうした文脈では、場所の開発に関する事業の目的は、正しい軌道に戻すということよりは、生まれつつある未来、今は見えないかたちや可能性をつくりだしていくことであるといえよう（Hillier 2007）。

こうした気構えは、計画、開発やコミュニティ開発に携わる多くの市民活動家や、政治家、専門家らに大きな刺激となっている。しかし現場にやってくるやいなや、清廉な理想を追求したいという気概も、多くの場合、複雑なガバナンスのダイナミクスの前に萎えてしまい、行動に制限がかかってしまう。既存の制度を「無視する」ことができないとしたら、革新的な価値観はどのようにして現実の状況に適応しうるのか？　計画プロジェクトを遂行することで、どの程度制度的な背景を改変し、都市における暮らしやすさや持続可能性を実現する機会を、少数のエリートだけではなく、多様な多くの人々にとっての機会をつくりだすことができるのか？　次章ではこれらの質問を考える上で必要な文脈について詳しく考えてみよう。

理解をより深めるための参考文献

- 場所・空間に関する社会科学分野の研究、

Bridge, G. and Watson, S. (eds) (2000) *A Companion to the City*, Blackwell, Oxford.

Massey, D. (2005) *For Space*, Sage, London.　邦訳＝ドリーン・マッシー著、森正人・伊澤高志訳『空間のために』月曜社、二〇一四。

- ヨーロッパにおける議論、

Ascher, F. (1995) *Métapolis ou L、avenir des villes*, Editions O. Jacob, Paris.

Sieverts, T. (2003) *Cities without Cities: An Interpretation of Zwischenstadt*, Spon/Routledge, London.

- 場所づくりへの積極的な関わりを論じる研究、

Moulaert, F., with Delladetsima, P., Delvainquiere, J. C., Demaziere, C., Rodriguez, A., Vicari, S. and Martinez, M. (2000) *Globalisation and Integrated Area Development in European Cities*, Oxford University Press, Oxford.

Madanipour, A. (2007) *Designing the City of Reason: Foundations and Frameworks*, Routledge, London.

Healey, P. (2007) *Urban Complexity and Spatial Strategies: Towards a Relational Planning for Our Times*, Routledge, London, Chapter 7.

3章 ガバナンスを理解する

Understanding Governance

計画的志向を持った場所のガバナンス

私たちは暮らしの環境をよりよいものにしようと、様々な方法で場所を管理し開発する。しかし、ある人の進め方が別の人のやり方を妨げる場合もある。大規模な都市という空間で場所の質を管理し、開発しようとすれば、他人と場所を共有することで発生する様々な問題に直面するのは避けられない。その結果、共通ルールの枠組みができることもあろう。あるいは前向きな方向性を見いだして、エネルギーを結集し大きな事業を実現したり、ある場所の質を高め、無視されてきたニーズに応える事業が実施されるかもしれない。また、地域で大切にされてきた価値観や施設、場所の質といったものを守ろうとして、人々が問題を共有し共同して動きはじめることもある。こうした動きが、なぜ生じるのか？　それは、人が他者に理解される行動をとることこそ、その場所で個と社会を結びつける「公共」たりうるからだ。そして、「市民の関心」を反映したこうした行為は、ある場所に特徴づけられた「社会の関心」として認められるようになる。

社会の関心を高めようとする行為は、都市における「ガバナンス」のルールを構成する。ガバナンスという語は、都市・地域開発や計画分野において現在広く使われるようになっているが、常に同じ意味で用いられているとは限らない。本書では、人々が関わるあらゆる公共的な行為という広い意味で使っている（Le Galès 2002, Cars et al. 2002参照）。近年では、公的なガバメント（中央政府、地方政府や基礎自治体）などいわゆる公的セクターの活動と区別するために、ガバナンスという語が用いられることも増えてきた。例えば、経済活動の場、あるいは社会文化的暮らし、公式な行政の外に存在する市民政治の実践といった場面を強調する際に用いられている。こうした変化は、二十世紀後半のヨーロッパ諸国で顕著に見られた。しかしながら、私が用いるガバナンスという語は、「ガバメントからガバナンスへ」といった変化を意味するものではない。私は場所のマネジメントや開発に関わる公共的行為を考える際、ガバメント（政府）をその一部と見なすべきだと考えている。とはいえ、都市部におけるガバナンスの形態も多様であり、その中での公的政府の役割も様々である。都市の場所の質を管理するといった公共的な場面でも、公的政府が不在であるような状況は世界中に沢山ある（4章の神戸の例参照）。あるいは、信頼関係が構築できてないために、非政府組織による取り組みが中心となっている場合もある（5章のベスターズキャンプの例参照）。

どの都市にもある種の場所のガバナンスの形態、つまり、場所のマネジメントや開発を進めるために意図的に設けた共同のルールがある。しかし、それらのルールに常に計画的志向があるとは限らない。私が1章で定義した計画プロジェクトの意義の一つは、場所に対する公的政府の関与のあり方を問い直すことにある。それによって、より広い意味での公共性、つまり、現在から未来へと続く場所にまつわる複数の利害関係を考察したいと考えている。計画プロジェクトをこのように捉えることは、人々による社会的共同作業を実施する具体的な方法を見いだすことにも繋がる。計画プロジェクトは現在のみならず未来を指向するものであり、多くの人々の関心に添うものでなければならない。また、人々がお互いにどう関わり合っているかに関心を向けさせ、公共性の高い関心事について十分な情報を提供し、透明性の高い議論がなされるような場をつくりださねばならない。

とはいえ、空間的関係性や場所の質をどう理解するかに関して幅広い議論があったように、共同行為の本質や、政府、ガバナンス、市民の関心や公共圏に関しても様々な考え方を扱った研究がある。こうした研究領域の広がりは、政治的行為がいかに複雑であるかを示しており、公的政府が実施する管理方法を分析するだけで手に負えるものではない。本章では、これらの議論を深め、計画的志向を持つ場所のガバナンスの可能性を考察してみたい。まず、最初に公的政府と市民の関係について考えていこう。続いて、このテーマをより広い概念へと拡大し、社会がどのように構成されているかを検討したい。更に公共の関心を形成するパワーや権力の在処、その権力の抑制と均衡がどのように保たれているのかを検討する。次に、公的政府の異なるレベル、また、分野の中で配分されている責任の所在に関する問題を考察していく。具体的には、政府の行為を決定づけるアリーナやプロセスを探る。最後に、社会的行為としての場所のマネジメントや開発を進める様々な方法をレビューし、これらがどういった相互関係にあるか、また具体的なプログラムの中でどのように活かされているかを見ていくことにしよう。

政府、市民、場所のガバナンス

ガバナンスのプロセスに関する議論の中で主要なテーマに、公的政府、広義のガバナンスのプロセス、そして政治的コミュニティの関係がある。古代ギリシャのポリスでは、都市、国家、そして市民（実際には全人口のごくわずか）が相まって、「ポリス」という政治組織体の概念を構成していた。ポリスは人々にとって精神的な拠り所であると共に、物理的な基盤であり組織的マネジメントを行う道具であった（Madanipour 2007）。そもそも、人間が共同生活を営むことと、都市の空間配置の原則には深い関係にあったと考えられている。ギリシャ文化がヨーロッパで再発見されるのは、ルネッサンス時代にさかのぼる。これは後に十八世紀に成熟を遂げる政治的概念の進化と科学的探求の発展の発端となり、西ヨーロッパで勢力を広げていた権力的な国家形態（帝国、国民国家、都市国家）に対する批判や緊張関係が広がっていった。この批判の推進力となったのは、商業（重商主義）と技術発展に裏付けられた産業主義の発展の中で生まれた経済組織における資本主義形態の拡大であった。十八世紀、中流層（ブルジョワジー）勢力が拡大すると、政府による横柄な権力行使や汚職が蔓延し、税金が巨大開発事業や戦争につぎ込まれ、不動産の私有権を無視して王やエリートらの利益を生む事業を推進するといった政府の動きに対して批判が強まった[1]。

このような動きの中から生まれてきたのが人権という新たな概念だ。これは、民主的な社会として組織される、政治的コミュニティという考え方、つまり、ある一定の空間に暮らす成人すべて（最終的には女性も含む）が選挙権を持ち声をあげることができるという制度と並行して発展してきた。ヨーロッパでは、これが公的政府による統制や行政のありかたを見直す動きへと繋がった。社会的価値や関心、それに基づいた公益を議論する場として、選挙で選ばれたメンバーで構成される国会や、地域や基礎自治体政府の議会が登場する。しかし、国家というかたちでこの運動に決着がつくと、政治的闘争の焦点も変化していった。異なる階級や党派が、政府という領域において、議論の内容、法律、税収の再配分に関する抗争を繰り返すようになった。この階級闘争はその後、労働者のニーズ、産業界の資本家の需要、地主や不動産開発者らの欲望、どれを優先させるべきかという争いへと変わっていった。一九七〇年代のバルセロナでは、独裁政権の崩壊と共に資本家による独占からも開放され、政治活動家らは新たな社会民主的な時代の到来と労働者の関心に光が当てられることを実感していた。アムステルダムでは、二十世紀を通じて、労働者階級の人々の価値観を反映させた自治政府が存在した（7章参照）。

一方、米国では、このような階級闘争はさほど顕著ではない。むしろ、植民地時代初期にあった権威主義的なヨーロッパ諸国による圧政からのがれた、小さなパイオニアが自由を求めるというイメージが強くあった。そのため、合衆国憲法には土地の私有権保護が盛り込まれたのだが、これは、後に政府による公益事業を実施する際、不動産の私有権をどう扱うかに重要な影響をもたらすことになる（Cullingworth and Caves 2003）。ヨーロッパでも公的政府という概念に反抗する無政府主義者らによって、共同体主義（コミュニタリアン）的な事業、例えばアングロサクソン系の計画論では絶大な影響力を持つエベネザー・ハワードの『明日の田園都市』などが生みだされた。ハワードはまた自律的な都市コミュニティという考えを提示していた。利用する土地を注意深く管理し財源を確保することで、公共のアメニティや施設への投資を可能にするといった仕組みであった（Hall 1988）。

しかし、こうした動きは例外的で、二十世紀は総じて大きな政府の時代であったといえる。国民国家という概念を中心として、法を備え福利厚生のための資源（国民に対する保険、教育、住宅の提供、交通、エネルギー、情報通信、上下水道といった物理的なインフラの整備）を提供するというものだ。そして、こうした概念の下に制度的な構造がつくられた。つまり、すべてのサービスに関して、その中心に政府が要塞を構築、その周りを政策づくりを担うコミュニティが行政職員、専門家、主要な圧力団体などと連携しながら取り巻いているという状態である。

時を経て、周辺にいた政策づくりを担うコミュニティは、政治的イデオロギーや市民の関心を代弁するのではなく、自らが政策やプログラムを発案する役割を担うようになる。その結果、本来は福祉が豊かになっていくことが意図されていた民主的な国家という形態は、新たなかたちの抑圧的な官僚主義国家と見なされるように変貌していった。官僚組織が機能的な「分野ごと」に専門化するにつれ、それぞれの領域では国家の介入を調整することが非常に困難となり、また人々の日々の経験との繋がりは薄れていった。社会主義国家においてもまた、理論的には労働者階級のニーズを満たすことが目的とされてはいたが、実際には非効率で利己的な巨大な生き物となってしまった。

二十世紀後半までに、多くの社会主義国では、経済および政治的欠陥が露呈していた。と同時に、本来は公益に資するプログラムを遂行するためのメカニズムとして善とされた民主的国民国家という概念も、再び批判の対象となってきた（Cunningham 2002）。国民国家は、あらゆる属性の市民の関心を吸い上げ、大多数が支持する社会的合意へと導きうる正しいメカニズムであるという仮説は大きく揺らいできている。その理由はいくつか考えられる。例えば、グループ間の異質性や抗争、政策に携わる人々は市民から離れてゆき、超国家レベルからの影響が強くなり、多国籍企業が直接地方自治体とやり取りする状況が増えている。市民にとって公的政府や広い意味でのガバナンスのメカニズムは、日常生活とは切り離された遠くでの出来事となってしまった。また、民主的な福祉国家というモデルの不安定さは、市民が持つ権利や責任に関しても問題を投げかけている。間接民主主義（定期的な選挙）というメカニズムそのものは、公共政策をつくる際の合法性や説明責任を果たすに充分な仕組みと言えるのだろうか、と。このような状況で、市民は自らの「声」を届けようと政治的代弁者を選び出すのではない、別の方法を模索するようになってきた。圧力団体の増加や抗議行動の増加はその動きの一端である。二十世紀の終わりまでに、市民の声や意欲により強く関心を寄せる方法、その一方で公共性という目安に従って正当化された複雑な開発プログラムを先導し管理しうる能力をいかに維持するかが模索されるようになってきた。

こういった背景のもと、特に市民の多様な声を取り上げるため、計画プロジェクトが果たす役割は重要になる。場所のマネジメントや開発の現場では、開発プログラムに関わるのは一部の人々であるのが現実であり、事業の結果を多数の人々の期待に沿うものとするのは殊更に難しい。二十世紀の政府、特に縦割り行政が場所の質に関する諸問題を明示することは困難であった。大きな政府、中央集権的なシステムでは特にそうであった。場所の質に関する関心とは、そもそも様々な領域を横断して存在するものだ。人々の関心は、保健、福祉、教育、余暇に関するサービスや施設にどうアクセスできるかにある。そして、どこに住んでいるか、移動するにはどんな選択肢があるかが、暮らしやすさを左右することに気付く。これらに対応しようとすれば、公的政府組織はその場所に関係する様々なセクター間を結びつけるだけでは十分ではなく、行政上の境界を越えた調整が必要になる場合もあるだろう。場所のマネジメントや開発に対して、計画的アプローチをとろうとする場合、政府の慣習的な境界をこえて他者との新たな繋がりを構築する必要がある。そこでは、公的政府がいかにして社会のより広い場で活動している社会組織と繋がるかという問題が鍵となる。

ガバナンスのダイナミクスを理解する

社会という概念を説明する際、公的政府[2]、経済市場、市民社会という三つの領域がよく使われる。これらの領域の定義やその中身については様々な解釈があるが、この概念は単にその対象を説明するだけに留まらない。それは、社会がどう進化していくかを決定づける異なる推進力を見定めるためのものでもある（Urry 1981）。伝統的なマルクス主義分析家の中には、経済的推進力を第一とする者もいるが、それ以外の理論家は政府および市民社会の内部での動きも変化の推進力となりうると論じている。また、それぞれの領域がいかに連関しているかについての議論もある。一九七〇年代、西ヨーロッパ諸国では公的政府の領域と考えられる国家の相対的自律性[1]に関する批判的社会科学研究が盛んに行われた。プランナーや行政職員が資本主義産業の成長を促すために争いごとを仲裁する様を見て、資本主義システムの衛兵と変わりないと批判する者もいた（Castells 1977, Cockburn 1977）。また、福祉国家はより革新的な政策を模索するアリーナ、制度的場になりうると期待する者もあった。本書で取り上げている事例は、この後者の考え方に刺激された社会運動として起こったものである。

政府、市場、市民社会の関係についての議論は一九八〇年代に入ると新たな展開を見せる。資本主義経済の実態が、工業製品の拡大からより巨大で洗練された消費活動・金融経済の地球規模での展開へと変化してきたことがその背景にある。多くの地域では、新しい開発の圧力に曝される、あるいは既存の経済活動基盤の斜陽化を経験している。政府はこの変化への主導的な対応を求められ、場所固有の資産を活用して経済の再生を促そうとするようになる。このような経済志向への転換を、デヴィッド・ハーヴェイは「管理」から「起業家」的国家への転換と称した。これは、場所が持つ経済的「競争力」の発見でもあった。二十世紀後半までに、経済的競争力の追求は「新自由主義」が達成を目論む主要課題となってきている。こうした目標設定のもと、公的政府の介入規模や責任範囲を狭める一方で、企業や市民のそれを拡大する動きが加速した。計画領域、特に新自由主義色の強い地域では、すべてとは言わないが都市開発に関わる規制を最小限にすべきという声が強まった[3]。

こうした社会通念の変化にともなって、人々が共同して行う社会的行為をどう実践し制御していくかという問題が浮上する。そこでは、政府、市場、市民社会の領域間のせめぎ合い、そして抗争の元となるより大きな力の重要性に着目することが重要になる。しかしながら、分析の対象となる政府領域はあくまでも経済や社会文化領域とは独立した統一的な総体として扱われる傾向が未だに強い。ガバナンスという行為は、企業活動や市民社会からも現れてくるものであり、それらの内部また領域間を横断するような力の影響を受けやすい。そして、場所のガバナンスとは、こういった変化する力関係の中に見いだされるものである。ギデンズやハーバーマスといった社会理論家は、こうしたせめぎ合いは、既存の社会的統制のルールや実践に埋め込まれた「概念的なシステム」と、主体として生きる人々の日常生活（生活世界）との間に生じると主張する。こうした考えでは、人類の発展を促そうとする絶え間なき挑戦を続けるためには、生活世界を脅かす経済および政府領域からの介入をいかに排除できるかが鍵となる（Giddens 1984, Habermas 1984）。そして、このような社会概念のもとでは、計画行為がシステムと生活世界の重要なインターフェイスに位置づけられている。この「インターフェイスにおける行為」とは何かについては、後半の章で具体的に述べていきたい。

しかし、私たちの日常である生活世界は、より大きな社会的力（私たちの今日的状況から引き出されたもの）の介入を排除することはできないという論者もいる。社会理論家ミシェル・フーコーは、私たちの生は、実践そして存在理由を疑うことのないような信念によってかたちづくられているという[2]。そこに必要なのは、「考古学的」あるいは「系統的」作業を通じて、これらの仮説を表舞台に取り出し、その力関係を批判にさらすことだ、と。こうした社会概念を基に科学的知見や人工物がつくられる過程を社会学的に分析する研究者ら[3]は、「システム世界」が独特の世界観や行動パターンを持つことを明らかにしている。こうした知見を応用する公共政策の分析者は、政策プログラムやアイディアの表層に現れてくる、またそこでの実践に登場する「言説」に注意を向けるようになってきた。その目的は単に言説の中の論理や価値を探ることではなく、その「メンタリティ」を探ることにある。人類学の用語でいえば、ある言説に埋め込まれた仮説を生みだす基盤となるような「文化的ものの見方」を探ることが必要だという（Latour 1987, Hajer 1995, Dean 1999）。

こうした社会概念の登場によって、私たちの関心は、政府の行動を規定するものといった抽象的な話題から、ガバナンスのプロセスにおけるミクロの動きへ向けられるようになっている。そして、いったんそのように視点を変え、「ミクロな実践」を注意深く観察してみると、広い意味での社会的組織（政府、市場、市民社会といった領域区分）の間にある境界が不明瞭になるのがわかってくる。例えば、私たちは三つの領域すべてにおいてアイデンティティを有している。行政の職員も消費者であり、一市民としてある場所に他者と共に暮らし、多くの他者と共有するルートを通って移動している。工場労働者は地元議会の議員、あるいは環境保護団体のメンバーとして活動しているかもしれない。ある親は学校の委員役を引き受け、コミュニティグループのメンバーの一人として十代の子どもたちに適した施設を運営しようと奮闘しているかもしれない。人々は皆、個人、プライベートでの活動、そして公的立場といった複数のアイデンティティや暮らしの場を複雑に組み合わせて生活している。私たちは社会の異なる領域で異なるアイデンティティを持ち、それらを結びつけるありとあらゆる多様な関係に関与している。こうした社会的人間関係は公式な定義や分析上の境界を超えて広がる世界なのである。更に、政府も含めてガバナンスの活動に参加している人々には、それぞれに日々の生活があり、その生活を成り立たすためにつくり上げたネットワークを持つ。公式な政治や行政の境界を越えて広がるこれらの社会的ネットワークについては、後半の章で詳しく見ていこう。

人々が共同して行動を組織化する場合には複雑な様相を呈することから、次の事態が予想される。計画行為がいかに始まるかは、国家の計画システムのような公的な構造によって規定されるとは限らない。また、計画に関する政策や戦略を宣言しても、それがそのまま直接的に、実際に物理的なかたちで実現するとは限らない。政策は、一つのアリーナから別のアリーナに移るたびに再翻訳される。新たなアリーナでは、違った意味を与えられるかもしれない。それぞれのアリーナは、力関係の異なるバランスによってかたちづくられている。政策をつくるアリーナと、政策を「実施」するアリーナは全く異なる論理で構築されていることもあろう。その結果、実施の際に大きなギャップが生じ、その実施そのものが失敗に終わることもある。このような「ギャップ」が生じるのは、実際に現場で生じる出来事に対して、政府の介入は影響を及ぼす多くの要素の一つにすぎないからである。政府側の主体は出来事をコントロールする自律的な能力を持ってはおらず、政府の政策と実践の関係を適切に判断できるわけではない。政策立案やその実施は、絶え間ない争議の現場である。それは、政治的討議の大きな舞台で起こることもあれば、ミクロな政治の現場つまり日常のガバナンスの現場でも起こりうる（1章参照）。計画プロジェクトとして、これは次のことを意味する。計画という考え方やその実施は、「よいデザイン」といったひな形を用いてなしうるものではない。また、それぞれの現場から簡単には移植できない。新たな考え方は既存のガバナンスとの調整が必要で、それがうまくいくかはそのガバナンスの文脈でどのように変化を遂げるかにかかっている。

市民、政府、ガバナンスの関係

計画プロジェクトの重要な課題の一つは、公共圏の一部としての公益とは何かを問い、それを人々が共同して取り組む社会的行為としていかに実践しうるかを探求することである。人々の理解する、私的領域と公的領域、市民と政府、生活世界とシステム世界の境界は流動的で互いの浸食性も高い。更に、制度的に設定された場やアリーナは、これらの領域が意味を持つように随時翻訳され定義づけられる、固定されることなく異なる政府のレベル間や社会領域の間を揺れ動く。また、政府機構に影響を及ぼすには、市民や企業は他者と協働して行動を起こし決定が下される重要な場所アクセスしなければならないが、それは可能なのだろうか？　こうした重要なアリーナにおける監視はどういったもので、それを司るのは誰か？　逆に、公的な政治世界に生息する政治家や政府機関の職員は、より大きな社会とどのように関わり合っているのだろうか？　ここでは、具体的なガバナンスのアリーナをより詳しく観察する必要がある。こうしたミクロの政治から、提示した問いに対する答えを探しだしていこう。

場所のマネジメントや開発行為は、時として、私やあなたが誰に気兼ねすることなく場所や建物を楽しむ権利を脅かすことがある。赤煉瓦を用いてもう一階建物を高くしようとすれば、石造りのテラスの街なみ景観にそぐわないかもしれない。アパートメントブロックでの暮らしは、隣接する庭付き一戸建て住区の住民たちの反感を買うだろう。しかし、こうした意見の相違を公表していくことが、バンクーバーでは近隣住区デザインガイドラインをつくる過程で重要な推進力となった。神戸のある荒廃した地区では、多くの地区住民がより便利で近代的な住宅を含んだ大規模開発を希望していたにもかかわらず、一部の住民は立ち退きを拒んでいた（4章参照）。

公式の計画システムの特徴の一つは、法律を基礎として基本的ルールを提供することにある。それによって、土地や不動産開発に際して公共の利益を確保し、特定の開発プロジェクトに関連して、公的政府の権限、不動産所有者や市民の権限のバランスを調整する。こうした公式の権利も、司法調査や法廷といったアリーナにおいて是非が争われる。こうした法的メカニズムはその他の牽制機能によって補完されている。例えばスイス、オレゴンなど米国のいくつかの州（7章参照）では、特定の開発問題に対する議論は、住民投票で賛否を問うこともある。ただし、一つの問題だけを対象とした住民投票では、それ以外の問題との関連性を見いだした上でその是非を問うのは非常に難しい。二十世紀にはこうした場所のマネジメントや開発に関する問題が複雑になってきたために、専門的な職能集団が台頭してきた。英国を含むいくつかの国では計画専門家というプロフェッショナルが存在する。彼らは自治体の計画局の担当官や、自治体へアドバイスするコンサルタントといった職業に就く。専門家らによるアドバイスは、政治的決定に対するチェック機能として働く。しかし、技術的な専門家であっても、競合的で信頼に欠けるようになると、ある特定のプロジェクトを推進しようとする政治家やロビー団体の手先のように見られることもある。多くの社会で、あらゆるタイプの圧力団体やロビー団体は、市民社会や経済活動の領域で活動しており、公的政府の領域での決定事項に対し影響を及ぼし異論を唱え抵抗する。彼らはマスメディア（新聞、テレビ、ウェブサイト、ブログなど）を使って彼らの意見を公開し議論する術を持つ。

場所にまつわるこうした活発な政治活動に対応するため、政府は公式な機会を市民や様々な関係者に提供することで、場所のマネジメントや開発に関する政府の政策やプログラムをつくろうと試みてきた。この機会とは、公聴会への参加や計画への反対の権利、また、事業や計画から生じる問題の評価調査に参加する権利などが含まれる。このように、公式の間接民主主義の仕組みが場所のガバナンスの領域で構築され、何層にも重なる複雑な政治的プロセスが生まれている。市民や企業には、こうしたプロセスの中で、場所のマネジメントや開発行為を評価し関与する権利や機会が与えられてはいる。しかし、その権利や機会をどう具体的に行使しうるかは実は明確にはなっていない。その結果、ある場所に生じる出来事に対して、市民やその他の利害関係者の間に不平等が生まれることになる。行動を起こすための知識を持たない人々の権利や声は、実践の場で「鍵となる主体」の立場に立つ能力を持つ人々の声にかき消されてしまう。このことは、意図的な場所のマネジメントや開発行為が実施される際に根本的な問題を投げかける。これについては次章以降で詳しく紹介していくことにしたい。

こうしたガバナンスの変化、複雑化に関与しようとする経験を通じて私たちが問うべきは、政府の行動に対して市民や企業が有する権利に加えて、市民や企業側の責任に関する問題である。市民はどういった場合に「システム」を信頼しそれに委ねるべきなのか、またどういった状況では代替案を届けるために行動に出なくてはならないのか? 公式システムの外にいる人間が、行動をとるべき状況とはどんな時か? 後述する章で詳しい事例を紹介していくが、一九六〇年代から盛んになった市民運動は、一九七〇年代以降における政府の協議事項や実践のかたちを変える重要な働きをした。また、二十世紀後半、地域コミュニティを育てる活動が盛んになると、地域で起こる場所のマネジメントや開発事業について、公的政府が市民にも責任を求めるようになり、それにどの程度応えるべきかが問われるようになった。ブラジルでは一九八〇年代、市民の積極的な参画の動きが広まった。それは、一九八〇年代後半から多くの都市で広まった独裁政治に抵抗する市民運動に端を発し、二〇〇二年の大統領選挙へと結集する。その先鋒となったのが新しいパルティード・ドス・トラバリャドーレス(労働者党、PT)であった。労働者党は、オープンで透明性の高い政府をつくり、都市部の諸問題に関して地域に主導権を与えること、ガバナンスにおける市民参加の新しいチャンネルをつくることを唱えた。また、エリートが独占していた都市資源を、貧しいコミュニティが必要とするプロジェクトへと振り替えた。象徴的な事例(Box 3.1参照)は、ポルト・アレグレが開発した「参加型予算編成」のプロセスであろう[4]。

このような独創的な仕組みづくりの結果、市民グループや企業は、ガバナンスをスムーズに進めるための想像力、組織的能力やエネルギーを身につける。しかし、このような仕組みにも困難は伴う。例えば、資源がいつまでも続くとは限らない。争いが起こった場合、公的な仕組みがなければ解決が困難となる場合もある。長期的に一つの取り組みに関わり続ける市民がどれほどいるのか。機能的なガバナンスを下支えしているのは、往々にして公共圏の問題に関心の高い人々である。ポルト・アレグレで市民が行動したように、彼らは日々起こる出来事を監視する役を担うこともあるだろう。また、一つのアリーナ、政策コミュニティや複数のネットワークの間を取り持つ役割を果たすかもしれない。彼らが「取引」を調整する重要な役割を果たせば、価値を認められたプロジェクトが前進する。本書の後半で紹介する事例のように、公的政府という領域で活動する政治家や行政職員は、こうした取り組みを維持し、時に引き起こされる問題（ある特定グループによるプロジェクトの掌握、市民社会の関心の減退）に目を光らせておくという重要な役割を果たす。もちろん、他の立場の人々の貢献も忘れてはならない。

ここで強調しておきたいのは次のことだ。計画分野において問題となる市民と政府の関係とは、市民の権利の分配や責任および牽制機能の行使だけではない。重要なのは、どういったかたちのガバナンスの実践があるのか、どういった制度的文化や考え方[5]があるのか、誰が尊敬と信頼を勝ち得ているかを知ることである。ガバナンスの実践は静的なものではなく、常につくり替えられていく。それによって計画行為も実施されていくのである。このように考えると、ガバナンスの能力、あるいは市民能力（Briggs 2008）は変化、そして進化しうるものだと言える[6]。次節では、このガバナンスを「規定する」ものについてより詳しく見ていこう。

権力の力学とガバナンスのかたち

政治の世界や政府の領域は、権力を持つ者たち

Box 3.1

参加型予算編成 ―― ポルト・アレグレ市での経験

ブラジルの主要都市の一つ、ポルト・アレグレ市。伝統的に、地区のリーダーたちは近隣区と協働してゆるやかな連合を形成し、市政府へ要望をあげてきた。労働者党が一九八九年に市政権の与党となると、公約どおり、資源の公平な再配分とガバナンスプロセスにおける市民参加の拡大を実施した。新しい政治リーダーはこの民主的プロセスの重要性を、実践の中から理解していた。新たなガバナンスのプロセスでは、市民自らの声が直接的に影響をもたらしうると体感することが重要だと認識していた。そこで、彼らは市の投資予算を決定するプロセスに着目した。以前は再配分するような投資的取り組みはほとんどなく、むしろ開発プロジェクトは地元のエリートや上位政府と繋がりの強い人々らの便益のため実施されることが常態化していた。これをポルト・アレグレの新しい指導者は変えなくてはならないと決断した。しかし、プロジェクトそのものを新たに立ち上げるのではなく、多くの市民が関われるよう、プロセスそのものを改変した。

まず、必要なプロジェクトを検討することから始められた。市民らは地区毎にゆるやかなグループを形成し、ニーズを特定し優先項目の洗いだし作業を行った。次に代表者を選出し、全地区のグループで構成されるフォーラムに彼らの意見を届けることになった。そのフォーラムでは、予算決定の場となる市議会へ送る代表者が選出された。各段階でプロジェクトの内容が吟味され、その優先順位が決定された。そうこうするうちに、市民参加によって決定される全体のサービスは、交通、教育、保健や福祉と広がっていった。地区グループは、このプロセスを経て決定したプロジェクトの進捗を監視する。参加した様々なグループ、代表者が自己の権益を守るために保守的な態度にならなかったのは、毎年誰もが参加することができ、新しい代表者が選出される仕組みであったからだろう。

ブラジル全体での地方分権が進み、サービス機能や予算執行も基礎自治体に譲渡されていくに従って、ポルト・アレグレ市行政にも資金的余裕が増えてきた。それによって市民参加のプロセスの効力がますます高まり、これまでほとんど手つかずだった都市部の貧困地区の環境改善が進んだ。ある試算では、七年間の取り組みで一万四千人もの市民参加が実現し予算再配分がなされたという。このプロセスは中流層や企業からの反発もなく、「公正で効率的な政府」が登場したと賞賛された（Abers 1998: 53）。❖

のパワーゲームの場と捉えられることが少なくない。そこでは、英雄的野望の失墜、ごまかしや偏見を隠蔽した上辺だけの壮大な計画、勝者にのし上がるための覇権争いといったドラマが繰り広げられる。しかし、こうした政治劇の舞台やメディアが報じる内容は、ガバナンスや公的政府の日常の活動を覆い隠す[7]。すでに見てきたように、実際のガバナンスの現場には、様々な意向が交錯しぶつかり合うアリーナや、政策コミュニティがつくる複雑な状況がある。政治劇場の舞台やメディアに登場するのはそのごくわずかな部分でしかない。政府活動の表舞台と裏舞台は、それぞれが異なるルールを持ち、異なる問題や課題に刺激されて動いているため、相互の繋がりはより複雑になる。異なるルールを持つこうした駆け引きはすでに1章で紹介してきた。社会的行為の実践の場を階級闘争の戦場とみなす者もいれば、法的枠組みによって構成された政治の中での覇権争いの舞台とみなす者もいる。最近では、開発の考え方に関する課題が争われることもある。「経済的競争力」対「持続可能な自然環境保護政策」、「起業家的革新」対「社会的統一や公正」。しかし、ガバナンスはある特定の目標の実現を意図した政府機構を監視するだけではない。それは私たちに行動を起こす力を与えるものでもある。つまり、私たちに備わっているエネルギーや物事をなす力と能力を発動させるものなのである。ガバナンスを実施する重要な側面の一つは、人々の積極的な意志によって引き起こされる出来事を管理し、規制する力を備えることである。それによって具体的なプロジェクトやプログラムが実現できるようになる（Briggs 2008）。

ガバナンスの実践は、参加する人々が受け入れたゲームのルール、つまり、ガバナンスを機能させる方法に従ってかたちづくられていく。ただし、このルールが互いに衝突を起こすことも少なくない。ここでは、一九五〇年代のシカゴから、異なる二つのガバナンスのあり方が対立した有名な事例を引いてみよう。ローコスト住宅の立地をめぐる問題がその争点となっていた。与党は有権者の意に沿う場所を推薦し、次期選挙での再選を確実なものにしたいと考えていた。当時、米国では地元への利益誘導[4]を善しとする政治ゲームが繰り広げられていた。そのため、地盤を固め市政府の席に居座り続けることが最優先され、住宅地の選定の際にもこのことが念頭にあった。一方、行政の計画スタッフ（その中には当代きってのプランナーが含まれた）は、対象地をニーズの高い場所にすべきと考え、居住や就労環境の詳細な分析と各施設へのアクセスなどを考慮して判断することの必要性を訴えた。計画プロジェクトを進めるにあたり、真意に基づいた判断、つまり、多数の人々のニーズに関する知識、公的な決定事項に至る過程での透明性や合理性の確保を優先すべきだと考えていたのである。最終的には、政治家の選択肢が採用された（Meyerson and Banfield 1955）。しかし、地元への利益誘導型の政治、当時はボストンなど（6章参照）多くの都市で見られた現象も一九六〇年代の政治抗議で批判されるようになった。政治家とその恩恵を受ける人々による利益誘導型政治が、市民不在のガバナンス文化と批判されたのである[8]。批判者らはこうした政治のあり方は長期的な視点で環境問題を引き起こし、社会の不平等を引き起こすと訴えた。

政治ゲームには様々なルールが存在しうる。そのいくつかは、シカゴで見られたように、計画的志向

［表3.1］公共政策を実施するガバナンスのかたち

モデル	場所のガバナンスの事例
官僚機構型	法的な土地利用ゾーニング 環境基準を規定する法
目標設定・合理的分析型	目標設定、分析、評価、選択といった一連の戦略計画。 管理型、技術官僚型
政策提唱型	社会公正や環境保全の推進といった価値に 契機づけられた公共政策の推進
起業家的事業型	開発プログラムや計画による地域変革、地域経済の再形成
協議型	目標設定や行動計画設定時から多くの関係主体が関与。 公開諮問、公開調査など開かれたプロセス、参加型

性との相性が良いものもある。二十世紀を通じて、市民だけでなくエリートたちも透明性の高い効率的な政府に価値を置くようになってきた。その方がプログラムを実施する能力が高いと考えられたからである。行政府が大きくなり活動範囲がより複雑になるにつれ、透明性の高い制度に対する要請は一層強まった。このした状況の中で、いくつかのガバナンスのかたちが公共政策プログラムを作る過程で台頭してきた。各々のかたちは、計画的志向性を持った場所のマネジメントや開発行為実施における役割を果たしている。事例は本書の後半部で紹介していこう［表3.1参照］。

　最初の二つは、政治的議論の場が実施の現場とは分離されたモデルである。官僚機構型はヨーロッパの行政法に裏付けられたタイプである（du Gay 2000）。このモデルは、間接民主主義の舞台である議会において決定された政治的価値に重きを置き、それらは官僚らが従うべき職業倫理規定に変換される。このモデルが目指したのは、行政からの汚職追放であった。様々な規定を設けることで、政府の政策を透明性の高いやり方で合法的な事業に翻訳することができた。計画領域においては、市域全体の発展を目指した「マスタープラン」を土地利用ゾーニング、規範や基準といった法的スキームに変換することを意味した。その結果、不動産所有者は開発権を取得するまでもなく、その規範に沿って開発できるようになった。このようなアプローチが重視したのは確実性と透明性である[9]。しかし、このアプローチには二つの困難が伴っていた。一つはゾーニングのスキームとして固定されたマスタープランは都市の経済活動がダイナミックに変化するスピードに対応しきれない。土地利用の配分、規範や基準も常時アップデートが必須となる。二つ目に、計画の修正が必要となると、賄賂や政治資金を受けるかわりに、政治家や行政職員らが「特例」を認めるといった新たな汚職の土壌を生むことになってしまった[10]。官僚機構型は透明性を高めるものの、固定した将来像を描いてしまうため予測し得ない変化への対応が鈍い。しかし、政策を法的ルールに置き換えるという発想は、ヨーロッパ全体にいまだに強い影響を持っている。市民権や環境問題に関するルールづくりの場でも、EUの中のみならず参加各国で繰り返し採用されている。こうしたルールは重要な構造を規定する要素となり、その構造の中で場所の将来や空間のダイナミクスが相互に影響を及ぼし合う。

米国では、シカゴの事例で紹介したように、膠着した官僚システムや利益誘導型の政治に代わるものとして、「合理的な計画プロセス」という考え方が広まっていた。それは民主的な文化の成熟の上に成り立つものである。科学的知見を有する専門家集団が政府組織内にあり、政治家と行政職員を適切に導くことができるというものである。目標設定・合理的分析型では、政策を公式なルールへと変換するのではなく、技術や知識を持った政策の専門官らが政治家の政策目標を戦略や行動プログラムへと翻訳する。特定の決定事項は、法的に認められた計画や開発スキームに埋め込まれたルールに添うのではなく、戦略に盛り込まれた議論との整合性を鑑みて決定される。法的な適正をチェックするプロセスよりは、パフォーマンス、つまり透明性の高いプロセスが実施されることがより重要視されるようになった。これは明らかに、官僚機構型モデルの実践への挑戦であるばかりでなく、シカゴでの出来事にも象徴されるように政治的な操作だといえる。

しかし、計画に関する既往研究からは、この合理的プロセスが実際にはうまく機能していないことが読み取れる。とはいえ、目標設定・合理的分析型モデルは政府の活動範囲が拡大しより複雑な問題を取り扱うようになる二十世紀後半にはその影響力を増していった。欧米では、政府が実現すると宣言した内容を実際に実行しているかを市民が監視するといった制度的文化を醸成する動きに繋がり、政策課題は批判的な知識に基づいた議論の対象となった。しかし、多くの場合、計画領域では特にそうであるが、透明性の高い開かれた議論というプロセスも、より公式化された実践のなかで骨抜きにされていった。また、都市地域の変化をモデル化し将来を予測するといった科学的基盤をつくろうという試みもあったが、価値やリスクといった複雑な選択肢を、間接民主主義の政治の場や、科学的方法に依存する現場に委ねることはできなかったのである。

一九六〇年代にはまた別のアプローチが登場した。事実と価値が切り分け不可能であるならば、特定の思想的立場に基づく考えを前面に打ち出し推進しようとする動きである。こうした価値観は、政治と行政上の行動を密接に結びつける動きに繋がった。政治家は、彼らのものの見方に賛同してくれるような行政職員や専門家を雇うべきだと考え、イタリアなどでは同じ政党からそれらを選ぶのが常態化していた。一九六〇年代の米国で活躍した社会的関心の強い都市計画分野専門の弁護士ポール・ダヴィドフはこの形態を「政策提唱型プランニング」と呼んでいる（Davidoff 1965）。彼は、場所のマネジメントや開発の考え方を表明する政策の専門家は、正義感を持って行動する行政官やアドバイザーであるべきだと論じた。当時の彼は、社会的公正、特に米国のインナーシティに暮らす貧困層の窮状、不当な人種差別に強い関心を寄せていた。バンクーバー、バルセロナ、オレゴン州ポートランドの政治家やプランナーは、この考え方に強く共感していた。今日、環境問題への関心も加わり「環境に関する正義」運動として進化している（Haughton 1999, Schlosberg 1999）。しかし、この政策提唱型プランニングが、ガバナンスのかたちとして機能するかはより広い世界でのガバナンスの文脈に依拠している。シカゴの事例が示すように、プランナーが社会的価値を提唱するようなやり方に政治家が全く興味を示さないかもしれない。また、コミュニティの声を拾い、市の都市計画プランナーへ届けようとする者がいても、それが聞き入れられないこともあるだろう。ポール・ダヴィドフの政策提唱型プランニングの理論に賛同するロバート・グッドマンは、ボストンの都市計画家エド・ローグとの間に生じたそのような困難を描写している（Box 3.2参照）。これは6章で再び詳しく見ていこう。

世直しを標榜する政府の行動は、人々の関心を引き、力と資源の動きを見定めることは可能かもしれない。しかし特定の思想的価値観が強くなると、盲目的になり将来の新しい機会を逃してしまうかもしれない。権利擁護を進める中での格闘からは、ガバナンスの実践に参画している人々の間に分裂や排除を生むこともありうる。それによって関係する力や資源へのアクセスが困難になる事態も招きかねない。また、総論から各論に至るプロセスで意見を貫くこと、例えば暮らしやすさや持続可能性といった目標像を具体のかたちへ展開することは容易ではない。主要な価値観を維持しようとするよりは、具体的な論点に対して真摯に議論や論争を続ける方が生産的かもしれない。

どのような場合であれ、政策プログラムや事業の実施は、単に優先順位をつける作業以上の問題を含む。そこでは、投資を誘発し、複雑な開発プロジェクトを管理する積極的な作業が必要となる。スケールの大きさに関わらず、こうしたプロジェクトは事前にその全貌が見通せるわけではない。政治家、市民そして利害関係者は変数を固定し、その中で開発プロジェクトがつつがなく進行することを期待するが、プロジェクトが進むにつれて変化は不可避だ。なぜそうなるかについては、巨大開発事業の事例を取り上げている6章でより明らかにしていこう。ここで押さえておくべき点は、このようなプロジェクトでは、事前にコストと利益を試算するのは難しく、公共圏にどのような貢献をもたらすかも予測しにくいことである。しかし、大きなプロジェクトが動く時は、市民や様々な利害関係者がその影響（例えば、誰がその恩恵を受けるのか）に気づく機会が生まれる。

最後のモデルは、政府が主導するやり方や、その主導する内容に人々が口を挟むようになるにつれて重要さを増してきたガバナンスのかたちである[11]。このモデルは、エリートによる代議制民主主義の実践から、市民による直接参加型の民主主義への変化の

Box 3.2

市民運動を支えるプランナー、一九六〇年代のボストン

「一九六六年にさかのぼるが、ある夏の朝、私たちはボストンの再開発事務所を訪れた。市の計画に異議を唱える住民グループの支援を我々がなぜ引き受けているかを説明するのが目的だった。計画では新しい高校を建設するために、住宅地区の住民に立ち退きを迫っていた。私たち四人のプランナー集団は再開発事務所を統括するエドワード・J・ローグに提案をした。彼の部屋からはボストン中心部の取り壊しと新しい建物の建設が見下ろせた。私たちの言い分はこうだ。住民にプランナーを選ばせるようにすべきだ。そうすれば計画をより民主的に進められる、と。ローグ氏は大きな会議テーブルの反対側で我慢強く耳を傾けたが、質問を数度投げかけてくるだけだった。最後に頬を硬直させてこう言いはなった。『私がこのイスに座っているかぎり、この市で計画業務を遂行するのは一人だ。この私だ！』と」（Goodman 1972: 60-61）。

❖

動きを反映している(Cunningham 2002, Westbrock 2005)。このモデルの中心にある考えは次のようなものである。ガバナンスを実践する目的、戦略、特定の行動プログラムの策定は、単に政治的エリートやテクノクラートだけでの仕事ではない。それは場所に「関わる」人すべてが意見して政策決定を行うべきである。また、それは技術的な分析に留まらず、議論や審議を経てなされるべきである。

このガバナンスのモデルでは、政治と実践の世界が市民に開かれ、広い意味での政治的コミュニティが有する知識や経験、論法が政府の目標や実践に強い影響を及ぼすことが期待されている。こうしたモデルは、公的な政府議会といった既存の場を超えて、将来の可能性やそれをどう開発するかを協議する様々なアリーナへと広がる。この協議型のガバナンスのかたちが近年都市計画領域で特に広がっているのは、サービス機能に関心を寄せてきたガバナンスのシステムの中で、再び場所の質に光を当てる方法として期待されているからである。

この方法は、多くの人々の関心を場所が持つ価値に集約することで機能する。4章から7章の中で詳しく紹介していくが、このやり方を採用した場所では、現在、その暮らしやすさや持続可能性が高く評価されている。しかし、こうしたガバナンスの実践を構築するのは容易ではない。また、もし特定の目標に向けた安定的な合意や意見の一致のみに関心が向けられると、その後の議論が停滞したり、異なる意見を排除することに繋がる。ポルト・アレグレの参加型予算編成のプロセスは、この傾向を抑制しようと特定のグループが参加のプロセスを掌握することを避ける努力がなされた。しかしこのやり方を踏襲した他の地域で、うまくいったケースは実は少ない[12]。

これまで示してきたような異なるガバナンスのかたちは、抽象的な規範モデル、あるいは政府がどう動くべきかを示すモデルとして用いられることが多い。しかし、ガバナンスのかたちは実践そのもの、そして心理的な構成概念としても役に立つ。例えば、ガバナンスの文脈を適切に捉えれば、政府がどういう行動をとるかを想定する際の枠組みを提供することができる。政策決定、事業開発や場所のマネジメントの実践で問題になるのは、具体的な政策やその影響だけでなく、プロセス自体であることも多い。複数のガバナンスのモデルを見てきたが、それぞれが独立して機能する必要はない。後述する事例に見られるように、異なる状況ではこれらのモデルは組み合わされている。近年では、意識的に場所のマネジメントや開発事業を進める際、積極的な介入に加えて、官僚主義モデルの安定性、市民の「エンパワーメント」や「参画」を組み合わせる事例が増えている。もっとも、これらの組み合わせが簡単に同居できるわけではない。しかし、だからといって計画的志向を持つ場所のガバナンスが、ある特定のガバナンスのモデルによって実行されるべきだとも言えない。

ガバナンスが生じる「場」――アリーナ、階層、境界

さて、場所のマネジメントや開発に影響を及ぼすガバナンスのダイナミクスを理解するとして、どこから手をつけるべきか？　まず、どのようなルールや規範があるかを探ることが必要だが、それだけでは十分ではない。どこでそのゲームが実施され、どうすれば参加できるかを知ることも重要な課題となる。計画システムのような公的な政府のシステムがそのようなアリーナを用意するのかもしれないが、同時に非公式にそのような場が設定される場合もある。政策が決定される場、事業開発がなされる場、日々の場所のマネジメントが行われる場がどこであるかを突き止めるには、慎重に制度全体を見渡し検証する作業が必要となる。

この作業で着目すべき一側面は、政府の階層性に関する問題である。複数の政府機能がきっちりとした階層に位置づけられており、それにしたがって計画システムもつくられているという考え方はこれまでにも説明してきた。今日、そのような階層性に基づく力は依然として強いのだが、状況はより複雑になっている。責任の範囲が肥大化したことに加え、資源や財源が危機的状況にある中央政府は、

場所のマネジメントや開発に関する責任問題を下位レベルの地方政府に委ねる、あるいは異なるレベルの政府間で協働して実施する方法を模索してきた。この権限を委譲するやり方はポルト・アレグレにおける参加型予算編成を行う社会実験の際の前提となっていた（Box 3.1参照）。バンクーバーでは、市政府がすでに実質的な権限を有していたが（4章参照）、それとは対照的に、英国のサウス・タインサイド市（5章参照）に委ねられた権限や力は、かなり限定的なものであった。ここ数年の傾向としては、公的な政府の権限を、基礎自治体レベルや広域レベル（サブ・ナショナル）に移譲する動きがより強まってきている[13]。

しかし、自然環境への影響や人権問題などに関しては、国家レベルあるいはEUのような超国家レベルが法律を管轄している場合が多い。ヨーロッパ諸国における公的政府の動きを観察すると、「マルチレベル」でのガバナンスというかたちが浮かび上がってくる。これはある種のネットワーク型ガバナンスである。そのネットワークでは、いくつかの主要な政府のアリーナの間（異なる政府レベル間にまたがる）に繋がりが形成される（Gualini 2004, 2006, Sørensen and Torfing 2007）。このようなモデルの登場は、複雑な社会、経済そして環境ネットワークへの理解の進展に起因する。この繋がりは、ある場所に暮らす人々や活動を他の場所のそれらに結びつける働きをする。特定の場所のマネジメントや開発に関する問題や潜在性を明確にする際に重要になる関係性というのは、もちろん公的政府が管轄する範域と重なるわけではない。その結果、7章の事例が示すように、大都市、特に拡大している都市部において戦略を立てる際には大きな困難が伴う。また、それ以上にやっかいなのは、「ネットワークの力」（Booher and Innes 2002）が構築されると主要なアリーナがどこであるか、またそれぞれがどのように繋がっているかを特定するのは困難を極めることである。それにより、ガバナンスのプロセス自体の透明性も下がってしまう。

公には、政府組織間のネットワークやアリーナは、それぞれの組織が選挙で選ばれた政治家や権力および責務に関する法的詳述に対して説明責任を有しているかをチェックした上でつくられる。しかし、今日多くのガバナンスの取り組みは、公的政府とそれ以外の利害関係者間の協働行為として成り立っている。企業や非営利団体（NGO）、様々な市民団体がその構成員となる。神戸では、近隣住区の開発は住民グループによって進められていた（4章参照）。ボストンやバーミンガムでのプロジェクトは、自治体と民間開発業者が特殊な契約条件のもとに立ち上げた非公式のパートナーシップというかたちで実践されている（6章参照）。公的政府が決めた規制の枠組みの中で、民間企業がインフラ整備を請け負う場合には、状況がより複雑になる。政府の管轄外での取り決め、自治体の境界を越えた作業は説明責任を誰が持つのかという点で難しい課題を残す。しかし、行使すべき力が政府の領域、経済や市民活動の領域に分散されていれば、こうした非公式な場での取り決めや調整も避けては通れない[14]。

しかし、このような調整をもってしても場所のマネジメントや開発のジレンマを取り除くのは難しい。先に述べた伝統的な福祉国家の枠組みにおいては、政府内に明確に区分された部署が存在し、それぞれが一連の任務と政策コミュニティを有している。そしてこれらの部署の多くは今日も機能しているからだ。二十世紀後半には小さな政府と市場主義を掲げた新自由主義の影響を受け、いくつかの政府サービスを民営化した国も少なくない。これは交通、上下水道、エネルギー、通信などのインフラ整備の分野で顕著な傾向がある（Graham and Marvin 1996）。

場所のマネジメントおよび開発に関わる特別な組織が立ち上げられ、それが公的な政治コントロールから独立して活動する場合には事態はより複雑になる。政府系独立法人などがこのケースに当たる。これらの組織はそれを所管する大臣や省庁と緩やかに繋がっており、また、民間、政府および政府系独立法人、そして市民グループを結びつけるあらゆるタイプのパートナーシップを増殖させる。この場合のパートナーシップは、物事をなし遂げる能力を高める手段として形成される場合が多い。しかしそれによってさらなるアリーナやネットワークを増やし、既存のガバナンスの広がりを大きくするだけという批判もある。これは、取り決めの説明責任を問題にしているというよりは、その地域のガバナンスの実践や文化を育てるにあたって、どのようなメリットがあるのかという疑問を投げかけている。パートナーシップは具体的な成果をあげることもあるが、またそれによって対立関係や疑惑を生む可能性も否定できず、そのような場合には未来へ向けた課題設定型の特定法人の設立に悪影響を及ぼしかねない。プログラムを進めるために必要な他組織との連携がうまくなされない場合、パートナーシップは具体的な成果をだせない。外部にいる人間にはもちろん、ガバナンスの実践の現場にいる者にとってもその成果が明らかでなければ、意図的な場所のマネジメントや開発行為がどこで実施されているのかをたどることも難しくなる。鍵となるアリーナが存在するところ、それがどのように機能しているかは、その都度、具体的に調べていかなくてはならない。本書の後半の章ではこれに関する具体的な事例を見ていこう。

場所の開発とマネジメント手法

本章では、ガバナンスのプロセス、そのプロセスにおける公的政府の振る舞いについて述べてきた。そこで強調しておきたかったのは、政府という存在は均質な性質を持った巨大な組織ではなく、複雑な他者との関係性や様々な主体が入り乱れるアリーナを有した組織だということである。こうした政治のアリーナは常に世間の目にさらされており、市民の関心の目にも触れやすい。少なくとも市民が批判しうるような表舞台に現れる。しかし、それ以外の組織は市民の目の届かないところで、時には隠れたガバナンスの場所で活動しており、その内容を窺い知ることは難しい。こうした状況の中で、人々は互いを牽制しあいながら、ガバナンスの力はどのように行使されるべきなのか、その行為の便益を受けるのは誰なのか、また、相反する立場や意見を調整する力を持つのを誰なのかと暗中模索する。しかし、どういった問題で牽制し合っているのか？　意図的な場所のマネジメントと開発行為に取り組む際、どういったガバナンスの手法が採用されているのだろうか？

社会学者アンソニー・ギデンズはこの問題を、世界システム（構造）と生活世界（エージェンシーのシステム）との関係のつくられ方に準じて、次のように考察する（2章も参照）。重要な繋がりというのは、権力の行使に関わる場、資源配分がなされる場、考えや知識あるいは情報が結集する場である。土地や不動産の問題が取りざたされるような場所のマネジメントや開発を想定するとわかりやすい[15]［表3.2参照］。権力の行使とは、合法的に力を使うことに加え、法的権限や責任、資格を改変する力も意味する。資源配分は、直接的に公共投資に加え補助金や税制優遇などによる金融面での刺激も含まれる。知識や情報が結集するところでは、考え方の近い関係者の関心が集められ、枠組みとなる概念が提供される。その枠組みの中で定常的な行動が評価され、主要プロジェクトが形成され、空間戦略に関する考え方が生まれてくる。

しかし、これまでにも強調してきたように、計画行為自体はその目的達成のために用意された手段という点で、全くゼロから組み立てられるわけではない。開発マネジメントの仕事、巨大開発事業の推進、空間戦略の策定は、今手元にあるものをどう活用するかに多くの時間を費やすのが実状だ。その結果、パッケージ化された一連の手法を用いる場合も多くなる。何処に誰がモノを建てられるのかを規制するためには、どういった既存のインフラがその開発を支援できるかを明確にしておかなくては進まない。この作業では、政府が投資する度合いと、土地所有者や開発業者による持ち出しの程度を巡って駆け引きが生じる。規制のルールは政策文書、戦略あるいは計画書などを参照して地域に適応したかたちで書き換えられる。公的な計画システムの中に設定されているルールが、組織的に無視され意図的に骨抜きにされる実態は世界中で見られる。

効果的な場所のガバナンスを実践することは、手元にある手法をいかに組み合わせて最大効果を生みだすかにかかっている。これは、時間が経てば新しい手法を生みだすことにも繋がるだろう。というのも、実際の経験は常に計画システムそのものを改変していく力となっていくからだ。具体的に現場が動く体制を模索し、場所の質に関して権利や関係を拘束する主要な規制を改変することも必要だ。そのような作業には、いつ「事を成し」、「創案し」また、現行規制を変え新たな資源の流れをつくりだすために権力と戦うか、といった継続的な判断が欠かせない。しかし、どう判断されるかは、場所のガバナンスを方向付ける考えを反映する。本書後半でこのテーマに関わる事例を紹介していこう。計画的志向を持った場所のマネジメントや開発は表3.2に示したすべての方法を活用する場合もあるかもしれない。計画的志向というのは、その組み合わせ方、方向付けられ方のことなのだ。

計画プロジェクトを遂行する

本章では、場所のマネジメントや開発を進める際に直面する問題や課題への回答として、公共の目的を達成するための恣意的な手法について述べてきた。こうした行為は、過去のガバナンスの実践によって育まれてきた特有の文脈を基盤として、現在かかる圧力や力へ対抗するかたちで実践される。ガバナンスの制度的なダイナミクスは、何を重要と考えどう行動するかという人々の思考形成に構造的に影響を与える。場所のガバナンスを分析、理解あるいは批判しようとする時、常に肝に銘じておかねばならないのは、特定の状況において明らかになってくるようなダイナミズムである。とりわけ、ある状況のもとで得た教訓を別の場所に移植する際には、これまで述べてきた通り十分配慮すべきだ。

ガバナンスのダイナミクスは、固定化された静的なものではない(一見、そう見えるかもしれないが)。ガバナンスそれ自身は、そのかたち、責任の配分、ア

［表3.2］場所のガバナンスのための手法

関係を構造化する型	場所のマネジメントや開発行為の手法	事例
権力行使型	制限による規制	開発時に守らねばならない規範や基準、ゾーニングなど
	要請による規制	開発業者が果たすべき周辺地区への波及効果、地域コミュニティづくりへの貢献
資源配分型	政府による直轄	物理的あるいは社会的なインフラ整備、政府による公共住宅建設
	政府による調達	「公益」開発の名目で土地や建物を合意あるいは法的強制力を持って購入
	金融上の優遇	補助金、税制優遇などで開発を刺激
	合弁事業の推進	開発業者とのパートナーシップ、まちづくりパートナーシップ、コミュニティ・トラスト
知識結集型	知識、情報	研究、調査、フォーカスグループ
	基本理念／基準	総合計画の文書やイメージ、政策ガイダンス文書、デザイン枠組み
	枠組み、戦略	戦略計画、暗示的な地区開発計画書や概要

リーナの配置、そして政府が採用するデザインや手法に関して、市民と政府が議論を戦わせてきた歴史の結果として存在するものである。こうした議論は、法案が通過し、資源が集められ公益に基づいて配分される議会、中央政府省庁のようなマクロのアリーナで起こるため誰の目にも明らかだ。しかし、日常のガバナンスのようなミクロレベルにおける実践においても、ガバナンスのダイナミクスを読み取る努力が必要だ。ここでの闘争も、個人や集団が課された、あるいは自らに課した課題を実現する際のやり方に反映される。計画プロジェクトでは、場所のガバナンスに関わる公的システムの設計の段階および、そのシステムが日常生活レベルにもたらされる実践そのものにも関心を寄せなくてはいけない。

1章で言及したように、計画は政治的な行為である。政治的コミュニティがガバナンスを進める際、計画それ自体が資源となる。しかし、計画はガバナンス行為だけを意味するものでもない。1章で論じたように、計画プロジェクトは具体的な方向性を推進する（Box 1.1参照）。その価値は、人類の発展に寄与するために包括的で暮らしやすい、そして持続可能性が担保された場所をつくることにある。計画プロジェクトを通じて、私たちは物事の相互関連と繋がりを改めて認識する。計画プロジェクトは、生き生きとした政治的コミュニティの参画を生みだし、維持することの重要性を訴えるものでもある。そこでは、場所や空間に対する責任の在処を問う政治が繰り広げられる。計画が関心を寄せるべきは、目先の問題や課題だけではなく、長期的視野に立った可能性や脅威である。計画プロジェクトが提示するのは、問題や課題、あるいは将来像に関する複数の見通し（多元論的見方）だけでなく、知識の価値も含む。それなくしては、戦略やプロジェクト、影響アセスメントの評価や立案はうまれてこない。知識をベースとしたガバナンスの実践の場では、様々な考えが競合する。だからこそ、計画プロジェクトは政策と実践を結びつける際の誠実さや透明性を重視し、ガバナンスが訴える言説と実践の場で実際にとられる行動の違いにも強い関心を寄せていかなくてはならない。

改めて記しておこう。場所のガバナンスの質、その有り様は議会での質疑や政治劇場の場で発見されるものではない。それはむしろ、ガバナンスの実践の場、ミクロレベルでの実践において顕わになる。ミクロレベルでは、より大きな構造を規定する力の影響を受けているかもしれない。しかし、その影響を受けながらも実際にどう実践するか、また変化をもたらす「チャンスの時」を人々がどのように判断し行動を起こすかは、時と場合によって様々だ[16]。後述の章では、このようなマクロからミクロレベルでの実践の様子を詳しく見ていこう。4章は都市近隣住区の居住環境の改善に着目し、近隣区の将来をどのように考えるか、またガバナンスをどう機能させるかについて詳しく見ていく。5章では小さいスケールでの動きを更に追っていこう。ミクロレベルでの開発マネジメントの様子を異なる二つの状況を通して考察する。一つはいわゆる先進国における土地利用規制の日常の取り組み[17]、もう一つは新興国の都市部周縁に居座る低所得者層の「非正規」居住区における住環境改善がテーマとなる。6章では、再び先進国の事例を取り上げ、巨大開発事業が地域に新しい場所を生みだし、なぜ市民や観光客らに評価されるようになったかを分析する。7章では、都市「全体」を対象としたコンセプトや戦略づくりの現場に目を向ける。これらの事例は、場所の質の向上に寄与した重要な計画プロジェクトの事例と高く評価されたものを取り上げている[18]。各章では三つのテーマを切り口に考察している。一つ目は、1章で紹介したような計画プロジェクトが実際にはどの程度実現されてきているのかという点。二点目は、それぞれの事例でそれがいかに実施されているのかを分析し、その結果生まれたものが特殊事情あるいはより大きな力によってもたらされたものなのかを考察する。三つ目は、計画プロジェクトに関わる主体の行為に着目し、それによってよりよい場所の質がもたらされたのか、将来的なガバナンス能力に寄与しうるものかを考察したい。これらのテーマは、9章で再び議論することにしよう。

理解をより深めるための参考文献

- 場所のガバナンスに関する文献は多岐にわたる。各国それぞれの政治制度、それに対する研究が行われている。比較政治学の領域にも多くの分析手法や学派があるが、その一つである政治社会学の分野では、場所にまつわるガバナンスの分析に有効な方法論を提示する研究がある。例えば、戦略－関係アプローチを用いた次の文献など。

Jessop, B. (2002) *The Future of the Capitalist State*, Polity Press, Cambridge. 邦訳＝ボブ・ジェソップ著、中谷義和監訳『資本主義国家の未来』御茶の水書房、二〇〇五。

Jessop, B. (2008) *State Power*, Polity Press, Cambridge. 邦訳＝ボブ・ジェソップ著、中谷義和訳『国家権力 戦略 —— 関係アプローチ』御茶の水書房、二〇〇九。

- 民主的な政治制度のあり方に関する文献、

Cunningham, F. (2002) *Theories of Democracy: A Critical Introduction*, Routledge, London. 邦訳＝フランク・カニンガム著、中谷義和・松井暁訳『民主政の諸理論 政治哲学的考察』御茶の水書房、二〇〇四。

- 都市計画領域に近い学術研究分野として公共政策や都市ガバナンスの分析がある。

Kingdon, J. W. (2003) *Agendas, Alternatives, and Public Policies*, Longman, New York.

Fischer, F. (2003) *Reframing Public Policy: Discursive Politics and Deliberative Practices*, Oxford University Press, Oxford.

Hajer, M. and Wagenaar, H. (eds) (2003) *Deliberative Policy Analysis: Understanding Governance in the Network Society*, Cambridge University Press, Cambridge.

Rose, R. (2009) *Learning from Comparative Public Policy: A Practical Guide*, Routledge, London.

- 計画領域においては、都市レジーム論を用いた再開発事業分析や研究がある。

Fainstein, S. and Fainstein, N. (eds) (1986) *Restructuring the City: The Political Economy of Urban Redevelopment*, Longman, New York.

- また、特定のガバナンスのかたちやその実践を提唱するような研究をいくつかあげておこう。

Fischer, F. and Forester, J. (eds) (1993) *The Argumentative Turn in Policy Analysis and Planning*, UCL Press, London.

Healey, P. (1997/2006) *Collaborative Planning: Shaping Places in Fragmented Societies*, Macmillan, London.

Briggs, X. d. S. (2008) *Democracy as Problem-Solving*, MIT Press, Boston, MA.

Innes, J. E. and Booher, D. E. (2010) *Beyond Collaboration: Planning and Policy in an Age of Complexity*, Routledge, London.

- 豊富な事例研究から論を展開する名著二冊を紹介しておく。

Meyerson, M. and Banfield, E. (1955) *Politics, Planning and the Public Interest*, Free Press, New York.

Flyvbjerg, B. (1998) *Rationality and Power*, University of Chicago Press, Chicago.

4章

近隣住区の変化をかたちづくる

Shaping Neighbourhood Change

近隣住区の変化に対応する

近隣住区とは私たちの暮らしの場、その空間を起点にして動き回る日々の生活パターンが生成される場所を指す。近隣住区というのは、ある人にとっては急ぎ足で目的地へ向かう時に、何となく感じられる背景のような存在かもしれない。あるいは、心休まる場、通りがかりの人とおしゃべりをしたり、いつも立ち寄る店があるような空間だろうか。また、目障り耳障りなものが現れれば、一体何を企んでいるのかと気をもんだりするような空間でもある。近隣住区は、親密で個人的な暮らしが隣人である見知らぬ他者と遭遇する場所でもある（Sandercock 2000）。その結果、時として軋轢が大きくなることがある。別の場所に住む人が、私たちの近隣を通り道として利用することもある。だれも管理するものがいなければ、地域の緑地空間にゴミが落とされる。一時的であろうが恒久的であろうが、大きな混乱を招くような巨大なプロジェクトを政府が提示してくることもあろう。

私たちが暮らしの場を他者と共有し、その状況変化に対応していく際、近隣住区の場所の質をめぐるガバナンスのあり方は極めて重要だ。その状況をよりよくすることは人々の幸福にも資するだろう。しかし、場所のガバナンスの実践、つまり計画的志向を持ったやり方で、ミクロレベルの近隣住区の質に日常的に関心を寄せるのは容易ではない。近隣住区における日々の実践は善良な行政職員やまちづくりの実践家らが、受益者に対して温情主義的なやり方でサービスを提供するというように、単独で行いうるものではない。そこには、住民自らが地区のマネジメントの実践をかたちづくる行為に関わることが必要なのだ。1章でとりあげたグリーンポイント／ウィリアムバーグの事例を通じて繰り返し述べてきたように、その場所で起こっていることに対する地域住民の期待や知識が表現されなければならない。つまり、場所のマネジメントの実践、特に近隣住区の質を高めることを目的とする場合、そこでのガバナンスの実践とより広い市民社会との間に風通しの良い双方向の関係が構築されなくてはならないということである。この章で取り上げる二つの事例には、住民が近隣住区のマネジメントの実践に積極的に関与しているという共通点がある。また、その活動は市全体の取り組みに良い影響を及ぼしていること、具体的には、バンクーバー市全体の都市環境の質に寄与する取り組み、また神戸では市民社会と公的政府との良好な関係構築に寄与する取り組みとして、その影響が評価される。二つの事例は共に1章で定義した計画プロジェクトが目指すガバナンスの良質な事例と言えるだろう。

この二つの事例を通じて、近隣住区のマネジメントや開発行為の実践を下支えしているものは何かを探り当てたい。特に、自分たちの住む地区で起こる出来事に対して住民が声を発することのできるような仕組みに着目してみたい。重要なアリーナは具体的にどこなのか？　どのようなガバナンスのかたちが必要とされるのか？　このような問題意識を持ちつつ、そこに暮らす住民の環境がいかによくなったのか、また、そのような計画的志向を持った場所のガバナンスが広域の政治的コミュニティにどのような影響を及ぼしうるかを検証してみたい。

場所のガバナンスの実践としてとりあげる二つの事例は共に、都市域の拡大と変化の波にさらされているような都市部が舞台だ。都市の発展とは単に物理的な都市空間の拡大のみを意味しない。都市の発展は、既存地区の位置づけや価値が変化することも含む。こうした変化は、都市の成長という実態がなくとも、都市経済や社会全体の方向性や価値観の変化の結果、生じることもある。社会全体のダイナミックな状況変化に応じて、富裕層が多く暮らす近隣住区では、享受する利益を共有して様々な介入に抵抗しようとする動きも生じる。低所得者層が多く暮らす近隣住区では、自助努力で住環境改善に取り組んだり、あるいは、高所得者向けに地区を「アップグレード」して荒稼ぎを目論む開発業者に反対運動を起こして地区を守ることもあろう。とはいえ、一九五〇年代のシカゴやボストンの事例（3章および6章を参照）のように、多くの都市では行政の財源を巡って地区代表の議員たちが争奪戦を繰り返すような地区間競争の状況に陥りやすい。そのような状況では、経済力や政治力が弱い地区に大きなしわ寄せがくる。更には、より広い意味での都市における公共圏の質も悪くなる。都市部全般に及ぶ様々な可能性や、サービス、インフラ整備などが置き去りにされるからだ。

最初に示す事例は、これらとは異なるアプローチをとっている。ゆっくりとした発展の仕方を通して、都市全体の具体的な近隣住区の質にきめ細やかな注意が払われつつ、都市の公共圏そして市民の主体性が醸成されている。バンクーバーは、カナダの西海岸、ロッキー山脈が太平洋とぶつかるところに立地する。自然資源が豊かなブリティッシュ・コロンビア州の中にあり、いくつかの基礎自治体に区分される。バンクーバー市はそのうちの一つで、それを中心に都市圏が広がる（Tomalty 2002）。このように広範囲にわたる都市地域であるが、都市が拡大したのは九〇年代の出来事である。ここではバンクーバー市が管轄する行政区に焦点を当てよう。市の計画行政は社会的状況、都市デザインに加えて、住民、不動産所有者、建設業者、開発業者、建築家といった主体を参加型協議の場に巻き込みながら近隣住区の開発ガイドラインをつくっている。市役所は、住民そして関係主体が経験する日々の暮らしを通じて浮かび上がる諸問題を理解することに務めていた（Grant 2009）。この事例は、本書冒頭で紹介した南東イングランドのディッチリングやイスラエルのナザレでの出来事とは対照的だ。これらの事例では、住民と公的計画行政あるいは政府事業の実施が対立し、疎外感

［図4.1］上空から見たバンクーバー
© Josef Hanus / Shutterstock.com

を強めてしまったこと（ディッチリングの場合）、住民が抱く安全安心感が脅かされたこと（ナザレの場合）が特徴的であった。バンクーバーでは、これとは反対に、住民と行政の関係が良好に保たれつつ、物理的にも良好な環境が提供され、「隣人と共に暮らす」という価値観が個々の取り組みを連鎖的に実現させている。しかし、これは市内の近隣住区のみならず、それを超えた領域における公共圏をも拡大するような取り組みであった。

近隣住区の開発ガイドラインをつくる——バンクーバー、カナダ［1］

今日、バンクーバーは世界で最も魅力的な場所、住みやすい都市の一つと言われている［図4.1参照］。背後に山々を抱え、太平洋岸の温暖な立地であることも大きい。しかし、バンクーバーの住民はそれが過去三十五年間にわたり都市開発をコントロールしてきた革新的なアプローチによるものだということも理解している。バンクーバー市の発展は主に二十世紀に進んだ。一九〇〇年には三千人ほどであった人口が、二〇〇一年には都市圏人口が百九十万人を抱えるまでに拡大した。その半数はバンクーバー市に住んでおり、近年も人口増加は続いている。二十世紀、北米の多くの都市がそうであったように、バンクーバー都市圏も周辺の農村地域をグリッド型のレイアウトで道路を敷いて切り開き、サービス拠点や建物を配置しながら徐々に拡大してきた。ここでは、主要な土地所有者（バンクーバーの場合、鉄道事業会社であるカナダ太平洋鉄道が特に重要な役割を果たした）、そして、次第に自治体が先導して、全体的なグリッド型レイアウトの開発、公共サービス提供のための連携体制、特定の場所での開発ボリュームの規制などがつくられてきた。その上に、個人が戸建て住宅を建設し（大きさは個々の持ちうる資金や土地の広さによって様々）、町ができ上がってきた。デザインの流行や建材は時代ごとに変わってきているが、全体的には低層の住宅や建物が多い。ただ、これが市の成長拡大と共に交通渋滞や大気汚染の問題を更に悪化させている。市の成長に伴って、一次生産物（木材や鉱物）の輸出拠点から周辺地域も含めた都市圏のサービス拠点へと様変わりするに従って、港湾地区および低層住宅地区における再開発の圧力が、特に不動産開発業者から強くなった。この開発投資には巨大な高速道路（無料）の建設も含まれており、市域全体へのアクセスを可能にすることが意図されていた。

バンクーバー市役所は、連邦政府から交付税を受け取っているものの、州政府（ブリティッシュ・コロンビア）および連邦政府からの介入を受けない広範囲にわたる行政および法的な独立性を有している。そのため、土地や不動産の開発権に関して、上位レベルの戦略や法的要請への対応を必要とせずに独自の制度を確立することが可能である。市が拡大し始めた当初、多くの西側諸国の都市がそうであったように、基本的には、モダニストが提唱するデザインの考え方に影響を受けた政治家と市行政職員が開発を刺激するよう誘導するというかたちをとった。ここで取り上げられた考え方は、高層ビル群と高速道路が張り巡らされた都市、それによって鉄道から自動車へと主要交通が急激に変化する時代に対応できるようにするというものであった。しかし、バンクーバーの住民たちは、一九六〇年代の多くの都市と同様、このような都市デザインは彼らの理想とする暮らしを破壊するものとして反対した。彼らが特に問題視したのは、近隣の米国の多くの都市でも頻繁に見られた市役所と不動産開発業者の繋がりであった（Fainstein and Fainstein 1986, Logan and Molotch 1987参照）。住民らが関心を寄せたのは近隣住区レベルでの暮らしやすさという価値観であり、市民参加そしてまちづくりの活動であった。住民側の行動は、市行政の体制や新たな都市計画局の職員の考え方に変化をもたらし、政治家にはより高い自由裁量が与えられることになった。こうした政治主導の取り組みは社会運動として広く支持された。この一連の動きは、バンクーバー市のみならず、計画プログラムや事業をより市民参加型で進めたいと考えていた他地域でも好意的に捉えられた。計画プロジェクトの価値観は、このような運動に下支えされて前進することができたのである。

基礎自治体であるバンクーバー市は、拡大する都市地域の中心部を管轄している。市の議員や不動産業者らは、それ以外の地区と比べてこの中心部のポテンシャルが下がることを常に憂慮していた。それゆえ、中心部に成長の核を埋め込むためには、土地利用の高密度化と湾岸部の再開発が必須要件と考えていた。しかし、敷地が細分化され高層マンションが建ちはじめると、近隣の風景が変わり、隣人の中には敷地を分割するようなケースも増えてきた（ガレージ部分のスペースを別棟として建て替えて賃貸に回すことで、住宅ローンの支払いに充てられる）。住民はこれらの戦略に疑問を持つようになり、その延長に地区住民組織をはじめとした反対運動が盛り上がりを見せ、敷地内のわずかな改変にも反対するようになっていった（Box 4.1参照）。

その後、バンクーバーでは、近隣住区レベルで起こる物理的な変化を管理するため、新しい考え方を取り入れて柔軟な対応がとられるようになった。住民や様々な団体との意見交換の場が設けられると、開発による変化を管理するための新たな「実践の文化」が生まれた。その結果、車の利用や所有が減

Box 4.1
バンクーバーでの近隣住区ガイドラインづくり

一九七〇年までは、州政府がゾーニング規制の権限を持っていた[2]。しかし、富裕層が多く暮らす地区の住民グループが市政府に掛け合い、ゾーニングに関する権限を州から市におろしてくるように働きかけた。敷地内を分割して複数の住宅ユニットを確保しようとする行為（新規に建物を建造する、あるいは大きな家を複数ユニットに分割する方法で）によって近隣の住環境の悪化を阻止したいと考えていたのである。市政府は当初、住民同士のいざこざの要因となったゾーニングコードの修正によって対処しようと考えており、居住者団体がそのコードに違反した者を訴えられるように計画した。しかし、当時保守系が支配していた住民組織側は、独自にコンサルタントを雇い、敷地の使用方法にどんな改変も許可しないとする法案を提示してきた。新たに選ばれた市政府の議員らは、住民参加のアプローチを支持しており、市が用意していた二枚舌の提案を一旦は白紙に戻し、住民組織のメンバーと共に協議を重ね折衷案を編み出した。それは、小さな敷地では分割や再開発を許可する一方、地区全体の環境を維持するためのデザイン指針や場所のマネジメント・ガイドラインという枠組みを設定するものであった。このような協議プロセスは、関係者すべてに望ましい地区像を真剣に考えるチャンスを与えることになった。

間もなく、他の近隣住区でも同様の「ガイドライン」をつくりたいという声があがり、市全域での協議が進んだ。異なる近隣住区には異なる条件が存在し、それらは変化するため、つくられるガイドラインも異なるものとなる。ある地区ではアジア系の住民が多く、都市環境といっても全く異なる考えを持っている。また、別の地区では建物形態が混在することも多い。一つの通りやブロックでも、戸建て住宅の間に複層階のアパートが混在立地しているような場所がある。しかし、その地区独特の「雰囲気」、景観や道と建物内の繋がり、地区内の移動が容易であることといった視点はあらゆるガイドラインに記されていた。これらに共通しているのは、住民、開発業者、建築家、建設業者すべてが意見を述べることを許され、お互いの要望を尊重する相互理解があることである。また、市の計画担当者には、暮らしやすさと都市環境の質を高めるよう尽力しているという信頼が寄せられていた。開発業者や建築家らはこうした市民の期待を受けて、創造的に、そして経済的にも利益あるかたちで事業を進めてきたのである。❖

り、活気ある街路空間の形成、住宅地での社会的民族的な混在、人々の健康が改善するなど、都心部での暮らしの環境にもプラスの効果が現れてきた。こうしたアプローチで着目すべきは、市の一部の地区と市全体の関係に常に関心が寄せられるような状況を生みだしたことである。収入や生活スタイルといった社会的な要素の違い、また地区ごとの場所性といった観点での相互関係にも関心が寄せられるようになった。一九七〇年代以降、市役所での政治的基盤、行政職員の大幅な刷新が行われ、バンクーバー市の社会的な位置づけも様変わりしてきた。二〇〇〇年には、英国系カナダ人の割合は市人口の半数以下となり、人口の四分の一が中国語を母国語として使うようになっている。とはいえ、市全体の暮らしやすさを高めようと柔軟で創造的なアプローチを試みるという文化が根付いてきていることもあり、人口構成が変化した現在でも、政治的、計画的な理念は現在の住民たちが享受している価値観（例えば、住民にとってのコスモポリタン都市、観光客にとっても魅力的な都市）にうまく転換させている。

しかし、この「暮らしやすい都市」にも難しい問題はある。計画行為に対する批判的意見は常に存在するし、市内にはカナダの都市部での最貧困層が集積する地区もある。ホームレス、薬物中毒者、養育放棄されギャング化した子どもたちが、ダウンタウンの東側、バンクーバー市街地の周縁に集まっている。こうした人々に加えて、近年では特定の民族もここで暮らしを営んでいる。その中には業績の良いビジネスもあり、カナダへ来たばかりの移民が居を構えることも多い。こうした混在が起こるには様々な理由が考えられるが、この近隣住区の計画アプローチそのものが、低価格の賃貸物件を減らしてきた（敷地を分割して居住スペースを設けるといった過去のやり方を許可しない）ことは大きな要因であろう。住宅価格および賃料が急激に高騰する時期とも重なっていた。近隣住区レベルでのまちづくりのアプローチに即して言えば、市行政が低所得者層の居住環境改善や高層化の圧力に対抗しようとする市民活動に積極的に関与してきた結果でもある。例えば、開発業者が新規建設事業を行う際には、地域住民に開かれた施設や公営住宅を用意することと、社会的企業活動の一環として地区内の様々な市民活動への補助資金を出す、といった活動に開発業者が積極的に関わるように誘導しており、地区に共存する様々なグループ間の紛争を解決しようと適切に介入している。

バンクーバーの事例では、市政府そして市役所の都市計画局が鍵となるアリーナを形成してきた。そこでは、社会運動のエネルギーや哲学が住民を覚醒させ、北米西海岸の都市が急激に変化し多様化する時期に、暮らしやすさを追求するための関心をうまく繋ぎ止めることができた。経験から学びながらも、本書で取り上げているような計画プロジェクトの理想を掲げて、市の都市計画局チームは住民と共に学びつつ暮らしやすい近隣住区によって構成される都市をつくりだした。その影響は物理的な空間の改変にとどまらない。一連の活動を通じて、場所の質に関心を寄せる政治的コミュニティというものを、近隣住区レベルそして市域全体に醸成したことが高く評価される。議会においても、すべての政党からこのようなかたちの都市計画のあり方は賞賛を受けた。政治家も、選挙区の有権者らが何を求め評価しているかを理解しているからだ（Grant 2009）。同様の取り組みは、本書の後半で紹介するスペインのバルセロナ（6章）やオレゴン州のポートランド（7章）でも見られる。

都市を構成するミクロな地区レベルの環境が、都市全体の空間の質に及ぼす影響について、米国の都市デザイナーであるジョナサン・バーネットは、米国中西部、ネブラスカ州のオマハでの事例を引いて分析している(2003, 2006)。ウォルマートの巨大店舗建設の申請について、オマハ市では市民から意見を聞く公聴会が開かれた。ある人がウォルマート側の建築家に、計画建物のデザインが、他の地域のデザインに比べて魅力的でないのはどうしてかと尋ねたという。建築家は、他の地域ではデザインガイドラインがありそれに従ったが、オマハ市ではそれに該当するものがなかった、と回答した。このやり取りが、市のリーダーたちに火をつけることになった。デザインガイドラインを設けることとは、単に貧弱な計画申請を却下する手段となるだけでなく、バンクーバーのように市全体の場所の質に対する関心を高めると考えはじめたのである。これがきっかけとなって、すべての近隣住区である試みが実践された。そこでは単に該当地区でのデザインガイドラインをつくるに留まらず、市の中でその地区がどういった位置づけにあり、他の地区とどんな関係にあるのかが議論された。このようなプロセスを経て、オマハ市の市民は他地区のガイドラインを自らの中に盛り込むようになり、結果としてオマハ市がどのような場所であるべきかという共通理解を生みだすことになったというのである(Barnett 2006)。

この事例に見られるように、政治家、プランナーそして市民は皆、同時にあるいは場所を隔てて、すべての人々に関わる価値や課題に対する良き理解者となりうる。これこそが、公共として発現された価値や関心といえる。バンクーバーでは、市の都市計画局が数十年にわたって計画プロジェクトを核とした取り組みの中心的な役割を果たしてきている。市計画局に務める職員の中には、キャリアの大半を市の計画プロジェクト、開発事業体や政治的コミュニティとの共同作業に捧げている者もいる。しかし、常に行政の計画局がそのような役割を果たすわけではない。同じ公的機関でも、このような取り組みを妨げる場合もあるからだ。ここからは、これまでとは全く異なる状況に目を向けていこう。そこでは市民社会の活動家らによる長く困難な戦いの末に、公的政府機関が近隣住区の住環境への関心を払うようになったという話である。

市民社会から始まるまちづくり、神戸[3]

人口百五十万人を抱える都市、神戸。日本の太平洋ベルト地帯の西方に位置する。港湾および工業地区が海岸沿いに立地し、旧市街の中心や周辺には商業および住宅地が集積しており、比較的新しい住宅地は北側の六甲山に向かって張り付くように広がっている［図4.2参照］。二〇〇七年時点で、神戸市は全国に十三ある政令指定都市の一つとして、社会福祉、保健、そして都市計画分野に係る行政に独自の権限を有していた。活断層の上に立地し、一九九五年の阪神・淡路大震災では大被害を被った都市として記憶に新しい。

二十一世紀への変わり目の時点で、都市ガバナンスに関心のある者であれば、近隣住区計画、福祉サービスの提供、文化施設の運営における非常に活発な市民参加に衝撃を受けたであろう。当時百五団体もの住民グループがまちづくり協議会[4]として市に登録され、二〇〇〇年に行われた研究調査では二百もの登録市民団体が様々な分野で活動していたという（Funck 2007, 141）。その多くは特定の地区を対象とした活動を行っていたが、中には市全体で事業を展開する団体もあった。まちづくり協議会の中には、地区開発ガイドラインを設定しているものもあり、バンクーバーのものと基本的には近いものの、全く異なる都市の現状を反映したものであった。

古い市街地では、住環境の改良が検討されていた。特に、高密度な住宅地区でのオープンスペースや緑地の確保、低所得者層向けの公営住宅供給[5]、狭小道路に高層建物が林立するといった都市構造の再編が課題となっていた。これは近代的施設が整備されるべきという考え（車の通行に加えて消防車両のアクセスが必要）に従っているが、中には伝統的な都市らしさを保存することに関心を寄せる者もいた。ある地区では、地域の大気汚染を低減することを目指していた。このようなグループの多くは市

［図4.2］神戸

行政が提示する都市計画プロジェクトへの対応として、多くの場合は批判的な立場で独自のプロジェクトを開始している。公共空間のマネジメントやコミュニティ施設の運営に力を注いでいるケースもあった。まちづくり協議会は、伝統的な近隣住区団体（町会）と共存する存在であり、時にはそれらが対立することもあった。更には商店街のマネジメントや経済振興活動などを担う商店主らによる団体（商店街振興組合）がある。このように神戸には、都市のマネジメントに関わる非常に活発な市民社会が形成されていたのである。神戸の事例はソーレンセンとファンクの仮説を実証するものであると言えよう。その仮説とは「多くの日本人は隣人と共同プロジェクトを遂行するというずばぬけた意志と才能を持つ」というものだ（Sorensen and Funck 2007: 277）。そうした市民社会の中で、公的な基礎自治体はどのような立場にあるのだろうか？

バンクーバーでは、一九六〇年代に頻発した地域発の反対運動を発端として、市政府および市の都市計画局が市民との協働を推進し実践する重要な役割を果たしていた。神戸でも一九六〇年代には市民運動が盛んとなり、市政府に変化をもたらしてきた。しかし、日本の行政構造における基礎自治体の力はバンクーバーのそれと比較して極めて弱い。基礎自治体に許されるのは、国の法律で定められた幾つかの用途分類[6]を用いて、土地利用計画を策定すること（一九六八年に、土地利用計画策定が基礎自治体に認められている）程度であった。これによって、土地所有者はその用途に従ってさえいればどんな開発でもできる権利が与えられた。基礎自治体が管轄する地域内の「地区計画」（それによって特定地区の配置計画の詳細や法的規制が設定できる）の策定が認められるようになったのは一九八〇年に入ってからのことである。しかしそのような地区計画の策定が実質的に可能になるのは、その地区に関わる諸団体（上位レベルの政府も含む）の合意があることが前提であったため、地区計画を実際に策定した地区は少なかった（Sorensen 2002）[7]。地方自治体に権限が委譲され、自らの規範や基準を用いて法的拘束力のある独自の条例を制定できるようになったのは一九九九年に入ってからだった。もちろん、あらゆる主体からの合意を得るため非常に頻繁な審議が要求される。また、市民団体に法人格を与える法律（特定非営利活動促進法）が制定されたのは一九九八年に入ってからのことであった。

神戸市役所は市民発意の考え方や近隣住区レベルでの開発や福祉サービスの提供を、一方の市民グループは非営利団体との協働を推進してきたという点で、日本でも先進的な自治体である（Watanabe 2007）。神戸ではそのような市民社会を育成する取り組みが一九六〇年代から始まっていた。また、一九九〇年代にはその先駆的モデルとして、中央集権的な日本政府の介入の度合いを低くし基礎自治体の力を高める運動を展開したため他地域にも大きな影響力を持った。二十世紀末、高度に都市化された日本では、抑圧されてきたエネルギーが市民社会の中から吹き出し、日常生活に関わる環境整備への関心が高まったと考えられている。このような時代背景を踏まえて、神戸は市民らによる自治モデル、市民のエンパワーメントのあり方を提示していると考えてよいのだろうか?

バンクーバーでの「成功」が他の地域で容易には再現できないように、神戸の事例もまた歴史的にも特殊な経緯を持っており、日本の文脈に照らしても特異な事例である(Evans 2001, Sorensen 2002)。数百年にもわたり、日本の政治制度は伝統的に中央集権的であった。この傾向は、国民国家という概念の拡張とそれを支える官僚制度によって二十世紀を通じて強化されてきた。政治体制は上下の格付けが明確であり、下位政府(都道府県や市町村基礎自治体)は中央政府の指令や目的に応じることが求められる(Sorensen 2002: 157)[8]。このトップダウンのシステムは、第二次世界大戦における軍国主義体制とその後の米国による占領下で一時的に中断があったものの、一九五〇年代以降に再構成され、戦後一貫して強化されてきた。こうした政治体制は、急激な経済発展を遂げるという新たな国を挙げてのプロジェクトを効率的に実施するものとして採用されたのである。そして経済発展は産業振興と国中に巨大なインフラを整備することによって達成された。この有り様を「建設国家」「土建国家」と呼ぶ者もおり、このような政策を足がかりに成長を遂げた大手ゼネコンは自民党政権の政治的エリートと密接に繋がっていた。国家プロジェクトが勢いを増すと、すでに高度な都市化を遂げていた日本は、東京を東の起点とし大阪や神戸を西端とする巨大メガロポリスの発展を目指すことになる(Sorensen 2002, Ishida 2007)。しかし、都市化の進展は土地利用規制の緩い郊外でのスプロールによって成立したのだ。この「土建国家」は暮らしやすさや環境への影響といった課題には無関心で、市民は国家プロジェクトという御旗のもとに劣悪な生活環境に耐えていた。

ソーレンセンは、悪化の一途をたどる都市の居住環境を次のように表現している。

> 一九六〇年代前半までに、工業化のための巨大な開発投資がなされる一方で、汚染物質のコントロールを欠いていたため、世界でも最悪の大気汚染、河川の水質汚染が発生した。更に

は、ゾーニングの規制が緩かったために、汚染源となった企業や工場は人口が特に集中する居住地に極めて近い場所に立地していたのである（Sorensen 2002: 201）。

しかし、こうした居住環境の悪化が一九六〇年代の市民パワー勃興の引き金となった。人々は急激な経済開発が及ぼす影響への反発、環境の質や住環境を改善するようなインフラ投資を求めて市民運動を展開した。まちづくり協議会の第一号が神戸で誕生したのは一九六三年、交通量の増加による影響への抗議、丸山地区における公共圏の質の向上を目指した有志による取り組みであった。この動きは労働組合の指導者らの支援を受けて展開したが、一九七〇年代後半までに失速する。しかし、もう一つの取り組み、神戸の真野地区（Box 4.2参照）で一九六〇年代中ごろに設立されたまちづくり協議会は今日まで活動を継続している。真野地区のまちづくり協議会も、大気汚染と子どもの健康に与える影響を憂いた住民争議が活動のきっかけとなった。最初の数年は、自治体関係者との戦いが続いていたが、その後は行政と共に問題解決に向けて取り組むようになる。再開発一辺倒だった市のやり方を見直し、古い住宅地の維持や更新のあり方が模索されるようになった。ここでは、地区レベルにおける場所のマネジメントという考え方がゆっくりと醸成されている。市民が行政そして外部からの専門家らの協力やアドバイスを得て、時には中央政府や自治体の補助金を獲得しながら、将来の発展に繋がる緩やかなガイドラインをつくりあげてきた。この外部専門家は、進歩主義的なグループに属している人々や、学生と一緒に地域に入り込みフィールドワークを行う大学の研究グループであることが多い。一九八〇年の都市計画法改定により、地区計画などの策定を基礎自治体が担うことになると、神戸市役所はそれを活用して都市づくりを実践する先駆けとして広く知られることになった。

今日の神戸に数多くの市民グループが存在するのはこうした歴史的背景による。市全体がこのようなガバナンスの資質を獲得するには時間がかかる。

しかし、その結果は地方政府と市民社会の取り組みを相互に関連づける強靭なメカニズムとなる。それを通じて、ミクロレベルでの日々の取り組みと災害が発生した後の復興のプロセスが密接に関連してくるのである。一九九〇年代の不況[9]は、中央および地方政府に政治・経済的困難をもたらした。神戸も例外ではない。このような社会的状況は、基礎自治体の権限を強めるべきであるという風潮を呼び起こした。特に都市計画や開発分野でその意義が論じられた。このような動きは市民自身による暮らしの場所の質を高めようとする意識の高まり、また温情主義的な中央政府への不信感の高まりが後押ししている。しかし、このような社会的関心がどの程度政府機関に届いていたのかは明らかでない。また、市内の別の地域で起こる開発事業(特に市街地や湾岸地区)によってインナーシティの人口構成も大きく変化していた。一九九五年の震災後、市の中心部を離れその後も戻ってこなかった人も多い。建物の構造は改良が加えられたかもしれないが、社会的な繋がりはまだ十分に回復しているとはいいがたい。また、市役所が常に市民の要求に関心を向けているとは限らない面もある(Hirayama 2000)。日本社会全体での取り組みに対して、市民参加という勢いも女性たちの活動を抜きに続いていくのかどうか、心配する声もあった。とはいえ、協議型で近隣住区の調整を行うという取り組みは、日本の文化に深く根付いているものであると言えよう。日本社会では、個人のアイデンティティは社会生活や自然環境の関係の中に深く根ざしているのである(Hamaguchi 1985, Nishida 1921/1987)。

今日の日本社会では、公的政府と市民社会という古い温情主義的な場が、市民社会内部で沸き上がった実践に触発され新たなモデルで置き換えられていると考えるべきだろう。ガバナンスの実践とその文化を変えてきたのは、生活の場や働く場の質に関心の高い居住者たちなのだ。市民運動が直接的に公的政府のアリーナやその実践を変えるわけではないが、神戸の場所のマネジメントの能力は活動家や関心の高い居住者らの日々の行動によって進化を遂げてきている。このような市民グループは、場所の開発

Box 4.2
神戸真野地区のまちづくり

「まちづくり」グループが神戸やその他の地域に登場したのは一九六〇年代である。先駆的なグループの一つが神戸の真野地区にある。まちづくり研究グループ〔真野地区まちづくり推進会〕がつくられたのは一九八〇年、二十七名のメンバー〔町会、商店街振興会といった既存組織の代表も含む〕に加えて、大学研究者らが四名、市役所からも四名の職員が参加していた〔Sorensen 2002: 272〕。この勉強会は一九六〇年代に地区の生活環境改善を目的に活動していたグループを母体としていた。この初期の活動を通じて、市民と市議会メンバーや行政職員が共に学び合う土台が形成されてきた。また、伝統的には政治的活動の表舞台には登場しなかった女性たちがこのグループには含まれていた。日本社会では、日常生活の大半を自宅周辺の近隣住区で過ごすのは女性と子どもたちであり、男性は勤め先のネットワークに繋がっている傾向が強い〔Funck 2007〕。一九八一年、神戸市は「まちづくり条例」を全国に先駆けて制定した。条例では地域行政とこれら市民団体との関係を規定する政策やガイドラインが提示された。この条例によって、市民団体は「まちづくり協議会」という公的な立場が与えられた。行政側では「外部支援制度」を構築し、まちづくり協議会が必要とする技術的な支援を行った。また、地区開発や環境マネジメントに関する問題は、市役所とまちづくり協議会の間で公的な合意がなされることになった〔Watanabe 2007: 51〕。一九九五年までには、十二のまちづくり協議会が登録され、十六の協議会がそれに準ずる組織として認識されている〔Funck 2007〕。

一九九五年に神戸市を襲った巨大地震によって、六千四百人もの命が失われ、高速道路が倒壊し、人々、空間、建物に甚大な被害が及んだ。神戸のみならず、日本全国でこの震災以降、都市の居住環境とそのマネジメントのあり方にスポットライトが当たることになった。神戸の震災および震災復興からいくつかの経験知が得られる。まず、「土建国家」はその文字面に反して、災害に持ちこたえるほどの高度な土木技術は持ち合わせていなかったということだ。二点目は、全国の市民団体が手を挙げて被害地域の支援に出向いたこと。三点目に、それに反して中央政府による復旧支援が遅かったこと。最後に、神戸のまちづくり協議会のようなグループが、直後の被災者支援の受け皿として効果的に機能したこと、そしてそれ以後の長期的な視点での復興過程で重要な役割を果たしていることである。まちづくり協議会がその地区で培ったネットワーク、市行政内とそれを超えて構築してきた繋がりは、実践能力と組織化能力を与えることになり、火災の延焼を最小限にとどめ、高齢者や乳幼児を救助し、当面のシェルターを提供した。真野地区に代表されるような、その時点で市行政に認可されていた近隣住区レベルで活動するまちづくりグループは、復興計画や地区計画ガイドラインづくりに重要な役割を果たした。これらの計画は、一九七〇年代後半から市内で蓄積されてきた実践があってこそ動くものであることも忘れてはならな

［図4.3］阪神・淡路大震災後の復興まちづくり

［a］震災後の様子

［b］新しい住宅建設を話し合う
住民グループ

［c］震災復興住宅は前面道路から
セットバックして建てられた

い。復興のプロセスが一段落しても、市行政の取り組みとは付かず離れずの関係を保ちつつ、まちづくり協議会は引き続き地域の住環境の質への関心を持ち続けており、暮らしやすさを追求している。その結果、神戸に暮す人々の多くは地域の場所のマネジメントや開発の現場で、積極的な参加を実践するようになってきているのである（「真野っこガンバレ！」ニュースレター［一九九五－一九九六］、真野地区まちづくり推進会発行を参考にした）。

❖

に関する公共圏を保証するのは唯一基礎自治体だけである、という考え方に異議を唱えている。暮らしやすさを追求する彼らのアプローチは社会福祉や物理的な空間開発の利害関係とも調和し、創造的な方法を編みだしてきた。このような市民組織は市井の声を代弁する活動的な力として日本の都市ガバナンスの実践を変えてきている。もちろん、その結果としてあるべき都市の生活環境が改善しているかと問えば、それは限定的なものと言わざるをえないが（Hirayama 2000）、都市経営のガバナンスの文化を変えるということは、それ自体が長期的なプロジェクトだ。バンクーバーの事例と比較すると、神戸で計画プロジェクトを推進してきた人々は市民活動家や専門的アドバイザーであるが、公式な都市計画業務を担う市役所の職員らの立場と大きな開きがあるわけではない。彼らの関心は、市役所が掲げるビジョン（巨大開発事業を通じて世界に通用する神戸の立場を確立すること）と共存しうるものだ。とはいえ、市民活動を長期間維持し続けることは簡単ではない。

「街区レベル」における場所のガバナンスに求められる資質

これまでに紹介してきた二つの事例が示したのは、

ガバナンスを構成するかたちは画一的な政府の構造とは一線を画し、それぞれが独自の進化を遂げうるということである。バンクーバーや神戸の市民は公的な基礎自治体組織や行政のあり方を変えてきた。市民社会の力が政府の領域に及んだ結果である。近隣住区における暮らしやすさに関する人々の社会的関心が批判的精神を育み、政治的な変革を引き起こす力となった。これらの経験から、街区レベルにおけるガバナンス行為に関心を寄せることで、住民が抱える物理的なニーズや関心といった知識を蓄積できるということがわかる。その結果、どういった場所のマネジメントの手法（例えばバンクーバーにおけるデザインガイドライン）が効果を上げるかを理解することができる。バンクーバーや神戸では、住民、行政職員そして関係者らが協働することで、場所の質が物理的に向上しただけでなく、新たな問題に立ち向かう能力を持つ場所のマネジメントの実践をつくり上げた。まさに、そのことが住民全体の信頼を勝ち得た理由である。このように、計画的志向に刺激を受けた理念を掲げることが、場所のガバナンスを進める能力に必要な要素となる。

両者のケースにおいても、場所のマネジメント以前に様々な活動があった。バンクーバーでは土地利用ゾーニングに関しては単純な規制ルールが存在し、規制の枠内で細分化が進むことで都市地域が拡大してきた。神戸では土地利用および建築規制が特定の地域にかけられるなど高度な行政規制があった。神戸の市民活動家、そしてバンクーバーの都市計画プランナーにとっての難題は、このような既存の制度の内外で事態を処理し、新しい動きをつくり出すことであった。彼らは、学術的な論文や事例、マニュアルの焼き直しといった軽はずみな行動はとらなかった。もちろん、こういった知識が有用な処方箋やひらめきに繋がることはある。政府と市民社会の間で活動する彼らが大切にしたのは、対象となる場所の文脈であり、日常の世界での力関係の動き、バンクーバーでいえば富裕層グループ、神戸では公的な政府システムの階層性の中で生じる緊張関係だったのである。彼らは「地元の」街区レベルの知識を聞き出し、より広域の問題や政策的論点に結びつけて論じた。それは、1章で紹介したニューヨーク市グリーンポイント／ウィリアムズバーグの住民活動家の実践に通じるものがある。市民の声に耳を傾け、学び、実験することで新たなガバナンスの能力が蓄えられていったのだ（Briggs 2008）。

この二つの事例、加えてオマハの事例の中で見られたように、鍵となるのは、地区レベルでの行為および場所の質をより広い問題と結びつける能力なのである。これは鋭い洞察力を駆使して、政治的な取り組みや政府の様々なレベルにあるネットワークを結びつけ、関心を引きつけるだけに留まらない。また、近隣住区や都市を取り囲む都市複合体（urban complex）の地理的なダイナミズムへの理解も必要となる。バンクーバーの近隣住区は独立して存在しているわけではない。同様に、基礎自治体が管轄するエリアも独立してあるわけではない。バンクーバーの特定の近隣住区で現れた「開発圧力」や「新参者」という変化は、広域の都市圏全体に起こりつつあった成長の兆し、世界的な地政学上の変化、東アジアからの移民や投資の流れが押し寄せていた当時の社会状況がもたらす影響の一側面である。神戸では、強い開発圧力や中央政府が積極的に進める産業振興や巨大なインフラ整備事業が、地域に与える影響を考慮することもなく進められ、それが逆に地域住民の反対運動を焚き付けた。神戸の活動家たちは都市のダイナミズムに関する十分な知識を必要としており、それに同調する大学研究者や専門家らに助けを求め理解に務めた。

実験的な態度や街区レベルの課題をより大きな力に結びつけて考える必要があることに意識的であったことに加えて、これらの事例における立役者は公的政府を無視してことを成し遂げることはできないことを十分理解していた。彼らは、自らの行動に対して、政府の後ろ盾を得ることの重要性を承知していた。土地利用や開発を扱う場合、また都市環境に変化をもたらそうとすれば、複雑な土地所有権の問題に直面せざるを得ない。その際、個人の権利と公共性、そして責任の最適なバランスが争点となるため、都市計画の作業が法的問題に絡めとられてしまうことが往々にしてある。そのため、価値の模索を掲げた市民参加の取り組みに加えて重要なのは、法的に正当な手続きがなされるための官僚的な作業なのである。

バンクーバーや神戸での人々の関心は、個人が所有する不動産とそれに付随する権利、例えば、通りの雰囲気を決める権利、公共圏の質に対する関心を要求する権利であった。バンクーバーの場合、鍵となった質は徐々に立ち現れてきたガバナンスの風土、つまり個人の権利は他者の権利や市全体の公共の権利も含めてバランスをとりながら考慮されなければならないという意識の醸成であった。彼らが直面した問題は、自分たちの通りの「見栄え」を良くするだけでなく、その地区に住むのはあたかも「我々だけ」と言わんばかり主張する一部の富裕層や古い住民らの排他的態度だった。このような状況に対して、バンクーバー市の政治家や計画家らが頭をひねったのは、人々の関心をいかにして個人の不動産所有権以上に場所の公共性に向けさせるかであった。神戸でも、不動産所有者の立場は強いものであった。まちづくりの実践を進めることの意義は、土地所有者に対して、一人でやるより協働での取り組みによってよりよい結果がもたらせるということを納得してもらうことにある。

しかし、バンクーバーと神戸とも次のことが言えよう。伝統的な土地利用ゾーニングの仕組みや計画は、場所のマネジメントの実践には妨害となる。そのような手法は、ゾーニングの条項に従って法的に認められていれば、不動産所有者は法的に規定された手続きに従えば開発する法的権利を持つからだ[10]。もちろん、ゾーニングを指定することで、個人の不動産所有権の限界を規定し、ある程度は公的な目的での利用も要求することが可能になる。しかし、標準的なゾーニング手法は二次元上で土地利用の配置を示し、どこに道路や学校、福祉施設といった公的施設が立地すべきか、また建物の高さや建築基準、道路幅などを規定するだけである。

バンクーバーと神戸での課題は、既存の都市構造の変化、つまり対象となる近隣住区そのものが変化する中で個別の変化をいかにマネジメントするかにあった。都市の拡大をコントロールする伝統的なゾーニングの手法は、こうした課題にはもう役立たない。神戸では、まちづくりプロセスの中でより洗練された戦略や配置ガイドラインが地域の関係者の合意を得て特定の地区に構想されたが、その実現には法制度や基礎自治体の能力が整うのを待たねばならなかった。バンクーバーが革新的なのは、固定化したゾーニングのルールではなくデザインの原則にたち戻ることによって、伝統的なゾーニングの法制度の枠組みの中で柔軟なアプローチを採用したことだ。ルールに従うのが正しいのではなく、地域の環境を見据えた上で判断を下すことが重視された。しかし、こうしたやり方が成立するのは、ガバナンスのアリーナに十分な信頼性があり、人々がその合理性に従って判断することが条件となる。法的かつ倫理的にも健全な判断を下すためには、行政職員が適切な訓練を受けることも重要だ。

バンクーバーで進化した近隣住区でのマネジメントの実践における変化は、一九六〇－一九七〇年代に台頭した社会改革運動や、暮らしの場所の環境改善を求める市民グループや個人らがもたらした社会のエネルギーなしには起こりえなかったであろう。バンクーバーの政治的コミュニティはそれ自身が変化を遂げ、公共の関心や新たなガバナンスの文化を生みだす中心的な役割を担った。また、その活動を監視する市民や住民グループの積極的な関与があったことも忘れてはならない。バンクーバーでは、デザインガイドラインに何が書き込まれているかということは広く知られており、市役所が逸脱せぬよう常に市民の目が向けられていた。このような文化的土壌が仕組みを構造化する力となり、政治ゲームだけでなく民間の開発業者の態度にも影響を及ぼした。つまり、市場のあり方をも変えるようになったのである。神戸でも似たようなことが起こり始めていた。市民たちは計画に対する違反行為を見抜いて、日本の伝統的な結束の精神を取り戻し、恥となる行為をやめるように開発事業者に圧力をかけた。しかし、そのようなコミュニティによる監視（特定の住民や市民団体が、市民社会と地方自治体の間を取り持つような中間組織の役割を果たす場合）が機能するのは、住民が基礎自治体に信頼を置いており、政治的にも「我々の自治体」という意識があり、同じ地域の他のグループや個人からの報復を恐れなくても良い場合に限る。ただ、そのような監視の体制は、ある種の市民警察的なもの、そこでは一つの価値観だけが正しいとされるような状況、になりうるという潜在的な危険性もはらんでいる。これはバンクーバーのプランナーたちが回避しようとしていた危険な状況である。というのも、当初のデザインガイドラインは富裕層住民とだけで検討していたからである。

バンクーバーと神戸の近隣住区での場所のマネジメントは、これまで見てきた通り、市民と行政（基礎自治体として積極的な役割を果たしていると理解されるような）の相互やりとりの進化が反映されている。しかし、どういった結果をもたらすかは、政治家や計画担当官が仕組みをどう運用するかだけではなく、市民社会の多様なグループや個人がどういったエネルギーや見解を持っているかにも左右される。こうした文脈では、守るべき場所の質、つまり近隣住区における公共圏の質は多元的価値を持つようになる。それは多くのアリーナにまたがって広がる場所の質である。本書の後半の事例では、積極的かつ多元的に批判がなされるような市民社会がどのように場所の質への関心を維持し、市行政の中で閉鎖的になりがちな傾向を抑止しうるかを論じていきたい。バンクーバーおよび神戸においても、積極的な市民団体の働きかけだけで、場所の質やガバナンスの資質を高められなかったのは明らかだ。こうしたアリーナにはより専門的な能力が必要とされる。バンクーバーの変化は気構えのある高い技術を持った都市計画局のスタッフ抜きでは達成されなかったであろう。同様に、神戸では公的政府の外部からの専門的な支援が有用な資源となったのである。

バンクーバーで時を経て育まれてきた地域の政治的文化や場所のマネジメントの実践を模倣するのは容易ではない。もちろん、将来的には神戸や日本の他都市においても、暮らしやすさや持続可能性を求めて市民社会が声をあげるようになれば、発展の可能性は開かれる。だが、単に新しいプロセスや「参考事例」の方程式をガバナンスの文脈に挿入しても何も起こらない。3章で取り上げたポルト・アレグレの事例や、バンクーバーや神戸での経験はある特殊な状況の中から生まれてきたものだ。地域の活動家に物事を変革させるエネルギーが備わっていても、好機を捕まえて放出することが重要である（3章参照）。場所の質に変化を呼び起こすエネルギーは、バンクーバーは神戸に比べて大きかったと考えられる。それは、日本のような中央集権的政治制度と比べると、バンクーバー市役所により強い権限が与えられていたということに由来する。神戸では、市民社会における地域活動が公的な政府、行政の領域に影響を及ぼすまでには相当の時間がかかる状況にあった。

しかし、大きな変化を生みだせずとも市民が積極的にまちづくりに関わり、経験することは未来への希望を繋ぐものである。たとえその機会は少なく、変革を起こすエネルギーが集中していないとしても、計画に焦点を絞った場所のガバナンスを実践するタイミングを常に見計らっておくことは可能だ。ガバナンスの文化は、公的な責任を負う人、そこに暮らし働く人、その場で活動する人の感じ方、つまり場所の質やそこで執り行われる実践に関心をし向けていくことで変わりうる。人々は何か悪い方向へ進みつつあるといった感覚を手がかりに、共同して行動を起こしキャンペーンを張って関心を集めようとする。また、他の事例を手がかりに、自らの置かれている状況を正しく理解して次の一手を戦略的に考える。このような努力が見られるところには、近隣住区の暮らしやすさや持続可能性を高めていこうとする新たな実践が自ずと立ち上がってくるものだ。それは時間をかけてより広い世界にも変化の効果をもたらすものとなる。そうなると、こうした実践は場所の質やその都市のガバナンスの文化を変えることのできる大きな力となるだろう。次章では、場所のマネジメントの実践の場でガバナンス革命の余地が非常に限られているような状況を取り上げていく。

理解をより深めるための参考文献

- 近隣住区レベルでの住環境の改善を目指すガバナンスの動きに関する文献は二十世紀後半に急増した。富裕層の拡大の一方で、都市の一部では貧困や社会的排除、治安の悪化といった問題が広がっており、欧米の政府や自治体が、「都市政策」や「住宅政策」を通じてこれらの課題に取り組み始めたことが大きい（Imrie and Raco 2003, Murie and Musterd 2004を参照）。米国やヨーロッパの一部の地域では、こうした研究は社会的隔離や人種差別の問題とも関連して、都市での生活環境への影響を考察している（Galster 1996, Madanipour et al. 1998,Wacquant 1999）。また、その延長には、コミュニティ開発やまちづくりに関する研究がある（Taylor 2003）。これと並行して、近隣住区レベルにおける都市デザイン研究も広がりを見せている（Barnett 2003, Grant 2006）。近隣住区レベルにおける、都市計画やまちづくり、都市デザインに関する参考文献として以下をあげておこう。

Barnett, J. (2003) *Redesigning Cities: Principles, Practice, Implementation*, University of Chicago Press, Chicago.

Galster, G. (1996) *Reality and Research: Social Science and U.S. Urban Policy since 1960*, Urban Institute, Washington, DC.

Grant, J. (2006) *Planning the Good Community: New Urbanism in Theory and Practice*, Routledge, London.

Imrie, R. and Raco, M. (eds) (2003) *Urban Renaissance? New Labour, Community and Urban Policy*, Policy Press, Bristol.

Madanipour, A., Cars, G. and Allen, J. (eds) (1998) *Social Exclusion in European Cities*, Jessica Kingsley/Her Majesty's Stationery Office, London.

Murie, A. and Musterd, S. (2004) Social exclusion and opportunity structures in European cities and neighbourhoods, *Urban Studies*, 41, 1441–59.

Taylor, M. (2003) *Public Policy in the Community*, Palgrave, Houndmills, Hampshire.

Wacquant, L. (1999) Urban marginality in the coming millenium, *Urban Studies*, 36, 1639–48.

5章 近隣住区の変化をマネジメントする
Managing Neighbourhood Change

ミクロレベルのマネジメント

近隣住区のマネジメントが目覚ましく進展した事例と打って変わって、本章では、社会的背景のためにそうした変化を起こしにくい事例を詳しく見ていこう。取り上げる地域では、住民の間に政治的な動きが芽生えたものの、何ら変化をもたらす原動力とはなり得なかった理由を探りたい。最初に、計画的な志向性が基礎自治体の都市計画担当者によって維持されてはいたが、それは専門家として必要な職務を遂行したに過ぎなかったケース。二つ目は、慈善団体であるNGOが近隣住区改善を目的にプロジェクトを立ち上げたもので、コミュニティ開発事業に詳しいスタッフが実践したケース。このコミュニティ開発という領域は都市計画分野と多くの価値観を共有している。まず、最初の事例では、近隣住区の環境に対する市民の関心は高かったが、特に市役所に対して不満があったわけではない。行政が提供するサービスは、「日常生活」の流れの一つとして受け止められていた。二つ目の事例では、歴史的な圧政と民族差別的な体制が長く続いていたこともあり、公的な政府によるあらゆる行為は住民が関与できる余地のないものと捉えられていた。この事例では、体制の崩壊、そして民主的な体制への転換と繋がるのだが、人々は「政府」を過去の困難と結びつけて捉えている。

この章では二つの事例を、場所のガバナンスに関わる組織側の視点から眺めてみたいと思う。一つ目の視点として、開発権利を承認するような典型的な官僚的作業を取り上げる。こうした作業を通じて、計画的志向がどのような意味をもたらすのかを考えてみよう。開発権利に関わる計画業務では、訴訟問題にならないよう慎重にならざるを得ない。また、新たなプロジェクトが既存の環境にうまく接合できるよう細やかな対応がなされる必要がある。こうした状況は、資源をタイミングよく効果的に活用しうるようなやり方と折り合いが付けられるものなのだろうか？　二つ目の視点として、政治的に不安定な状況下にありながらも、非常に貧しい地域の人々の暮らしを向上させようと奮闘する外部組織によるコミュニティ開発の取り組みを取り上げる。ここでは受益者の立場を十分考慮することに加えて、事業を支援する者への説明責任も果たされなければならない。いずれも、専門性を持った組織が住民との十分な信頼関係をどのように築き、いかに公平で透明性の高いやり方で利益を分配しうるかを考えてみたい。

公的な計画システムやその実践は、私たちとはかけ離れた場所で起こる強制的かつ官僚的な制度と感じられよう。もし、変化をもたらしうる権利が私たちの手の内にあるとしても、土地や不動産がどう利用され開発されるべきかは諸制度によって規制されており、建物の再整備や土地利用に関する個人の考えに強い影響を及ぼす。しかし一方で、他人はやりたい放題の自由がありそうに見える場面にも出くわしがちだ。ディッチリングの住民が開発計画に対して抱いた困惑はそのたぐいのものである（1章参照）。バンクーバーの都市計画プランナー、政治家そして市民らが乗り越えようとしたのは、まさにこうした人々の態度であり経験であった。彼らは、互いに協議しながら決めていくやり方で、近隣住区の変化を良い方向に導くルールづくりやその実践に取り組んだ。結果として、お互いの意思をより敏感に感じ取れる関係を公的セクターと市民社会の間に構築してきたといえよう。神戸でも、市民活動が持続するに従って、同様のことが起こりつつあるようだ。

神戸でまちづくりに取り組む人々が目指したの

は、官僚主義的な手続きを取り払うことでも、複雑な都市状況には不適切として土地利用や開発指針などの規制を取り下げることでもなかった。そこでの挑戦は、新しく、より適切な規制のあり方、そしてそれがどのように機能するかを理解する新しい方法を見いだすことにあった。そのような新しい実践に取り組むには、ガバナンスの質に対する関心の目を持ち続けることが肝要である。バンクーバーや神戸では、公共サービスに関わる様々な個人が、公共サービスとは何かを日々のサービス・マネジメントの現場を通じて理解し、考えてきたことによって、新たな実践が続けられてきた（8章も参照）。この章で議論する事例はこれらとは全く異なる状況にある。取り上げる二つの事例では、地域の暮らしの場所にわずかな変化をもたらすようなマネジメントの詳細に注意が注がれている。二つの事例共に、事業を担当するスタッフは利用者に使いやすく、信頼できるようなサービス提供の方法を模索している。マネジメントの課題は、街区レベルのガバナンスの実践を地域の実情に合わせた、機知に富んだ革新的な方法によって模索することであった。

こうしたミクロレベルでの作業でも、実践上の技術的な能力に加えて、地域のダイナミクスに関する深い知見、そして場所のガバナンスに関わる地域の人々に有用な公共サービスを提供する使命を持っていなくてはいけない。こうした難度の高い仕事にもかかわらず、案外軽視され人々の関心も低く、十分な賃金が支払われないようなことも少なくない。この街場のガバナンスという「日常」は、それがうまくいっている時は人々の関心を引くことは少ない。しかし一旦問題が発生すると、一斉に批判の矢面に立たされる。批判の対象は、公共圏に参画しておくべきだった自らを代表する「彼ら」である場合もあれば、私たちの関心に関与しておくべき政府であったりする。いずれにせよ、多くの人が日々の生活の中で、個人的な主張を公的な行為として発するのはこうした中間組織を通じてだ。このような中間組織は、暮らしの場で起こりつつある問題を発見した時に話を持ちかけ、問い合わせするような相手である。また、私たちが暮らす生活世界と、それに影響を及ぼす社会の仕組み（ガバナンス）との間を調整するような組織である。そうなると、そうした組織に属する人々の働き方そのものが、ある具体的な結果を導くのに甚大な影響を及ぼすだけでなく、地域全体のガバナンスに関わる中で培われる人々の信頼関係にも大きな影響を持つことになる。

こうした日々の仕事は、その目的や倫理観を腐敗させる様々な外圧に常に曝されている。政治家や行政職員が、責任ある立場についてコントロールすることに酔いしれることもあるだろう。あるいは、誰がつくったルールなのか、誰のためのルールなのか、果たしてそのルールがいまだに有用かを反省することなく、単にルールの監視員として気楽に仕事をすることもあるだろう。また、個別の事項に固執するあまり、大局を見失い、未処理の案件が積まれて途方に暮れる事態になることもあろう。更に、規制する作業を担う公的組織に属する政治家や行政職員が、個人的な収益が得られる、あるいは政治的優勢を勝ちうるとして、公的サービスを提供する義務を怠るような深刻な事態もあるかもしれない。開発許可は時として高い価値を有するため、計画行政内部の規制する側が、賄賂を受け取ったり知人や縁者に特権を与えたり、あるいは公の計画制度やマスタープラン、ゾーニング制度のルールを全く無視してしまうことも起こりうる。そのため、計画的志向を持った場所のガバナンスでは、良質な官僚主義的プロセスが必須となるのである。ここでの課題は、地域状況に柔軟に対応しながらプロセスを進めること、個々の事業を良い方向へと促すような態度を取ることである。

さて、話を二つの事例へと移そう。イングランドのある基礎自治体の計画局と、南アフリカのある非正規「占拠」地区の改良に携わったある団体（非営利企業からの資金援助を受けている）がその舞台である。前者はイングランドという文脈では開発マネジメントの実践として良質な事例であろう[1]。また後者は、一九九〇年代に南アフリカ共和国で展開されたコミュニティ開発の難しさそして期待から選んだ[2]。一つ目の事例、北東イングランドに位置する都市では、次のような目標が掲げられていた。あらゆる開発許可申請を取り扱う際に、申請者、近隣住民そしてその地区の特殊事情を十分考慮しながら対応すること、外部からの要求、具体的には国レベルで規定された計画行政サービス上の目標を達成すること、また行政予算削減に対応すること。英国では、こうした計画行政の実践は長い時間をかけて展開され、土地利用や開発の変更といったアプローチとして進化を遂げてきた。また、イングランドは中央集権的システムによって、こうした制度を洗練させてきたことを付け加えておこう。ここでは、地域の特殊事情と中央政府からの「重い」要請をどのように擦り合わせられるかがテーマとなる。二つ目の事例は南アフリカ共和国のダーバン市からのものである。

南アフリカでは、計画的に抑圧されてきた多数の市民が極端な植民地主義的ルールや民族差別に苦しんできた歴史に加え、長引く貧困、社会的に周縁に追いやられてきたことから、公的政府や法律に対する不信感が強く根付いていた。そのため、外部からの資金援助を受けたコミュニティ開発を専門とする組織が、強制退去させることなく住環境改善を進めるべく活動していた。同時に、機会や資源にアクセスできる新たな方法が模索された。それは対象地域で人々に公平だと見なされるやり方でなければならなかった。というのも、政府によるサービス提供は不公平、不平等と受け取られており、非公式にアクセスすることが常套化していたからである。実際、住宅材料となる廃材を入手するにしても、誰を知っているかが鍵となる。二つの事例に共通するのは、使命を持った組織のスタッフが市民、小規模企業やより大きな力の間を取り持つ中間組織の役割を果たし、街区レベルでの人々の希望を押しのけて巨大な権力が占拠するのを防ごうと苦心している点である。

質の高い計画行政サービスの提供——サウス・タインサイド、英国 [3]

サウス・タインサイドは、近年では改善の兆しがあるものの、バンクーバーや神戸のように経済的な繁栄を呈している都市ではない。また、急速な都市化を経験してもいない。この都市の発展は十九世紀。それ以降、都市環境の質そのものの改善と市民が良質な都市環境へ公平にアクセスできるようにすることが大きな課題であった。英国全体、あるいは西ヨーロッパ諸国の中では貧困層の割合が高いエリアであるが、次に紹介する南アフリカの近隣住区のように基礎的ニーズも満たされないというほどでもない。英国には福祉国家の遺構が生き続けており、すべての市民に基礎的な最低限の住宅、健康、福祉サービス、インフラそして収入が保障されるべきだとする考えが根付いている。そのため、世帯収入が全国平均を大幅に下回るような社会層や地区に対して生活環境改善事業が継続的に実施されている。これには地区改善事業（長年、アーバンリニューアルや都市再生プログラムと呼ばれてきたもの）に加えて、都市環境により特化した側面、例えば住宅ストックの改善や緑化スペースの拡張、それらの適切なマネジメントといった要素に焦点を絞った政策が実施されてきた。サウス・タインサイド市を含む広域圏、タイン・アンド・ウエア都市圏を視野に入れると、そこには脱工業化の流れで失われた就業機会を埋めるよう、企業誘致を積極的に推し進める強力な政策も存在する。

北西ヨーロッパ諸国全般に見られるよう、英国の公的政府の力は強く、教育に始まり、保健福祉、治安維持、経済振興、土地利用規制、環境マネジメント、スポーツやレジャーの推進、観光誘致に至るまで幅広い領域を網羅している。イングランドの地方自治制度は、このような幅広い領域に関わる基礎自治体に加えて、中央政府から権限を委譲されたリージョナルレベル（州レベル）の組織によって構成されている。また、一つの基礎自治体の中に共存するとはいえ、各部署は「縦割り」[4]行政になっており、管轄する中央政府省庁や強力な利害関係者によってつくられる政策コミュニティとの繋がりが強い。その結果、部署間をまたがった統合的取り組みは困難となる。また、それ以外にも多くの組織（公的団体から民間企業まで）が中央政府あるいはEUレベルの規制のもと、公共サービスを提供している。このように何層にも広がる数多くの組織が存在するにもかかわらず、他のヨーロッパ諸国と比較すると、イングランドは中央集権の度合いが強い。分権の推進が謳われているにもかかわらず、公共サービスやインフラ整備の提供を担う基礎自治体や各諸団体は皆、予算や立法上の権限から中央政府と切っても切れない関係を有しているのである。サウス・タインサイド市はそのため、強大な力を持つ中央政府に加えて地域では多様化するガバナンスという、矛盾を含むガバナンスの文脈に置かれている（英国の計画システムについてはRydin 2003を参照）。

近隣住区や都市内部で起こる出来事に対処する組織や基礎自治体の部署は数多く存在する。しかし、地域の環境の質に関して公益を守る公式の役割は、英国の場合、計画システムそのものに与えられている。これは法律に明示されている。中央政府の心臓部は、特にイングランドの場合、ロンドンを取り巻く東南地域であり、北部地域の状況は間違った理解をされることが非常に多い。英国の現代都市計画システムのかたちが整ったのは二十世紀中頃であるが、常に修正が加えられており、新しい、そしてその多くは矛盾に満ちた要求や期待が盛り込まれている。地域のマネジメントに関して言うと、計画機能の中心的な役割は、開発事業を調整すること、開発や主要なインフラ整備をどこに置くかといった戦略的な政策を決定すること、民間による開発事業に対しては事業そのものの経過を見守ることに加え、公益が十分考慮されるように促すことなどがあげられる。計画システムはまた、住民や地元企業から地域の環境の質に対する問題が指摘されれば、それに適切に対応するよう求めている。こうした作業を遂行する主要なツールは土地利用規制であるが、法的なゾーニングのルール以上に、実際には担当官や政治家の自由裁量に委ねられる部分も多い（Booth 1996）。英国では、土地や不動産所有者であっても自らの希望通りに開発をおこなう「権利」はない。「権利」は正式には政府に帰属しており、開発許可を与えるかは中央あるいは地方政府次第なのである。その開発許可を与えるか否かの決定は国の法律に従ってなされるのだが、その過程では国あるいは州レベルの政策や、地方レベルでの政策（公的な「開発計画」として正当性が認められる）に加えて、「それ以外の物理的懸案要素」（国レベルで浮上してきた問題や、地元での特殊事情）が総合的に判断される。

長らくの間、このような作業は俗に言う「開発コントロール」として知られてきた。一定規模のプロジェクトすべてで「計画のメリット」は考慮されるが、国および地方計画や政策といった一連の複雑な文書に照らすため、実際には地域の自主裁量は限定的なものとなる。過去には、こうした「開発コントロール」は、都市・地域戦略や巨大な都市再生事業といった作業に比べて、下位の作業と見なされることが多かった（Collingworth and Dadin 2001, Rydin 2003）。しかし、ひとたび公的セクターが一九五〇年代に都市環境の主要な開発主体の座を降りると、地方自治体の開発コントロール局や計画委員会は公的政府と特定のプロジェクトに関わるすべての関係主体と間を取り持つ重要な接点となったのである。マンチェスター市役所の主任計画官は次のようなコメントを寄せている。「開発コントロールのプロセスこそが、おそらく計画サービスの重要な一部なのだと思う。そこでは計画サービスの受益者[5]と継続的な相互交流が行われる」（Kitchen 1997: 101）。

サウス・タインサイド・メトロポリタン・ディストリクト・カウンシルは、北海に面する海岸線からタイン川の南側地域の都市部を管轄する。そのほとんどは一九世紀に都市化したが、比較的最近開発された地区もある。この地区は第二次世界大戦後、貧困層住宅地や、重工業地帯および港湾地区の再開発で新たな産業を誘致したり、緑地として再整備されたエリアである。また、都市の周縁部で新たな開発がなされた地区もある。しかし、このような都市の拡大はその都度、国や州、そして地区レベルでの政策上の合意事項をもとにチェックがなされているため、未開発の田園地帯への無秩序なスプロールは最小限に抑えられているといえる。長年にわたり、英国では都市や町の周辺に設定された「グリーンベルト」の存在によって無計画な拡大ができない仕組みになっている（Hall et al. 1973, Elson 1986）。サウス・タインサイドでは、常に労働党が政権与党となり政治を主導してきているが、持続的に統一路線の方向性を維持しているわけではない。議員が自分の選挙区ばかりに強い忠誠心を抱いているため、市議会としての統一見解が簡単に得られないのだ。一九七四年に近隣の自治体が合併して誕生した「タインサイド」というアイデンティティに対しても、各議員と旧自治体との間にも温度差がある。また、議員は開発許可の決定権を行政担当者に委ねるのではなく、自らが地域環境の正統な守護者であると権力維持にこだわっていた時代もあった。しかし、二〇〇〇年代初頭には、市役所は市行政のマネジメント、そして計画サービスの質の高さが高く評価されるようになっていた[6]。

イングランドの地方自治体は政治、行政上も複雑な構造をしており、様々な行政サービスを提供している。また、常に中央政府や様々なロビー団体の圧力を受けながら行政マネジメントの向上を求められている(Wilson and Game 2002)。公式にはすべての事項は、各部局の担当者からのアドバイスを受けた上で、選挙で選ばれた議会によって決定されることになっている。しかし現実には、行政職員にかなりの裁量権が与えられている。サウス・タインサイド議会は五十四名の議員で構成されているが、主要な決定事項が行われるアリーナは数名の議員で構成されるキャビネット〔内閣にあたる〕である。このキャビネットは、与党政党の「リーダー」と副代表のもと、様々な領域の問題に責任を持つ。また、様々な委員会もこのキャビネットに各種の報告を行わなければならない[7]。市議会では近年、あらゆる分野での活動を統合的に進めようという努力がなされてきているが、各部局の独立独歩の風潮や中央政府の方針転換も目まぐるしく、苦戦を強いられている。市の行政サイドは、チーフ・エグゼクティブ〔行政の長〕が組織を率いている。二〇〇〇年代中頃に市ではより複合的なアプローチを目指し大幅な組織改編が行われ、細分化されていた部署が三つの大きな部局へと統合された。計画サービスを担当する部署は都市再生事業を管轄する局の中にあり、地区計画グループと呼ばれるチーム〔開発コントロールを担当〕が戦略的な計画や都市再生の様々な事業を担当する部署と連携しながら仕事をしている。このグループは市役所のエグゼクティブ・オフィサーのメンバー、および計画委員会を率いる議員に関係事項の報告を行う。Box 5.1に彼らの活動の様子、自治体行政の他分野とどのような関係にあり、サービスの質を維持しつつ中央政府からの要求を満たすために、サービスのマネジメントがどのように刷新されてきたかを紹介する。

二〇〇〇年代中頃までに、サウス・タインサイドの地区計画グループは、計画サービス分野における目標値をすべて達成した。その中で、案件によっては特別扱いがまかり通っていた過去のやり方に戻ることなく、しかし申請者やその他関係者に対する丁寧な対応は続いた。詳細なマネジメント、ネットワーキング、市民らとの繋がりを重視する一方で、良質の開発を実現することに注力し、開発の影響を心配する住民の声にも耳を傾け、より広い分野で配慮の行き届いた政策を提案する道を模索してきた。しかし、このような達成に自己満足している場合ではなかった。というのも、国や州レベルでの政策の枠組みが安定的でなく、市の財政も厳しさを増していったからである。

とはいえ市の調査では、サービス利用者の満足度は高いことが証明された。サウス・タインサイドでは、地域レベルにおける政府と市民社会の関係は、公式な代表制民主主義の実践を通じて構築されてきた。それは北東イングランド独自の労働党と労働組合の深い繋がりの結果ともいえる。イングランドの他地域と比べて、活動的な住民グループの数や慈善団体の数も少なく、既存のグループの多くは近隣住区の再開発事業と結びついているケースが多い。もし、人々が近隣での何らかの問題を見つけたとしたら、まずは選挙区の議員に掛け合い、議会に話を持ち込んでもらうだろう。このような地域の慣習に加えて、常に批判的なメディアが存在することで、サウス・タインサイドでは、市民に対して良質なサービスの提供と質の高い開発を達成するというプロの気概を持つ計画行政職員の間に実践的な文化が醸成されてきたと考えられる。こうした文化的背景

Box 5.1
開発許可申請の取り扱い

二〇〇〇年代半ば、地区計画グループが取り扱った新規の計画申請は千五百件に上った。これに加えて既に申請があった千六百ほどの案件も処理していた。これらのうち大きな開発を伴う申請は二十二件ほどあり、主要な公共圏の問題に絡んで十四の「合意」を開発業者と協議していた[8]。申請案件は住宅の増築から巨大開発プロジェクトまでと幅広い。当時、国の政策として住宅供給を増やすことに加えて、すべての新たな開発は「持続可能性」基準（例えばエネルギー利用、建設資材、洪水災害対策、生物多様性など）を満たすことが求められていた。地区計画グループは、各種計画事業の申請者やその代理人[9]に加え、時には特定の計画申請に意見したい人々に対しても適切なアドバイスを与えていた。グループでは、開発申請を検討する際、地域環境に有益であるかどうかを重要視し、また、地域住民や様々な主体と良好な関係を維持する姿勢を大切にしていた。担当職員らは地域との良い連携を持ち、彼らが担当する「地区」に出向いては見て回り、あらゆる開発プロジェクトについても何が重要な課題であるかを肌で感じ、それをいかに表現されるべきかを考えていた。

しかしこのような作業は手間と時間がかかる。市の財政が縮減する中で、スタッフが減らされるようになると作業は厳しさを増す。加えて、中央政府が求める計画申請処理のスピード化も更なる重圧となる。中央政府が地方自治体の計画行政に配分する追加資金は、この申請をいかに迅速に処理できたかといった出来高制となった。こうした方針転換は、開発プロジェクトの「官僚的遅さ」への批判が背景にあった[10]。しかしながら、サウス・タインサイドの計画行政サービスはその目標に達していないと判断され、国が用意した追加予算への申請も不可能になってしまった。二〇〇〇年代前半から取り組まれていた市行政全体の改革に合わせて、開発コントロール業務も再編の対象となった。作業やプロセスに対する外部監査が実施され、新たなトップが起用された。課題は予算を確保するために国が掲げる効率性の目標を達成すること、と同時に計画サービスのユーザー、また開発の質に関心のあるあらゆる関係者との良好な関係を維持することであった。

地区計画グループは、計画担当者が申請案件を扱う際、パフォーマンスの目標数値の達成を念頭に入れて作業するように促された。担当者は持ち時間が有限であり、監査対象になることを強く意識させられる。一方、議員は行政職員により強い裁量権を与え、サービスのスピードアップを実現させようとした。計画申請の検討委員会は市民が傍聴できるようになった。公益に資するかどうかが許可申請の主要なポイントとなることを、開発申請を検討している者やその代理人たちに知らせるため、代理人を招いた事前相談会も定期的に開催された。また、計画申請の許可に付随する条件に対しては法令遵守を強く求めた。許可が不履行された際に地域住民の不満をできるだけ抑えようとしたためである。同時に、市役所の他の部署や開発事業に関わる組織に対してもより広い視点で公益を確保するよう求めた。その結果、地区内の様々な行政サービスが全体としてうまく調整されるようになり、巨大開発事業を企画する開発業者に対しても、開発申請に具体的に何が必要かを明確化できるようになった。

❖

のもとに、国が設定する目標値を達成すること、頻繁に変更を繰り返す国や州レベルの政策へ適応していく柔軟さといった実践上の能力が磨かれていった。この事例では、地方政府の担当者が中間組織としての立場で、中央からの重圧と社会民主主義的な労働者階級の文化とを融和させる役割を果たしていた。技術的な専門性とプロとしての倫理観を持つ彼らは、場所のマネジメントの質を見守る地域の主要な守護者といえるだろう。

非正規居住区の環境改善と革新的な新しいガバナンスの実践――ベスターズ・キャンプにおけるイナンダ開発トラストの取り組み、ダーバン、南アフリカ[11]

ここからは、非正規居住区のマネジメント能力を高めることで、政治および行政のあり方にも大きな影響を及ぼした事例を見ていこう。バンクーバー、神戸、サウス・タインサイドにおける二十世紀の都市開発は、土地と民間そして法律で規制された不動産開発(つまり正規の市場プロセス)を通じて行われてきた。個人や企業は土地あるいは不動産を購入し、敷地を分割し、建物を建て、ときにサービスも提供する。市民の反対運動に繋がるような争議が持ち上がると、地域環境での公共圏の質という集合的利益を守るために不動産所有者の私有権を狭める動きが出てくる、といった具合に都市開発が進められてきた。二十世紀後半、世界の他の多くの地域でも、低所得者層がより良い暮らしを求めて都市に押し寄せることで都市化の現象が急激に起こった。しかし、その多くは正規の市場を通じて住居を購入したり借りたりするというプロセスを経るわけではない。経済的な貧しさがその理由と言えるが、不動産ストックやサービス提供がその圧倒的な需要の高騰に全く追いつかなかったからでもある。こうした状況下で、あらゆるタイプの非正規居住区が生まれ、そこを管理するための手法が登場した。人々がその場所を「不法占拠」して、自力建設によって徐々に住居を構えていくケースもそれに含まれる。

この非正規な「不法占拠」居住区の中であっても、その柔軟性と革新性に目を見張る取り組みが時にある。しかし、そのような非正規な居住区は、元々は基本的なサービス(上下水道、エネルギー供給)が皆無であり、近隣住区以外との繋がりが全く考慮されていない、また、健康や福祉サービス、教育施設が全くない状態であったため、とりあえずできることからスタートしている場合が殆どであろう。こうした空間は都市生活を送るための足がかりでしかないのである。一九六〇年代以降、非正規居住区の環境改善を目指した様々な取り組みが行われてきた。その多くは基本的なサービスを後付け的に用意するようなやり方で実施され、その推進役となったのは慈善団体からの資金援助、非正規居住地の環境改善を推進する国際的な動きであった。外部支援を受けた、受けないに関わらず、そのような非正規居住区の多くは、時を経て既存の都市空間の一部となっていく。爆発的な人口増加によって、拡大を続ける複数の居住区が接合して巨大スラムを形成することもある。二十一世紀前半、世界人口の大多数がこうした空間に暮らすようになり、特に発展途上国ではその居住環境の改善が都市政策上の緊急の課題となっている（Gilbert 1998, UN-Habitat 2003, Mitlin and Satterthwaite 2004, Payne 2005）。

　ある見方をすれば、こうした居住環境の改善プログラムにも、西欧諸国の都市で二十世紀後半に盛んになった都市部における近隣住区再開発事業といくつか共通点がある。西欧諸国における都市再生事業も、多くの巨大化した都市部の中に散見される孤立した貧困地区が対象となってきた。こうした貧困地区は、高い失業率、不健康、社会的問題や貧相な地区の居住環境などに特徴づけられる。サウス・タインサイド自治体の中にも、全国レベルの統計で最貧困地区に位置づけられる地区が複数存在する。バンクーバーにもそのような地区が中心市街地のイーストサイドにあった（4章参照）。都市再生事業は既存建物の改修から始まることが多いが、その後の展開としてより広域、総合的なコミュニティ開発の事業へと発展するケースもある。事業は特定の団体を通じて時限付き予算のもとに進められることが多い。活動初動期に新しいガバナンスの実践を立ち上げることで、長期的かつ自律的な活動として地域の居住環境の改善へのエネルギーが生まれることが期待されている。その際に牽引役となる組織は、バンクーバーの都市計画担当者らが抱いていたような思想に刺激されて活動しているケースが多い。また、資金提供者や組織の担当者らは、官僚主義的でおしつけがましいやり方とは一線を画すよう強く意識している。それは住民の政府依存体質を招くものでしかないと考えるからだ。彼らが目指しているのは、住民自らがより積極的に近隣住区改善事業に関わるパートナー、そして参画者になりうるような場づくりである。このような事業では、時として物理的、社会的環境が予想以上に改善されることがある。そして、近隣住区の住環境に持続的に影響を持ち続けるような、地域のガバナンスの文化を生みだすことも。

しかし、社会状況や地区特有の条件などがより広範囲に影響するため、それぞれの地域での経験は多様である。発展途上国の都市部にある非正規居住区での環境改善プログラムも、同様の理由によってその結果は様々だ。ただ、これらの事業では、基本的ニーズの提供が最優先事項で、資金的な援助も極めて限られている点が先進国のそれとは異なる。更に軍閥による圧政から逃れてきたといった歴史的背景がある場合は、市民と公的政府の関係はもっと複雑な様相を呈している。市民が政府に寄せる信頼は殆ど皆無といっても良いだろう。

このような非正規居住区の改善事業を行った世界中の多くの事例から、ここでは南アフリカ共和国のダーバンを取り上げる。非政府系団体からの資金提供を受けたこの事業は、公的な政府の仕組みの外側で実施された革新的なプログラムと評価されるものである。この事業が実施されたのは、南アフリカが少数の白人政府による民族の社会的空間的分離を敷いた政治体制（いわゆる「アパルトヘイト」）を廃止し、アフリカ民族会議党（African National Congress）率いる民主主義体制に移行する大きな変革の時期である。この事業は短期間に目覚ましい成果を上げ、市行政や中央政府がポスト・アパルトヘイトの時期に進めたその他の改良事業にも良い影響を及ぼした。事業に通底する哲学はその後、正式に市役所の戦略的文書の中に取り入られることになった（Breetzke 2009）。とはいえ、極端な貧困の差が存在する市の中にあっては、いまだに貧困地区という位置づけは続いている。

十九世紀後半に主要な港として発達した都市ダーバンは、一世紀ほど前からその徹底的な民族隔離政策で南アフリカ国内でも知られるようになっていた。大多数の黒人は都市部での労働は認められていたものの、永住は許されなかった。多くの者が空間を見つけては不法に都市に住みつきはじめるのも無理はない。一九六〇年代にはアパルトヘイト政策を徹底する目的で、カトー・マナーと呼ばれる社会的民族的にも複雑な地区から多くの人が強制退去させられたこともあり（Edwards 1994）、その反動が反対運動の盛り上がりに繋がった。ダーバンでは、都市部での住宅供給が不足していると人々が暴動を起こした。コミュニティのリーダーら（多くの場合、部族の権威者）は仲間をまとめて政府が所有する空地を占拠した。ここからは、そのような地区の一つ、ダーバンの北部、都市部周縁に位置するベスターズ・キャンプでの一連の動きを具体的に見ていこう。ベスターズ・キャンプは、部族リーダーらが先導して生まれた広大な不法占拠エリアの一地区である。生活者にとって、公の政府は別次元にあり、黒人、インド系、有色人種など多数派の社会的機会を制限するような抑圧的存在であった。ベスターズ・キャンプのような地区に暮らす人々は、自らの生活の安全を非正規な協定に頼るか、部族リーダーのコネや地下政治組織、地方軍閥リーダー[12]に頼らざるを得ない状況だった。人々の住居は、泥土を塗り付けた壁に屋根のついた十から十二平米ほどの掘建て小屋である。

現在のベスターズ・キャンプはエテクウィニ（e-Thekwini、ダーバン都市圏）の中でＩＮＫ（イナンダ・ントゥズマ・クワマシュ［Inanda-Ntuzuma-KwaMashu］）と呼ばれる行政区の中に位置している［図5.1参照］。ＩＮＫ行政区の人口は三百万人ほどで、二〇〇〇年代前半から五つの「地区マネジメント」ゾーンに分けられている。一九九〇年ごろのＩＮＫの人口は約七十五万人であった。都市周縁の小高い場所にあるベスターズ・キャンプに暮らす人々の数はおよそ五万人。安全性に配慮して、住宅は密接してクラスター状に配置されており、それぞれの住宅群をつなぐ道路がある。このような都市構造は地区の拡大と共に自然発生的に生まれてきたものである。住戸の敷地には電気、ガス、水、下水道などは通っていなかった。

このような状況で、大掛かりなプログラムが非政府組織（NGO）であるアーバン・ファンデーション（the Urban Foundation）の不法占拠地区担当部によって実施されることになった。この組織は一九八〇年代、南アフリカの民間企業の出資によって設立された団体で、都市部の労働力により良い環境を整備することを目標に掲げていた。ベスターズ・キャンプのプロジェクトは過去の経験や議論の上に構想されたものであり、ダーバン市内や南アフリカのその他の都市でも非正規居住地区の改良事業の見本となった。当時のプロジェクトに携わった人が、次のように証言している。

> 広範なエリアの掘建て小屋居住区の改善という事業は、当時の南アフリカでは前例のないものでした。［…］（プロジェクトは）地区内で既得権の争いが原因となった政治グループ間の対立が危機的な状況で開始されることになったのです（van Horen 2000: 391）[13]。

プロジェクトは五年の歳月をかけて漸次進行した。NGOはダーバン市役所からの支援を得ていたが、この地区が隣の行政区にまで広がっており、そこはクワズール族の本拠地としてコントロールされているエリアであった。最初の五年の間に、物理的な生活空間の改善が進み、路地や道路のネットワークが整備され、人々が歩いて移動する際、隣の家の敷地を通らなくても良くなった。地区全体に共同水道栓とゴミ捨て場が設置された。各住戸には電線が配線され、汲取式便所、火を使える調理場が設置された。掘建て小屋に暮らす人々は皆、住戸改良のための小額の資金を受け取った。集会場、保健所、学校のための建物も複数提供された。既存の空間を壊すことは極力避けるように努め、道路やコミュニティ施設などは既存の、自然発生した都市構造の中に埋め込まれていったので、居住地の変更を強いられた人はほんのわずかであった。プロジェクト第一期（一九八九–九五年）の終わりまでには、六千五百戸の建物が改良された。この取り組みの中で特筆

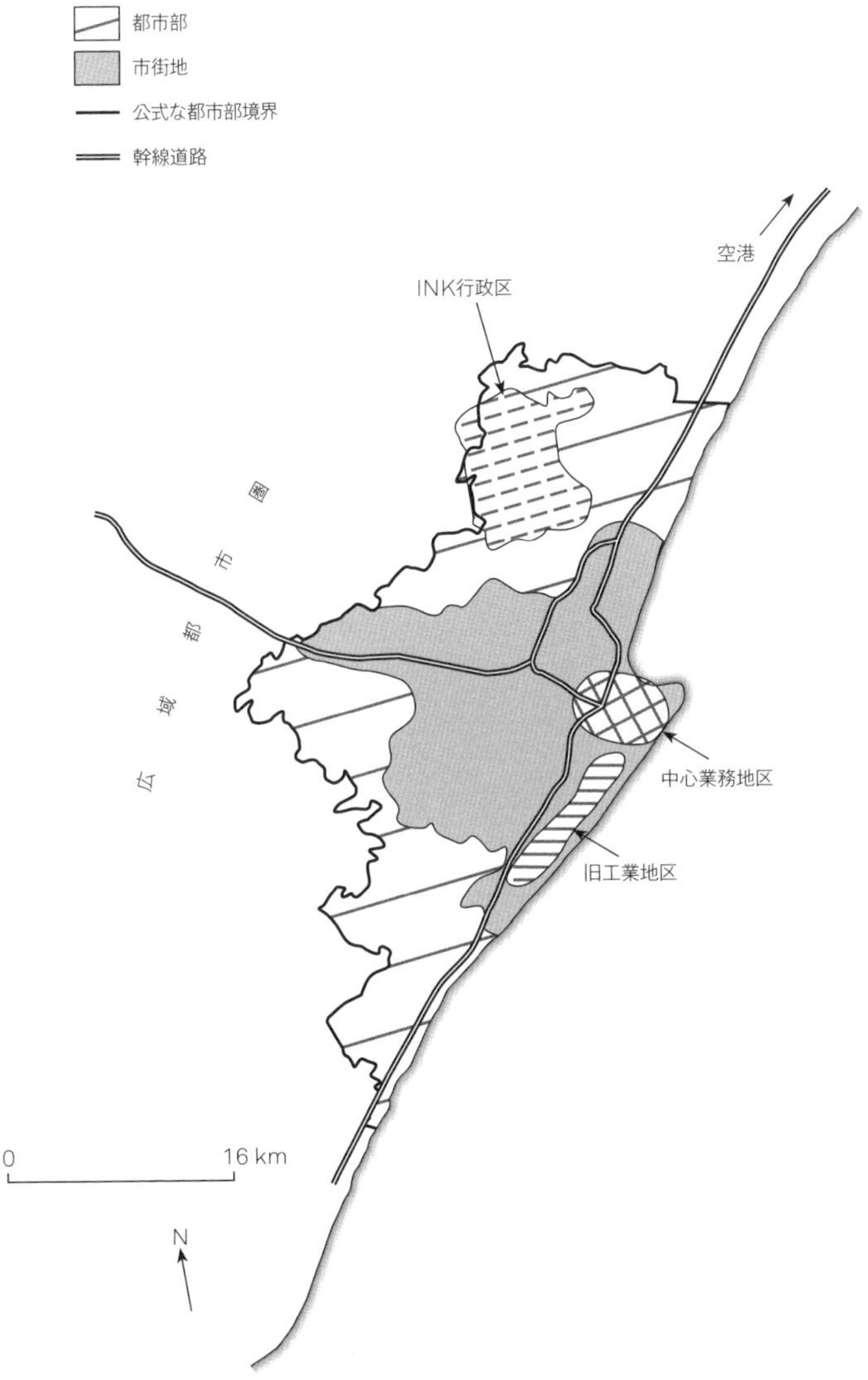

［図5.1］エテクウィニ自治体とダーバン都市圏

すべきは、すべての居住者との粘り強い意見交換を経て事業が進められたという事実である。

その当時、地区改良事業と言えば、専門家を呼んで新しい配置計画図を用意し、無秩序な状況が強制変更されることを意味していた。しかし、不法占拠の場合、ひとたび空地を見つけて住み着くと、家族が増えれば敷地を分割し、あるいは収入を増やすために場所を人に貸すというような状況も起こるため、土地に付随する建物は乱雑なものになる。そうした問題へ対処しようと、規則を設けて建物の状況を整えることを促し、その土地を占拠する者が公に間貸しして収入を得やすくし、その利益を更なる住居改善に向けさせようとする手法も登場した。しかしこのアイディアは、居住者がそのための資材を持っていないと成り立たない。また、こうした規則をつくると、伝統的に共同利用が認められていた空間が個別に分割されその使用権を主張する個人が現れて、居住者の間に敵対心を生むことにも繋がりかねない[14]。南アフリカでは、圧政が長く続いていることで敵対心が生じやすい傾向にあったため、人々は部族や政党との結びつきを利用した非公式なガバナンスに頼るしかなかった。

ベスターズ・キャンプのプロジェクトが採用した方法はこれらとは異なるものだった。土地の権利を整理することから出発しなかったことが大きい。まずコミュニティ開発の専門家らは、居住者と膝を突き合わせて意見交換を行い、彼らの住戸やそのクラスターの新しい配置がどうあるべきか、またそれらが路地を通じて地区全体とどう繋がるべきかを徹底的に話しあった（Box 5.2参照）。

ファン・ホーレン（van Horen 2000）も述べているように、こうしたプロセスが一夜にして新しいガバナンスの実践をつくりだすわけではない。そして、新しく生まれたガバナンスの実践も住民の関心だけが引き金になって生まれたものでもない。当時、南アフリカはすべての成人男女による民主的な国家として再編成されるという政治的に大きな変革期を迎えていた。この時期、住宅供給やコミュニティ開発の分野でも市民参加の積極的な動きが見られ、それがベスターズ・キャンプの事業に良い影響をもたらしていた

Box 5.2

居住者と取り組む近隣住区改良事業

現場の知識を積極的に取り入れながら、各戸での基本的なインフラを整備し、住戸間にある路地空間をアクセスしやすいように再編することができた。こうした方法による路地や敷地の改変では、居住者自身がそのような状況の中で生き抜くために蓄えてきた規範や実践を反映することが肝要だ。また、小さなスケールでのガバナンスのプロセスを彼らと共につくり上げた。給水や保健衛生に関する設備や制度を運営するための小規模な地区委員会を立ち上げ、様々なワークショップやミーティングも実施した（van Horen 2000: 396）。集中的な議論と微調整を繰り返しながら、街路や配置が決まり、施設配置のレイアウトと呼べるようなものが浮かび上がってきた。こうしたプロセスの最後の段階で、具体的な提案が計画図へと落とされ、共同施設の配置や境界が必要な修正を経てほぼ確定した。各住戸を改良するための少額の資金が用意されたが、法的な保有権を持つ者に限られていたため、受給者の数は少なかった。また、居住者で住宅改良のための資材を持つ者も少なかった。彼らの多くは、これまでの非公式なガバナンスのプロセスを経てその場に住み続けられる安心感を得るようになっており、改めて公的な制度に組み込まれることの必要性を感じていなかったようだ。多くの場合はお金のかかる手続きが増えるだけでそのやり取りに遠くにあるオフィスに通うはめになるのも事実だ。現在この地区では、様々なサービスが改善され、私的空間と他人が通過するための公的空間に明確な境界も引かれアクセス性が向上している（van Horen, B. 2000）。

と言える。しかし、こうしたプロセスは、新たな民主主義を打ち立てようとする政党の発展に格好の場を提供することにもなった。一九九〇年代初期のダーバンでは、政党間で複雑な闘争が続いており、公的な政治の枠内、そしてその外側においても様々なガバナンスのアリーナが機能していた。ベスターズ・キャンプ地区は、土地所有に関する法律の枠組みの外で拡大してきただけでなく、公式な行政府とは殆ど無縁に存在してきた。しかし、助成団体からの資金を受けて住区の改良事業を進めるには、法的な位置づけを持った組織をつくる必要があった。また、アーバン・ファンデーションからの助成が終わった後も事業の継続が望まれた。また、居住者と彼らを取り巻くガバナンスの関係主体の間を継続して取り持ってくれる地元の開発事業団体が必要だった。結果として、法的に独立したコミュニティ開発団体として、イナンダ・コミュニティ開発トラスト（ＩＮＫ）がベスターズ・キャンプを含む広域を対象に設立されることになった（Box 5.3参照）。

　ＩＮＫによるこの事業の成果は広く知れ渡ることとなった。背景こそ異なるが、その取り組みは場所のマネジメントや開発に対する柔軟なアプローチの先駆的事例といえるだろう。現場の知識、地域の社会資本の蓄積、技術的なスキルが相まって事業を成功に導いた。ＩＮＫの取り組みは南アフリカの地区改良事業における市民参加の「最良モデル」として広まっている。しかしベスターズ・キャンプの居住者らは騙されているのではないかと感じはじめているようだ。というのも、彼らの住戸はＩＮＫが提供するスターター・ホームと比較してあまりにも質が低いままであるからである[17]。ＩＮＫは政府や助成団体に対して、事業には慎重なマネジメントと予算の柔軟性が必須であると説得し続けている。このようなアプローチで事業を拡大しようという動きは他地域でも見られたものの、実質的な成果をあげるために効率的な運営上の自由を獲得できた地域は非常に少ない。

　ここでの問題は、住区改良事業の多くで見られるように、複数のガバナンスのアリーナが分散して広がっているため、場所の開発に関する公共とは何か

Box 5.3

イナンダ・コミュニティ開発トラスト（ＩＮＫ）

ＩＮＫの活動の多くは、行政（当時はGreater Durban Metropolitan Authority）や金銭的支援団体とのやり取りに費やされる。また、地区開発に関わるあらゆる地域団体との連絡窓口の機能も果たす。しかし、居住者の間でＩＮＫと共に活動しようという積極的な動きは芽生えなかった。住区改良に関わる集中的な議論の中で、ＩＮＫは居住者の関心や利益を見守る役割を担うこととなった。ＩＮＫのメンバーは中間組織として住民の声を複雑な政治や官僚制度の中に届ける役割を果たした。

しかし、住区改良事業が継続し、またＩＮＫの後援を得た事業がＩＮＫエリアの他地区にも広がりを見せるようになる。人々は貧しすぎて自らの住戸改良もままならないことが理解されると、支援の対象も「サービス施設」から基本的な住宅ユニットの建設へと変化した。予算には限界があったものの、十八平米ほどの二部屋の住戸を提供しはじめると、人々は自力建設で改良するようになった。ＩＮＫのスタッフは、住民が補助金を即座にそして簡単に申請できるように支援した。記録をしっかり取ること、調査員らと密に行動すること、小額の金銭のやり取りをしっかりチェックすることでそれは可能になった。これによってコストを抑えつつ良質の建設を進めることができた。二日分の仕事に対する報酬がその都度人々に支払われたため、キャッシュフローの状態が良くなった。一方で、賄賂や恩顧主義がはびこらないようにチェックされた[15]。ＩＮＫはまた居住者との繋がりを強めようと、建築資材の生産や、警備の仕事、学校の運営をコミュニティが設立した企業に依頼した[16]。ＩＮＫの職員には、できるかぎり居住者から候補を見つけ、適切なトレーニングを受けた上で採用するようにしていた。

の合意を得る際に互いに意見がぶつかり合ってしまうことにある。ダーバン市の場合、この分裂状態は不安定な政治状況によって悪化している。これは国全体の課題であるが、ポスト・アパルトヘイトの時代にどういった政治的コミュニティが台頭してくるか、未だ模索が続いているといえよう。ベスターズ・キャンプの事業やINKの活動に関わった団体のスタッフは、本書で取り上げる都市計画プロジェクトが有する価値観に共鳴する気概を有しており、それが活動の結果に大きな影響を与えてきた。この価値観はまた、アフリカ民族会議党の国政指針やダーバン市役所などの公的政府組織の担当者らによって精力的に推進されてきた。しかし新たな価値観も抑圧されてきた時代に進化してきた他のガバナンスの実践と共存せざるを得ないのである。

ダーバンでは、アフリカ民族会議党とズールー族系のインカタ自由党（Inkatha party）との間の権力闘争があるため状況はより複雑である。しかし近隣住区のマネジメント事業に住民参加の原則を貫くという哲学や、ガバナンスの舞台に市民参加を促すという考え方が失われたわけではない。二〇〇〇年代に入ってからはエテクウィニ自治体によってその考え方は強力に主張されるようになってきた。市役所のリーダーらも、成果の上がらない地域から「行政内で効果の薄い、無能な内向きの政治がいまだにはびこっている」という声が上がっていることを認めている[18]。一九九〇年代の後半には、市行政は中央政府が推進した統合的地区開発プログラムに申請し、INK地区はその結果、プロジェクト実施五地区の一つに選ばれた。ダーバン市役所の担当者は方法を模索しようと、世界中から良い事例をかき集めた。しかし、総合的かつ住民参加を中心としたガバナンスの好事例を実践に移すことは容易なことではない。特に異なる政治制度がいまだ強い影響力を持って存在する場合、つまり権力主義的な官僚制度、更に過去および非公式な政党政治や部族忠誠といったガバナンスのネットワークが今日まで色濃く残っている場合は特にそうである（Watson 2003）。ダーバン市の北部周縁部においてそうであるように、物理的な環境改善は人々の日々の暮らしの中でも始まっている。しかし、居住者が信頼を寄せ、参加できるようなガバナンスのアリーナをつくりだしたとはいえ、改善や管理を続ける継続的なガバナンスを実践する能力とはほど遠い状況にある[19]。

街区レベルにおける日々のガバナンス

本章で取り上げた事例では、地区レベルでの場所のガバナンスの日常を探ってきた。それぞれの事例は全く異なる背景を持つため、対象とした住区に対して異なる見え方感じ方を抱いたであろう。しかし、いずれの事例においても、計画プロジェクトの価値に触発された場所のガバナンスに取り組む行政職員や組織スタッフにとって、簡単な取り組みでないことは明らかだ。彼らは住民が自らの生活環境を改善できるように手助けし、彼らの希望を実現させようと懸命になっていた。こうした実践の足を引っ張るような外圧を受けながらも、公平で透明性の高いアプローチと技術的な質を求め、そして住民やそれ以外の利用者の意向に敏感に対応することで信頼関係が構築されるような包括的な方法を模索していた。サウス・タインサイドでの課題は、市民に対する感度を高くしつつ調和のとれた実践を維持することであったが、予算が先細りし達成度といった矮小化された指標によって評価されるような状況下ではより総合的なアプローチをとろうとする努力が妨げられかねない。ダーバンでは、初期状態において住民と政府の間に極端な敵対関係があった。このような状況では、すべての住民に信頼されるような地域ガバナンスのシステムをつくり続けて行くこと、そして場所のガバナンスが定常的にそして公平性を保ちながら進められていくことが何よりも重要だ。

二つの事例では、地域ガバナンスの実践の現場で活躍する人々に焦点を当てた。彼らは市民活動家あるいは、訓練を受けたプロフェッショナルであり、コミュニティ開発支援者という役割を担う。親しみやすく、信頼を寄せられる人柄に加えて、ガバナンスのプロセスにおいて我慢強い対応ができ、技術的なスキルや担当する地区の人々の生活の質や、より広い社会に関心を寄せる倫理観を持った人々である。こうした専門性と倫理観を有する彼らは、政治家や圧力団体といった人々と協働しながら、また、街区レベル、居住区レベルからの住民の知識や要求をより複雑で大きなガバナンスのアリーナに運び込む重要な役割を果たす。しかし、住民とガバナンスのプロセスのインターフェイスで活動するということは単にこのような気概があれば良いということではない。全体の運営や特別な行動を伴うような日々の実践こそが適切になされなければならない（8章参照）。

二つの事例の行政担当者や組織スタッフはこの点を良く理解していた。彼らの哲学は、公共サービスへの柔軟で適切な対応という日常の業務においてこそ実践されるべきだと考えていた。しかし、担当地区だけが彼らの唯一の前線ではない。上位の行政システム（サウス・タインサイドの場合）、助成団体や新しいガバナンスのかたちを模索していた広域の政治や政策担当者（ダーバン、南アフリカの場合）らの目にも曝されながらの業務、オフィスに戻れば、それぞれの舞台で適切なパフォーマンスを行うための管理業務に専念しなくてはならなかった。そのため、日々の作業というのは規則的な業務ではありえない。それは継続的な学びと反省、発見と実験、微調整のプロセスなのだ。二つの事例で取り上げた担当者は官僚的なガバナンスのかたちを人間味あるものとし、それと同時に、特にベスターズ・キャンプやＩＮＫの事例では、居住者や関係主体を巻き込みながら協働して進めるような方法を模索していた。

コミュニティ開発に必要な感度の高さと実験的な態度を持つ市民活動家や計画担当者であれば、社会構造のダイナミクスに関する詳細な知識に加えて、彼らが関わる具体的な場所で期待される開発のあり方を素早く理解するようになる。地域のディテール、道端で聞かれる「ことば」、地域のネットワークがどのように人々を結びつけているかを見通す目、聞き分ける耳を持つようになる。しかし、地域は単なる自己完結的な存在ではない（2章参照）。何十年もの間、外部の権力者からは無視され、国全体ではアフリカ民族会議党とインカタ自由党の間の闘争が続いていたため、ベスターズ・キャンプの住民の暮らしは脅かされつづけてきた。サウス・タインサイドでは、住民と政治家が脱工業化時代にあるべき地域の姿をゆっくりと模索し続けてきた。時に、強力な外部の力がその地域に及ぶと、地域が行動を起こす余地が全くなくなることもある。革新的で実験的な行為をおこなう余地がないのはいうまでもない。また、生活感ある豊かな現場の知識を得ようとはせずに、他地域での成功事例からのみ学ぼうとすれば、地域に対する感受性も低下する。他地域での経験から学ぶということは、その経験の複製でも処方箋の好例集づくりでもない。

地域に寄り添った場所のガバナンスの実践では、地域の知見や期待に目を向けるだけでなく、権利に対する慎重な対応も求められる。特定の場所、建物や路地、施設の見え方や感じ方は多様であり、その価値に繋がる権利に対しては特に慎重になるべきである。ベスターーズ・キャンプ／ＩＮＫの事例では、資金出資者は別のところであっても、居住者自らの手で住居改善をした場合、彼らの権利がどこまで及ぶかという問題が持ち上がった。こうした問題が持ち上がった場合には、どこでその権利決定がなされ行使されるのか注意しておかねばならない。サウス・タインサイドの事例では、土地や不動産の利用や開発の権利は、計画システムの諸処の法律によって、所有する不動産に対して人々がなしうる行為や公私のバランスを考慮すべきことが規定されている。公的な計画システムの実践の場においては、基礎自治体に実質的な権限があるため、不動産所有者ができることを制約するのは可能だ。公共に資する貢献が求められると判断されれば、強制執行もできる。国の法律では、このような制限／強制は、透明性を確保しつつ進められなければならないとされており、原則や規範、基準を明確に文書化する、または申請された場所を含む計画図や計画システム上の政策文書を提示する必要がある。これらの文書には国の計画政策文書も含まれているために、国と地域それぞれの原則が相互に折り重なって複雑化している（Rydin 2003）。自治体の職員にとって最大の課題は、この複雑な規制の網を申請者や地域の開発に不安を持つ人々に、いかに説得力を持って説明できるかにある。イングランドでは、人々はおしなべて法律や規制が必要であると受け入れているが、実際の運用に関しては常に批判的になるのも理解できる（1章のディッチリングの場合）。

それとは対照的なのが、ベスターズ・キャンプとその後のINKのプロジェクトの例だ。人々は公的な法律など知る術もなく、どんな権利があるのか見当もつかない状況だった。そのような状況では、地元の頼れる指導者の傘下に入り、非公式であってもその方が安全だと思えるのだ。そのため、改良事業を請け負う組織は新たな方法で人々の権利を定義していかなくてはならなかった。この作業は公式の権利、つまり新しい民主主義国家としての南アフリカで効力を発揮しうる、すべての人々に平等に与えられる人権として、都市環境や資源を公平に受ける権利と結合された。しかし、こういった取り組みは前代未聞であった。前政権においても、伝統的なズールー族の慣習的な土地配分のありかたにも、こういった権利は存在しなかった。そのため、請け負った組織のやり方がうまくいかなかったとしても驚くべきではない。この経験は一九五〇年代シカゴにおける都市計画家らが主張した「合理性」の議論を思い起こさせる（3章参照）。また同様の取り組みはサブサハラアフリカの他の地域でも起こっている（Nnkya 1999, Ikejiofor 2009）。

行政の担当者や事業を請け負う組織スタッフとして街区レベルのガバナンスに関わる人々は、構造的な問題が先鋭化する場に立たされる。そうした問題の解決は容易でない。彼らの役割を支援するための一連の法律やプロセスなくしては、常にえこひいきや賄賂に対する非難に曝される。こうした状況への対処に翻弄されれば、懸案についてのメリットに適切な判断を下す能力も低下する。しかし、本章で取り上げたように、このような状況で仕事を遂行する人々は、単に場所の質に帰属する公益を守るための先兵であるだけではない。彼らこそが、公平で透明性の高いガバナンスのプロセスを生みだす公的な顔なのである。それは良質な公共サービスの提供、都市環境の中に暮らしやすさや持続可能性を追求する包括的な責任感に支えられた行為だからだ。彼らが注力すべきは、街区や近隣住区といった日常生活の場で、様々な方法によって人間の成長の機会を拡大することである。しかし現状のガバナンスが不安定であると、計画的志向に通じる価値を追求しようとする気概すら持ち続けるのは困難であろう。そうした場合には、場所の質に関する地域の関心は無視されるか外部組織によって食いつぶされてしまう。

これまでに議論してきた内容は、前章までの議論を更に深めるものであった。場所のマネジメントの実践を包括的そして公平なやり方で維持しつづける作業は、ある種の方程式や、規範や規則で実践できるわけではないと理解できただろうか？　市民社会とガバナンスのプロセスのインターフェイスでは、生きた哲学の実践、継続的な学び、制度の限界を押し広げる挑戦が必要だ。そのためには、慎重な判断と技術的なスキルは必須だ。加えて物事を結びつけ、重要な論点に焦点を当て、何が問題で誰が関係しているのかを見極める能力、あらゆる新しい方法を試す度胸も必要になる。これは目立たない作業であり、うまくいっている時には誰にも気付かれず、されど失敗すれば避難の的になる。しかし、そのような実践に肝を据えて時間をかけて取り組んでいくことで、人間性の発展に資する状況改善は必ず達成されるものだ。4章と本章で取り上げた事例の大きな違いは、より大きな影響力を持ち得たか、何を達成したか、という点である。サウス・タインサイドやベスターズ・キャンプ／INKのどちらの場合も、場所のガバナンスを実践する計画的な方法という点においては、より大きな政治的コミュニティが関与する実践やその文化に変化をもたらすような影響を及ぼすところまでは至っていない。しかし、その組織に与えられた活動の場では、本書で取り上げた行政の担当者や組織のスタッフは、地域の声に寄り添うことを妨げるような力が常に働いているような状況下であっても、その地区に暮らす居住者に役立つ、地区の場所の質を高める結果を出しているといえる。

1章で論じたように、計画プロジェクトではこうした外圧に抗うことを諦めてはいけない。それは、多面的に経験されるような場所に宿る暮らしの質、共有空間において共存することから生じる様々な問題に一つ一つ真摯に向き合うことであるから。計画プロジェクトが目指すのは、ある種の制度的なアリーナをつくりだすことである。それは日々の生活が営まれる場で人間の成長を促すような、場所のガバナンスの文化や実践が出現し持続するようなアリーナである。それは、複数の考え方や価値が尊重されることを前提として、実験と革新を繰り返し、何が起こっているかを慎重に学び、批判し、真相を探る努力がなされるような民主的実践を育む場である。4章および5章を通じて私が提示したかったのは、そのようなプロジェクトは単なるユートピア的夢物語ではないこと、それを実践し実現してきた場所が幾つもあるということである。とはいっても、多くの地域では取り組みを阻害するような外圧があって、同じような成果を上げるのは簡単ではないだろう。次の章では、巨大開発事業の現場で、都市環境がより劇的に変貌していく様を見ていくことにしよう。

理解をより深めるための参考文献

● 近隣住区の住環境改善政策やコミュニティ開発一般については4章の文献リストを参照のこと。ここでは土地利用規制に関する比較研究を紹介しておく。

Booth, P. (1996) *Controlling Development: Certainty and Discretion in Europe, the USA and Hong Kong*, UCL Press, London.

Davies, H. W. E., Edwards, D., Hooper, A. and Punter, J. (1989) *Development Control in Western Europe*, HMSO, London.

Cullingworth, J. B. and Caves, R. W. (2003) *Planning in the USA: Policies, Issues and Processes*, Routledge, London（米

国だけでなく比較研究も含まれる）.

- 英国を対象とした研究として、

Rydin, Y. (2003) *Urban and Environmental Planning in the UK*, Palgrave, Basingstoke.

- 南アフリカを対象とした研究として、

Harrison, P., Todes, A. and Watson, V. (2007) *Planning and Transformation: Learning from the Post-Apartheid Experience*, Routledge, London.

- 以下の研究は国際的な開発援助についてであるが、都市および農村地域の計画や開発の参考となる。

Chambers, R. (2005) *Ideas for Development*, Earthscan, London.

Mitlin, D. and Satterthwaite, D. (eds) (2004) *Empowering Squatter Citizens: Local Government, Civil Society and Urban Poverty Reduction*, Earthscan, London.

UN-Habitat (2003) *The Challenge of Slums: Global Report on Human Settlements 2003*, Earthscan, London.

- この領域における批判的研究として、

Simon, D. and Narman, A. (eds) (1999) *Development as Theory and Practice*, Addison Wesley Longman, Harlow.

Cooke, B. and Kothari, U. (eds) (2001) *Participation: The New Tyranny*, Zed Books, London.

6章 巨大開発事業を通じて場所を改変する

Transforming Places through Major Projects

都市の場所性を創造する

私たちの暮らしは決まりきった日常の流れの中だけにあるものではない。祝いのため、楽しみのため、あるいは重要な資源や情報が集積しているようなところを探し求めて、特別な場所に行くことがある。また、企業にとって特殊なビジネス環境を有する地域がある。買い物やウィンドウショッピングが好きな人にとっての魅惑のまちがある。ある社会的グループにとって、彼らの存在や文化にとって特別な意味を持つ建物や、景観、環境を有する場所がある。パリには、並木が続くシャンゼリゼ大通りが旧市街地と西側へと続く凱旋門を結んでいる。ロンドンにある、ピカデリー・サーカスからリージェント・ストリートへと続くショッピング街は多くの人でにぎわっており、オックスフォード・ストリートを越えて、リージェント・パークへと続いている。ロンドン・シティの旧市街地から電車で少し移動すれば、新しい金融街、レジャー施設のあるカナリー・ワーフ地区の全く異なった雰囲気を感じるだろう。ボストンやバルセロナといった比較的小規模な都市を旅行した後には、歴史的なウォーターフロント地区のレストラン、魅力的な公共空間を楽しんだ余韻に浸ることになるだろう。

これらは、特別な都市空間に付随する質を並べたリストのごく一部である。こうした場所は、住民であろうと旅行者であろうとその都市の中の象徴的な場所として出かける空間であり、私たちが暮らす住宅地とは異なった性質を持つ場所である（2章参照）。こうした空間は何か刺激をもたらすような場所といえるかもしれない。そこにはコスモポリタンな雰囲気を伝える何かがあり、美的な愉しさを備えていることが多い。公共空間の中にある私的空間として、都市にいることを意識させるような「アーバニティ、洗練さ」（Amin and Thrift 2002）を醸し出す。その場所にいるとリアルな都市にいる自分を実感できる。しかし、先に示したような例は巨大な都市再生事業の結果として生まれたものである。このような都市空間の誕生の裏には、長期間にわたる公的セクターの関与と民間投資誘導の複雑かつ集中的な調整があったのである。こうした努力の結果、「新しい時代」を都市の一部に組み込むことによって新たな「都市の顔」としての景観や雰囲気が生みだされ、その場所を私たちが経験するという新しい関係性が構築される。数世紀前につくられたものもあるが、その多くは近年、時代遅れとなった工業生産や流通施設があった地域を再生した場所である。都市空間は常に動的に構成され続けており、新たな場所性は小さな変化が時間をかけて蓄積されていった結果として現れる。しかし、このような道筋で新しい場所の質が常に生まれてくるわけではない。場合によっては潜在性を引き出すために大きな障害を取り除かなくてはならないこともある。巨大再開発事業が理論武装するのもそのためである（Box 6.1参照。2章のニューカッスル市街地では十九世紀からと一九六〇年代／七〇年代からの二つの巨大開発事業を紹介）。

このような都市構造の意図的改変、都市の場所性を創造あるいは再創造する巨大開発行為は「メガ・プロジェクト」と呼ばれ（Diaz Orueta and Fainstein 2008）、おそらくは都市計画や開発の仕事の中で最も魅力的に見える作業であろう。政治家や市民リーダーの中には好んでこのような事業を推進し、都市開発への貢献を象徴的に示すことで、その痕跡を都市景観に残したいと考える者もいる。巨大開発事業は積極的な開発行為として、将来にわたってその影響を与えようと意図するものだ。そのため、大事業を遂行するためには、ありとあらゆる資源を

Box 6.1

ニューカッスルのキーサイドを再生する、英国

グレイ・モニュメントからの「ツアー」を続けよう。ここからグレイ・ストリートを下っていくと十九世紀に行われた官民パートナーシップによる大事業の名残が見られる。一九九〇年代までに、個々の建物改変の努力はなされていたものの、この地区は非常に悪化した状況にあった。この地区は二つの大きなプロジェクトの谷間に押し込められた空間でもある。一つは北部地区で実施された一九六〇年代の総合開発、もう一つは河岸沿いのキーサイドでタイン・アンド・ウエア都市開発公社（一九八七－八八年）による開発事業である。この後者の取り組みは、中央政府の助成を得て特別に設立された公社（市役所とは常に対立関係にあった）が進めたもので、河岸沿いの建物の再生、古い倉庫や商業施設が残っていたエリアにホテル、事務所や裁判所、集合住宅やバー、レストランといった施設をつくる一大プロジェクトであった。この事業に加担した企業の中には旧市街地の古い設備の建物からこの新しい開発地区に移転した企業も多く、旧市街地の空洞化を一層加速させてしまった。こうした経緯もあり、そして再び中央政府の資金を受けるにあたって、市役所、企業団体代表に加えて、再開発される集合住宅に住民を呼び戻すことが目指され、あらゆる関係団体の代表も加わって新たなパートナーシップが設立された。この事業の目的は街路、公開空地、動線の公共性を高めることにあった。また民間の不動産所有者や投資家らを呼び込んで建物の改修や不動産の開発が進められた。このグレンジャー・タウン・パートナーシップ事業は地域の環境改善に多大な影響を及ぼし、その成果は数々の受賞歴を誇る。

二〇〇〇年代までには、改修され活気づいた街路（歩行者空間およびハイブリッド・バスのサービスが導入された）がグレイ・モニュメントからキーサイドまで繋がった。また、キーサイドでは、対岸のゲーツヘッド市役所が中央政府の都市再生プログラム予算を受けて更なる改変を実施していた。旧倉庫の再生によって

生まれた新しいアート・ギャラリー、ノーマン・フォスターのデザインによる国際音楽ホール、円形劇場を備えたパブリック・スペースに加えてホテルやアパートのビル群が次々に誕生した。そして、最も重要な事業の一つが、これらの再開発地区をニューカッスル側の既存再開発地区との間に架けられた美しい橋である。これらのプロジェクトの集積から、二〇〇〇年代中旬までには、ニューカッスル／ゲーツヘッドは、全国レベルの芸術や音楽イベントを開催できるまでの場所となり、キーサイド地区も市内の付加価値の高い公共空間となった（Box 2.1〔図2.1〕c参照）。

❖

動員し、規制のハードルを乗り越える方策が考えられていく。しかし、巨大開発事業には多くの批判がつきものだ（Moulaert et al. 2000）。オスマンによるパリ大改造のように、壮大なエリート主義的政治体制の象徴となった大規模プロジェクトもあれば（Harvey 1989）、ロンドンのカナリー・ワーフ開発のように開発業者の過度な野望が失敗に終わる象徴的な事業もある。とりわけ、二十世紀後半に立て続きに起こった巨大開発事業は、「資本主義の横行」や新自由主義的なグローバル戦略の象徴としての都市開発と理解される。こうした都市開発では、事業の商業的、金融的価値を最大限に引き出し、「消費者」文化の価値を広める方法が採用される。このような開発に新たなエリート主義の台頭を見ることもある。というのは、これまで無視されてきた地区、環境汚染地帯や密集地区、社会的な緊張が高まっていた地区をアップグレードして高級化し、中流階級や上流階級層向けに開発することがあるからだ[1]。プロジェクトの中には単なる建築的華美に酔いしれているだけと酷評されるものもある。居住者数や、投資、訪問者数などを指標とした都市間競争の中で生き抜くために考えられたものだろうが、その都市の象徴的なものや「フラッグシップ」と呼べるようなものを求める地元政治家からの依頼に応えてつくられたケースが少なくない。また、巨大開発事業は、その非効率性やずさんな管理から、政治家が壮大な目標を達成しようと市民の税金を青天井の予算へと流し続ける事業として批判の対象になることも多い(Flyvbjerg et al. 2003)。

しかし、プロジェクトの中には、ニューカッスル市のように、市民や旅行者からも高く評価されている再開発の事例もある。これらに共通するのは、少数のエリート集団だけでなく、この場所があらゆる人々に開放されている空間である点だ。近年、ヨーロッパや北米で見られるこうした事業の多くでは、開発業者の儲けやエンドユーザーの受益を生みだすのみならず、社会的かつ環境的な利益が一般市民にももたらされるようなやり方が模索されてきた(Diaz Orueta and Fainstein 2008参照)。これらの事業にはハレの場を演出する側面があり、それは都市生活の楽しみの一部となる。こうした都市空間が開かれることによって、一部の人々の利益のために不利益を被る集団を生みだすのではなく、多くの市民生活者にとっての可能性を広げることができる。

都市の中にこういった質を備えた新たな場所が誕生するのは偶然の出来事かもしれない。あるいはその土地に付随する歴史的特殊性や地理的特殊性に由来するものかもしれない[2]。ニューカッスルのキーサイドの変化は歴史的、地理的な条件が揃っていたが、予算が不足していた。そこで、国の補助金を受けて「一気に」その可能性を開くことになったのだ。新しい価値が認められるような場所を生みだすには、場所の質を積極的に生みだそうとする開発関係者の熱意が欠かせない。こうしたプロセスには、長期にわたって公共資源となりうるものをつくりだそうとする計画的志向が必要になる。

この章では、巨大開発事業を通じて良質な場所が想像され、つくりだされていく様を見ていこう。巨大開発事業に焦点を当てるのは、それが都市をつくるからではない。実際、大きなプロジェクトであっても、それは都市環境、都市生活における複雑かつ流動的な社会的な繋がりの、ごく小さな部分でしかない（Salet and Gualini 2007）。巨大開発事業が重要なのは、事業を実施する際に動く政治・経済力が甚大であり、対象となる土地やその場所の質やその地域社会に与える象徴的役割に加えて、政府や開発主体に対する人々（市民だけでなく旅行者も含め）の態度にも大いに影響を及ぼすからである。したがって、巨大開発事業においては次の視点が重要となる。デザインの質、すべての市民がアクセス可能となるような公共圏を提供すること、建設時およびメンテナンスに際して環境に害を及ぼさないこと。これらの事項は、建設時そして利用時においても採算性議論の陰に押しやることなく、事業の最前線の場で常に議論し続けることが大切である。このような視点は、巨大開発事業が推進され遂行される際、計画的志向として現れる。

新しい場所が創造されることで、地域における場所の質が向上し、公共圏をより豊かにすることは可能だろうか？　それを探るために、世界中の都市で実施されてきた多くの事業の中から、ここでは三つの事例を紹介していこう。三つの事業は、空間的には異なる大陸から、時間的には一九六〇年代に実施された事業を一つ、残り二つはもう少し後の時代から選択した。政治文化や社会経済的状況は異なるが、どの事業にも参照する点があり、特に最初の二つは、参考事例として他地域での巨大開発事業の推進に大きな影響力を与えた事業だ。三つの事例はすべて古い時代の工業、商業、港湾地区に新たな「都市の顔」をつくり出した事業として、市民のみならず旅行者にも高く評価されている。最初の事例は、米国マサチューセッツ州のボストン市中心地に位置する、ファニエル・ホール・マーケットプレイス。二つ目の事例はスペイン、バルセロナの湾岸地域、一九九二年にオリンピックが開催された場所である。三つ目の事例は英国のバーミンガム市の中心街に位置する古い水路に囲まれた窪地にあるブリンドレイプレイスが舞台である。これらの事例では皆、中心市街地の土地が再定義され、新たな意味を与える努力が積み重ねられ、誰もが楽しめるような都市性という特性を備えた新しい場所を生みだしている（Majoor 2008）。それぞれのケースで、プロジェクトの詳細はより大きな市の政治や社会経済状況の文脈の中で捉えながら、十年あるいはそれ以上の期間を眺めてみよう。これらの事業の表舞台に登場するのは特定の人々である。彼らが、様々な可能性の中からどのように事業を構想し、いかに資金を集め、デザインから土地整備、建設へと進む行程を実施してきたか。そして、計画当初から完成に至る長い時間の中で事業への関心をいかに保ち続けてきたかを具体的に見ていこう。このような視点を通して私が示したいのは、多様で不可避な課題を乗り越えながら、いかに公共に資する空間の創造を目的とした計画的志向が維持されてきたかという点だ。また、政治や経済状況が変化している中でも、長期的な開発の見通しを持って複雑なプロジェクトを管理することができるのはなぜかを問うていきたい[3]。

ファニエル・ホール・マーケットプレイス、ボストン、米国[4]

ボストン市と市の開発公社（BDA）については既に3章の中で紹介した。一九四〇年代から一九五〇年代当初、市は汚職が蔓延するような悪政と評されていた。労働者グループは自己中心的なエリート世帯を疎ましく思う一方で、自らもアイルランド系、イタリア系、ユダヤ系コミュニティと分裂していた。市中心部や貧困層居住区の環境改善への投資は忘れられ、工業や拡張されてきた港湾地域も経済の変化に伴い斜陽化してきた。住民や企業の多くは、マサチューセッツ州が整備していた高速道路の周辺地区へと移動し、ビジネスパークやショッピングモールなどの建設が都市の周縁で広がった。一方、市街地の居住区にはアフリカ系アメリカ人が数多く流入し、多様な民族を抱える特性が強まっていった。

一九五〇年代に入ると、ジョン・B・ハイン市長のもと、汚職の撤廃とより効率的な行政を目指した新しい政治体制を構築すべく改革が叫ばれた。この時期に、多くの事業が立ち上がるものの、開発に至ったものはごくわずかであった。というのも政治的な軋轢が根強く、投資を期待された民間セクター側も及び腰だったからだ。市は、開発計画案として、広い範囲を対象としたクリアランスに加えて、住宅や商業施設、工場地区の再開発を市全域に構想していた。一九五七年、ボストン再開発公社(Boston Redevelopment Authority, BRA)が設立され[5]、最初の一、二年をエド・ローグ(3章参照)が取り仕切った。ローグは指針の中で既に合意されていた事業の実施に情熱を傾けた。彼はまた、反対意見の多かった市の再開発計画の見直しを実施した。一九六〇年代後半から一九七〇年代にかけての全盛期、ケヴィン・ホワイト市長率いるボストンは「都市計画と市政府改革の象徴」として知れ渡るようになった(Murray 2006: 63)。ホワイト市長が重要視したのは、近隣住区の改善を住民参加のもとで実施することと、市中心部の再開発を誘引するようなプロジェクトを組み合わせて、人々や企業が周辺地域へ流出する流れを食い止めることにあった。

ファニエル・ホール・マーケットプレイスは市の金融および政府組織が集積する地区と湾岸の間に位置する。現在は旧ファニエル・ホール(ボストン誕生初期のころの議会場として一七四二年に建設)と、旧クインシー・マーケット(市の主要な食料品卸市場)が改装され、小規模店舗や露店、バーやレストランなどが古い石畳の街路を挟んで立ち並ぶ商業施設になっている。建物の外は広いオープンスペースが設けられ(その下を幹線道路が走る)、公園、倉庫を改修したアパートメント、そして海へと続く。一九〇〇年代からの斜陽化により、クインシー卸売市場は一九五〇年代までには荒廃の様を呈していた[図6.1参照]。一九五〇年代に建設された高速道路が地上を横切り、この地区と海岸沿いを分断していた。市の他地区でクリアランスと再開発事業に関わっていたボストン市の計画委員会は、この地区全体の整備を提案することになる。しかし、建造物の歴史的意義を認め、その計画に反対する都市計画家や建築家らが別の開発コンセプトを対案として提出してきた。その案では、歴史的構造物を維持しつつ、卸売市場を、小売業を中心とした商業地区に転換する案が提出された。この案は最終的には市長およびBRA理事からの賛同を得た。地元の商工会議所を巻き込みながら調査が進められ、連邦政府からの再開発助成金を受けられるよう奔走した結果、一九六四年に港湾地区再開発計画としてまとまった。この計画案では、クインシー・マーケットの建物の修復と、残存していた卸売業の撤退が盛り込まれていた[6]。そして、様々な商店や事務所、小規模な企業誘致、アパートメント、食品小売やレストランなどをテナントとして入れる案が計画された（ちなみにこの計画案は、MITの有名な都市デザイナーであるケヴィン・リンチにアドバイスを受けたコンサルタント会社によって提案されたものである）。ここに、米国の都市に誕生した新しいタイプの都市環境の考え方を見いだしうる。余暇施設、消費行動を促進するような場所をつくることで、富裕層を市の中心地に呼び戻すという考え方である。そして、この考えは世界中の裕福な都市で反復されてきた。それは一八世紀および一九世紀のヨーロッパの都市に見られた、生き生きとした都市性を彷彿させるものである。

このような革新的な、しかしリスクを伴うプロジェクトには民間セクターの投資を誘発するような強力な唱道者が欠かせない。米国では、過度の政府介入は人々の不信感を買う傾向にある。そのため、近隣住区の住環境改善を優先事項としていたボストン市は、地元の建築家でもあり起業家でもあったベン・トンプソンに支援を求めた。「ふるさとボストン」を良くしようとプロジェクトの唱道者の一人となった彼は、得意先を通じて、この事業を請け負う開発業者を探し出してきた。この賛同者を探し求める中で、後にボルチモアの湾岸地区の再開発事業で世界的な名声を得ることになったジェームズ・ラウスにも出会っている（Box 6.2参照）。

ラウスは、都市の中の商業、娯楽施設は多様な人々が集まる場所だと考えた。ショッピングという経験は、都市の見向きもされなかった場所に人々の関心を振り向けることができるというのだ。そのためには、「空間の賢い使い方」を考えなければならない（Frieden and Sagalyn 1991: 176）。核となる考え方は、古いマーケットの建物を多くの小さな小売業専門店、レストランやバーと共に配置し、それらの相互作用によって建物の内と外の両方でそぞろ歩きの楽しみを生みだす。ラウス・カンパニーでは過去の事業から得た資金があり、複数の技能やビジネス

［図6.1］旧クインシー卸売市場
©The Art Archive/National Archives, Washington, DC.

上の繋がりを有するチームとしてこの革新的なプロジェクトを推進することができた。ラウス自身も事業遂行の唱道者として、楽天的なエネルギーを惜しみなく提供した。彼に対する評価をみると、このプロジェクトは単なるマーケティング上の誇大宣言ではなく、ラウス自身が（正確を期して言えば、結果的に）事業は必ず成功すると信じていたことがわかる。開発という仕事は、このようにその場所や歴史的な建物に内在する潜在的な発展のエネルギーを解き放す行為であるといえる。この事業の進展については Box 6.3に要約したので参照されたい。

十年後、ファニエル・ホール・マーケットプレイスは商業地開発の原型と言われるようになっていた。郊外でなく「市街地」での事業であったという理由だけではない。それは娯楽の場としての商業施設環境という考え方を提示したのである。来場者数は予測をはるかに上回った。一九八〇年代中頃までには、年間来場者数千六百万人となり、これは当時の英国を訪れる観光客数を超える数字だ。来場者はその場に留まって長く過ごすことはないが、小売

Box 6.2 開発業者の選定

一九七〇年までに、BRAと契約できそうな開発業者一社が見つかっていたのだが、不動産市場の下降期にあったため、竣工時期の合意が結べず契約に至らなかった。しかし一九七二年までには、別の開発業者が事業に関心を示してきた。郊外でのショッピングモールや食料マーケット事業を通じて頭角を現していたジェームズ・ラウスであった。また、別の地元の建築家兼開発業者も計画案を持ってアプローチしてきた。建物の荒廃と事業案の実施不安を抱えていた市長と開発公社の局長は、それぞれの計画案を比較した上で、特に市に金銭的収益が見込めるか、開発業者に運営能力があるかどうかを決め手に業者選択を行った。このような作業を経て、市の事業としての自信を深めていったといえる。地元のネットワークからは「よそ者」と見なされたラウスは、ホワイト市長ならびにBRAに対してあらゆる段階における事業の変更や後退について十分な説明を与えていた。

一九七三年、ラウス・カンパニーは正式に事業主として契約される。ラウスは聡明な政治的センスを持ちながら、いかに新しい都市の場所性をつくりだすかという戦略的な視点を持ち、開発事業のデザイン、マネジメント、資金調達の間の複雑な関係を良く理解していた。また、彼自身が開放的で誰もが享受しうる都市環境を創造する価値を強く信じていた。このプロジェクトは、彼の会社が郊外で建設したショッピングモールの中で実践してきた空間の質が、インナーシティという文脈の中でも成立するかの実験でもあった。都市生活全般に対する社会的責任感、都市の公共圏に対する貢献という意味で、ラウスは当時の商業施設開発業者としては類まれな存在であった。

Box 6.3

事業計画を遂行する

BRAがラウスと契約した事業では、両者の組織が担う役割の合理的棲み分けがなされた。BRAは旧市場を購入し、既存の卸業者の移転、高速ランプの撤去に加えて新しい基盤整備を担った。その後建物がラウス・カンパニーにリースされた。これによってラウス・カンパニーが初期投資をしなくてすむというメリットがあると同時に、政治的にも「ボストンの遺産を売り飛ばす」という市に対する批判を回避できた（Frieden and Sagalyn 1991:136）。リース契約によって賃貸契約の仕組みが明確になり、将来的に上昇するであろう賃料収入を両者間で分け合うことが可能となった。賃料の上昇に関しては市の取り分には上限があったが（かなり低く見積もりすぎたと言われている）。

BRAは二十八％の開発コストを負担、連邦予算を獲得しその多くを当てた。ラウス・カンパニーも独自の資金を拠出して開発に臨んだが、その長期的な目的は事業を不動産投資会社に売却することにあった。これには、投資会社に十分な賃料収入を得られる事業であると確信してもらわねばならない。ある投資会社が関心を示したものの、事業が完遂するまでのリスクは負えないと考えていた。建設段階でも、地元ボストンの銀行家らは融資に及び腰で、リスクの少ない事業への融資か、最低でも有名店といった「鍵となる店舗」を開発に入れることを条件としてきた。しかし、ラウス・カンパニーは主要なデパートの入店を確約することはしなかった。それはこのプロジェクトの意図に反する行為だからである。そのかわり、あるレストランチェーンの出店が決まり、市長の「個人的説得」が功を奏し、地元の銀行から建設時の融資を受けることが可能となった。ラウスは、市行政が掲げる社会目標を達成することにも合意し、小規模な業者との契約を優先し、少数派の企業を積極的に登用した。

開発期間全体を通じて、ラウス・カンパニーはデザインや資材、そして財政に関する新たな問題点を提示しなくてはならなかった。用心深い市長のおかげもあって、またラウス・カンパニーの献身的取り組みもあって、デザインの質や適切なマネジメントへの目配りが事業完遂に至るまで維持された。ラウス自身、場所の質や誘引性を大切にすることは、商業的にも事業の経済的成功の鍵だと考えていた[7]。❖

業者のビジネスには良い影響を与えており賃料収入も生みだした（Frieden and Sagalyn 1991: 176）。その結果、事業は十分に収益を上げ、ボストン市に年間二千五百万ドルもの税金を納めた。この事業やラウス・カンパニーの仕事は、米国のみならずヨーロッパの中でも、創造的でエネルギーに溢れる再開発を旧市街地でどう実現するかの象徴的な事例として受け取られるようになった。ボストン市内では、このプロジェクトに刺激されて更なる港湾地区での再開発が勢いづいた。

二〇〇〇年代に入っても、ファニエル・ホール・マーケットプレイスはボストン市内の重要な公共空間、余暇を楽しむ場所として、市民だけでなく観光客らにも親しまれている［図6.2参照］。幹線道路の地中化とあわせて、その地区は市中心部と海岸沿いの空間を結びつけている。また、市全体に広がる遊歩道や自転車専用道ネットワーク上にも位置し、公共交通機関や高速道路との接続も良い。時間を経て、高級店舗から、レストランやバーが中心となるといった変化はあるが、これは消費者の購買パターンの変化を受けているのだろう。フリーデンとセイガリン（Frieden and Sagalyn 1991: 174-5）はこの事業を次のように評価している。

一連のテーマが時代にフィットしたものだった。大衆が美食に目覚め始めた頃で、セントラル・アーケードはそのニーズに大量にそしてセンスよく応えた。歴史に新たな息吹を与えられた市

［図6.2］ファニエル・ホール・マーケットプレイス（二〇〇三年）
©Haruhiko Goto

民の目前に、マーケットは一五〇年の歴史を誇る本物の建物と石畳の道が歴史的に関連づけられて再現した。ヨーロッパの路地に並ぶカフェや賑やかなピザ屋を知る世代にとっては、マーケットは懐かしい楽しみの場となった。

とはいえ、この事業への批判がないわけではない。本章のはじめに触れたように、巨大開発事業に対する一般的な嫌悪感を反映し、この事業が現実逃避の消費主義、いわゆる「テーマパーク」化（Sorkin 1992）の象徴であって、ボストンの実態社会経済に何ら貢献するものではないと評価を下す者もいた。また、過去の歴史に対する懐古主義を助長するだけで、貧困状態に暮らす人々がまだ多く住むボストン市街地への波及効果もないと批判する声もあった。しかし、そこにはある都市的な場所性がつくられたのは確かだ。この事業が市中心に接続したことで、誰もがまち歩きを楽しみ、店を眺め、海辺へとアクセスできるようになった。また、この事業によって人々が市街地に戻ってきたことも無視できない。市役所が一九七〇－八〇年代に取り組んだ近隣住区再生や、インナーシティの集合住宅建設プロジェクトの効果もあって、ボストンの人口は増加、ファニエル・ホール・マーケットプレイスでは、いまだに様々な文化背景を持つ人々が集まる空間を提供し続けている。

この事業は、ボストン市そして米国の都市全般にとって、都市の場所性の新しい型をつくりだす実験であったといえよう。場所の質は、インナーシティにおける公共圏をより良くするという目的も含めて、市長が関心を持ち続けてきたこと、強力な開発公社、そしてラウス・カンパニーの事業遂行能力の賜物であるといえる。しかし、このような事業への関心を維持できたのは、慎重な市民の存在、特に都市デザインや建築に関心の高いプロフェッショナルの存在が大きい。このような市民運動が育成されたのも、ボストンがマサチューセッツ工科大学（ＭＩＴ）の建築・都市計画学部、そして近隣ケンブリッジにあるハーバード大デザイン学部の拠点であることを考えれば偶然ではないだろう。もう一つ成功の理由を挙げるとすれば、それはインナーシティの小売商業施設開発と、この地域に暮らす様々な労働者階級の人々にとっての環境をよくするという課題を掛け合わせて問題を解いたということにある。また、歴史的遺産を市の中心部や隣接する魅力的な水辺空間に結びつけた場所性が、その潜在性を見事に開花させたということになる。クリアランスや再開発に反対していた人々が訴えていたように、重要な公共資源を生みだすためのタイミングを見逃さなかったとも言える。事業そのものはリスクの高い実験であったが、この場合は既存の企業や住民らに移転を強いることなく（市の初期の開発では行われていた）、あらゆる関係者にとって重要かつ様々な価値を持った開発として実現した。次は、開発アプローチとしてはかなり異なる取り組みとして、バルセロナの事例を眺めていこう。

バルセロナの水辺空間、カタルーニャ地方、スペイン［8］

ボストンでの都市開発へのアプローチは基本的に事

業先行型であった。行政がそのきっかけをつくるが、資金や事業の実施は民間セクターの開発業者や投資家らによるものである。市行政が期待したのは、事業が生みだす利益分配に加え、公共資源を生みだすことであった。一九八〇年代のボストンと同様に、バルセロナも一九九〇年代に都市「ルネッサンス」を実現した国際的モデルとして知られるようになった。しかし、その開発アプローチはこれまでとはまるで異なったものであった。

スペイン第二の都市、バルセロナ市は二〇〇一年時点で人口一五〇万人を抱えており、バルセロナ都市圏全体の人口は二八〇万人、周辺も含めた都市地域としては四八〇万人の人口を有していた。近年、インフラ整備が進んだことが、この都市地域への人口増加に寄与している（Marshall 2004）。歴史的な事情から市が所有する公有地はそれほど多くなかったものの、具体的な増税、収益を上げる力が備わっていた。カタルーニャ州の州都バルセロナは、十九世紀には地中海地域にとって重要な商業、工業、港湾上の拠点であり、当時の有産階級は市の発展に資する投資に積極的に貢献した。この時期、工業および商業施設開発が、旧市街地の背後にある海岸地域に拡大した。市の核となる中心部周辺に都市部を拡大させる画期的な計画案は、一八五七年、地元の土木技術者であるイルデフォンソ・セルダが描いている。バルセロナは、知的かつ芸術的な文化風土、活発な商業活動、とりたてて裕福ではないが市民活動に積極的な労働者階級が暮らす都市として知られるようになった。しかし、バルセロナは労働者階級や工業都市という顔だけを有するだけではない。建築家アントニオ・ガウディが生みだしたすばらしい建築群に象徴されるように、建築や革新的な芸術活動の拠点でもある。こうした精神は、二十世紀の内戦と独裁政治によって一時中断されたものの、その後の新たな時代に活躍する世代、市民社会を取り戻す政治運動に関わった政治家、建築家そして都市計画家に多大なる影響力を与えた。彼らによって構想された都市の新たな考え方は、二十世紀後半における都市開発のあり方を方向付けたといっても過言ではない。

独裁政治の時代（最終的にはフランコ将軍の死によって一九七五年に終焉を迎える）、住宅、公共施設やインフラ整備などは一九五〇年後半まで殆ど進まず、多くの労働者はサービスの不十分な古い住宅ストックに詰め込まれて暮らしていた。都市拡大を目論んだフランコ政権は、安普請の建物を投機目的で数多く建設した。そのために、空地やオープンスペース、当時予定されていた都市計画案[9]に示されていた学校や保健センター、図書館や小規模公園の用地さえ、住宅開発に提供されてしまった。こうした性急な開発によって密集した集住環境は更に悪化、住民生活の質はみるみる減退した。この状況を見かねた一部の市民たちは近隣住区の環境改善を求めて立ち上がることになる。そして、この市民たちの抗議がより大きな社会運動へと発展し、ヨーロッパの他地域で台頭しつつあった社会主義政治と結びつくことによって、政府の優先事項や政治のあり方を改める要求が突きつけられるようになる（Castells 1983）。反対運動が特に目覚ましかったのは、近隣住区での建物取り壊しによって新しい開発を実施する際であった。こうした反対運動には、地元の建築家や都市計画家らも積極的に関わっていた。

独裁政権側も、住環境の改良を要求する市民に対応すべく、バルセロナ市の都市圏総合計画（General Metropolitan Plan）の策定を開始した。この計画案では都市成長の継続を前提としながらも、住宅地の密度を下げ公共施設を増やし、公園や緑地を密集住宅地区に取り込みながら、これまで市が後回しにしてきたインフラ整備を進めることが盛り込まれた。しかし当時の緊迫した政治状況を反映して、この計画案をめぐってもかなりの衝突が起こった。市民は、この総合計画では開発業者による投機目的で建設される建物の蔓延を規制できないと批判し、一方の開発業者は開発規制が強すぎると反発した。最終的な計画案は一九七六年に決定されたが、現在もそれが市の総合計画として存在している。

独裁政治の終焉を迎えると、これらの計画案は新たな民主的行政府の手によって遂行されていくこととなった。4章で取り上げたバンクーバー同様、反対運動から主要な活動を続けていた人々（その多くは建築学のバックグラウンドを持つ者）は政治家、そして市行政の都市開発・建築局の局長クラスのポストに就いた。新しく登場したこの行政府は、行動力ある市政をスローガンに掲げていた。古い時代の輩の多くは免職され、新しいより能率的な組織が構成されたことからも、ポスト独裁政権時代ではそのような行政改革は比較的容易だったろうと想像する。この新たな行政体による戦略的な都市開発のプロジェクトは、一九七六年の総合計画の中で提唱されていた意欲的な事業を、更なる都市デザインの考え方を踏まえて実践することを目指した。その中には、海運交易事業に必要な新しい施設をつくる空間が残されていた南西地区に、港湾機能をつくることが含まれていた。これは古い工業施設の立地する海岸地区を市民のための余暇空間に転換することにも繋がる案であった。計画全体として強調されたのは、ランドスケープや彫刻の配置によって公共空間を改善しようという試みであった。ここでの主要な原則は、拡大する都市の周縁地区においても、より都市的な雰囲気を生みだすようにすること、また市中心部の質を回復させることであった（Esteban 2004）。

市行政によるこれらの案は市民からの支持も得た。最初の優先事項であった近隣住区の改善も、その資金は地元で十分捻出されるほどであった。一九八六年にスペインがＥＵに加盟すると、バルセロナも近隣住区の改良事業に必要な資金をＥＵ基金から調達することが可能となった。しかし、水辺空間の再生（物理的なインフラ整備は言うまでもなく）はその対象からは外されており、多額の予算の準備は市行政の手に負えるものではなかった。このような状況にあって、政治家や行政職員らは「イベント誘致型再開発」へと戦略を練り直すことになった。もし、イベント開催が全国的な波及効果を上げると想定されれば、中央政府やカタルーニャ州からの予算も市の予算に組み合わせて、事業実施に使えると考えたのである。こうして、バルセロナ市は一九九二年のオリンピック開催都市への立候補を決断した。このアイディアが最初に市で提案されたのは一九八二年、国際オリンピック委員会に正式に承諾されたのは一九八六年である。ちなみに、当時の国際オリンピック委員会会長であったアントニオ・サマランチは、バルセロナの開発事業者の一人である（Majoor 2008: 164）。この国際イベント誘致を発端に、旧市街地と港湾（オリンピック村の建設地）に接続するかたちで北東部の海岸地区の整備が開始された［図6.3］。また、これに関連して主要なインフラ整備やそれ以外にも広大なオープンスペースの改良事業が市のあちこちで始まった。ウォード（Ward, 2002）の報告によると、バルセロナからの一行がボルチモアにいたジェームズ・ラウスの元を訪れ、海岸地区とインナーシティの再生についてアドバイスを求めていたという。

オリンピックという事業は、すべての政府レベル、そしてインフラ整備を請け負う様々な政府系企業の関心を戦略的に融合させていくという大きな利点があった。この国際イベントを成功裏に導くためには、連携が欠かせないからである。プロジェクト全体は、当時の市長パスクアル・マラガル（一九八二－一九九七年在職）のもと、建築家・都市計画家であるオリオル・ボイーガスや、ジョアン・ブスケッツが市役所の建築・都市計画局を率いて計画・実施されたが、一連の事業には、市役所と近い関係にあるような特殊法人が多く関わった。当初から、オリンピック事業に必要な莫大な費用問題に加えて、土地所有権の混在や汚染された地区に建設しなくてはならないという環境問題への対応、また、新たにつくられる場所はオリンピック開催時にこの地を訪れる大量の人の流れや交通をさばかねばならないといった複雑な問題も抱えていた。具体的な事業の概要をBox 6.4にまとめた。

バルセロナにとって、このイベント開催型のアプローチは大成功であった。オリンピックはバルセロナ市の名を世界地図の上に明確に残し、観光客は旧市街地に続く公共空間の質の高さや施設、海岸沿いの環境を評価している［図6.4］。また観光客だけでなく、投資家や起業家らにも、バルセロナ市のダイナミックなエネルギーを象徴するものとして強いアピール力を持った。市の政治家、都市計画家や建築家による精力的な売り込みもあって、政治が主導した市の

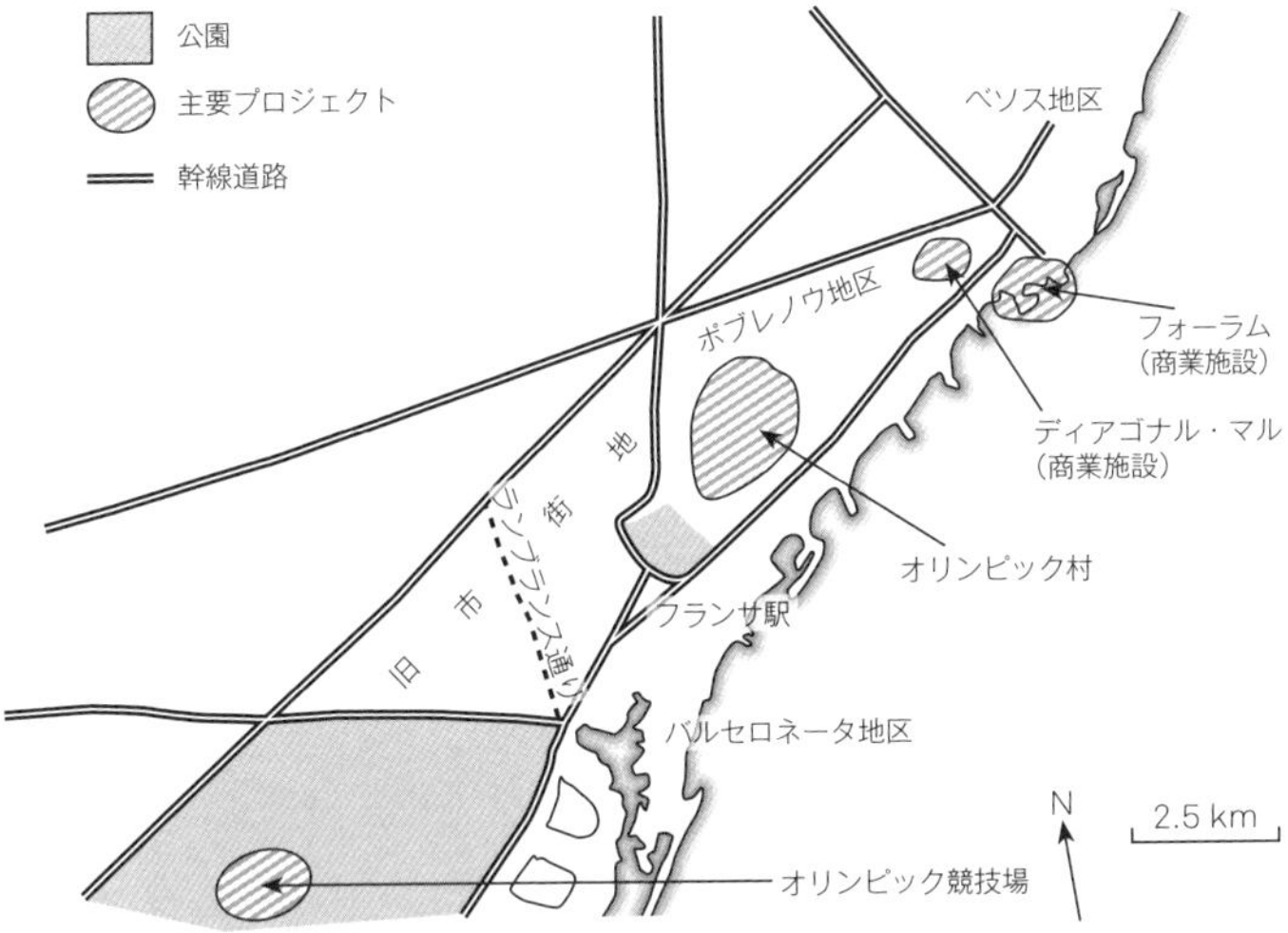

［図6.3］バルセロナ市のウォーターフロント地区

再生事業として象徴的なものになったといえる。市民もスポーツの祭典を楽しみ、新たにつくられた地域資源、特に海岸地域がプロムナードとビーチとして親しめる空間に再生されたことを喜んだ。しかし、もちろん政治の活発なバルセロナ市では、それに対する批判も多くあった。当初の住宅区改善という目標がねじ曲げられて、外部向けのイメージばかりを気にするようになったこと。また、オリンピック事業が生んだ財政負担のおかげで、市行政が更なる民間投資依存になり、その結果、地区の高級化が進んでしまったこと。事業期間が短かったため、突貫での施設建設を余儀なくされ、デザインや建設時の質が十分でなかったこと。市中心部の旧市街地では土地や不動産価格が高騰し、結果的に貧しい人々が退去を余儀なくされ都市周辺へと追いやられる結果を招いた、といった批判である。また、この事業は都市開発における行き過ぎた「資本主義」を助長したに過ぎないとまで酷評する者もいた。しかし、ボストンや米国での都市開発と比べれば、このプロジェクトが公的セクター主導だったこともあ

Box 6.4
オリンピック港とオリンピック村をつくる

オールド・ポートの北部海岸線は、斜陽化する工業および港湾機能施設の建物が建ち並んでいた。このエリアは海岸線そのものが汚染されていた。海岸沿いに並ぶ建物群の背後には鉄道と幹線道路が敷かれていた。土地は再開発の可能性に関心を寄せる大企業が所有している場合と、公共セクターによって買い取られた土地が混在していた。オリンピック村の事業では、この海岸線を水辺空間の住宅開発地区、余暇地区へとつくり替え、すべての市民、特に旧市街地やインナーシティの劣悪な住環境に暮らす市民たちの憩いの場を生みだすことが提案された。

この再開発事業は、ポートベイ港に隣接する労働者階級が多く暮らす古い住宅地区の改良も含んでいた。近隣には高級ホテルの建設に加え、選手らの滞在地となるオリンピック村の建設（オリンピック終了後は低家賃の住宅として市民に提供する計画）、旧港（ポートベイ）から競技施設を横切って北東海岸へと繋がる海岸沿いの遊歩道の建設、北東海岸には観光客をもてなすだけでなく後々は市民にとっての社会資源となるようなビーチをつくることが想定された。鉄道は取り払われ、ボストンのように幹線道路の一部は地中化された。加えて、海岸沿いでの海水浴が可能になるように市が下水設備を整備することになった。

政治的、技術的なネットワークが絡み合う中で、懸命な説得力が功を奏して、すべての政府レベル、公的セクターによる共同の取り組みはタイトなスケジュールにもかかわらず遂行された。フランコ政権崩壊直後に、先見のある市の行政官によって殆どの土地は市の所有となっていたが、敷地全体の土地を一つにまとめ施設を建設していく作業は時間的にも非常に厳しかった。施設の中には後に売却されたものもあるが、殆どは公共施設として活用し、公共セクターによる管理が想定された。当然のごとく、市行政は膨大な資金負担を抱え込む事態となり、大幅な財政赤字と経費削減を余儀なくされた。このような金銭的プレッシャーの犠牲となったのは、後に公営住宅となるはずだった選手村アパートメントを、最終的に民間アパートとして売却せねばならなかったことである。❖

［図6.4］バルセロナのウォーターフロント（二〇〇〇年代）
©Ali Madanipour.

り、資本も社会民主主義的な原則を備えたものであったことは特筆すべき点であろう。政治家、行政の都市計画・建築担当者、そして彼らが有するネットワークは起業的意識を持った「総合開発業者」であったといえるのではないだろうか。

　オリンピック事業が始まって以降、市役所はより戦略的に市全体の開発の方向性を見直すようになっていた。一九九二年に採択された社会経済的な指針を示した戦略（Barcelona 2000）の中には、大掛かりなインフラ整備への投資と再開発事業が盛り込まれており、オリンピック事業の海岸線地区の開発を北部に拡大することが言及されていた。しかし、市役所は相当の負債を抱えていたため、これら事業の実現は極めて困難であろうという意見が大勢を占めた。市はイベント誘致型によるアプローチを再び検討したが、今回は自らそのイベントを立ち上げなければならなかった（二〇〇四年に開催されたUniversal Forum of Culture）。これはEU予算の獲得には成功したものの、想定よりはるかに少ない入場者数となってしまった（Majoor 2008, Majoor and Salet 2008)。米国資本の民間開発業者が資金を出し、アパートや小売店舗開発（ディアゴナル・マル）を実施し、それ自体は成功したといえる。しかし、二〇〇八年の時点で海岸地域に計画されたそれ以外の事業は遅延しており、その多くが資金繰りに苦戦している。

ここまで見てきたように、バルセロナでは海岸地区における都市再生は市役所主導で、その多くを公共セクターが資金を出す主要な事業を通じて実施されてきた。これらの事業は、都市コミュニティにとっての重要な結節点として、力強い中心市街地をつくるという強力な戦略的アイディアに基づいて進められてきた。目指したのは、構築物としてだけではなく、社会の雰囲気、市民の精神を体現するようなものとして都市をつくるということである（Maragall 2004, Marshall 2004）。独裁政権から解放されたバルセロナでは、この事業は民主的な都市やコミュニティの再生を象徴した。市長、そして彼の側近らは、自分たちはこのコミュニティの代表であるべきだと考えており、市民に代わって公共圏を見守る守護者として振る舞っていたのである。この市政府と市民との関係は、フランコ政権時代につくられた反政府勢力によって支えられていた。それゆえ、独裁政権崩壊後、大きなチャンスがやってきて、そのタイミングを逃すことなく新しい政府は市民の代弁者としての役割を果たしたのだと言えよう。しかし、時間が経つにつれ、政治家やその側近も精力的に活動する声の大きな市民たちの批判の的にもなってきた。ただし、批判的な問題提起は市行政が公共圏の質や、市民、観光客、企業に提供する様々な施設の質を維持していくには必要なものである。市民からの批判は、都市内の主要な結節点となる場所に対する投資と同時に、近隣住区における住環境改善のバランスを保つことの必要性を前面に押し出すものであったからだ。巨大開発事業によって都市再生を実現するバルセロナモデルの真骨頂は、これらの点にあるのだ（Majoor 2008）。

民主主義体制へ移行して三十年、市行政も他の地域と同時代を生きていかなくてはならない。批判的で経済的にも豊かになった市民たちは、都市再生のモデルを牽引してきた政治家と技術者による市行政の仕事に不満を抱くようになり、新しい協議や直接参加のあり方を求めるようになってきている。市行政が先導してきた開発によって、経済的活動は拡大してきているが、それは一方で社会的な追い出し、つまり富裕層が市の中心部に流入して低所得者層が周縁に追い出される現象を引き起こしている[10]。二〇〇〇年代に入ると、あらゆる政府レベルでの予算が削減され、様々なレベルそして部門間の協働はより困難になってきている。それは、巨大開発事業とそれ以外の公共事業の間で繰り広げられる熾烈な資金の奪い合いを意味する。その結果、市行政は巨大な力を持つ民間開発業者に助けを求めるようになってしまった。しかし、これは民間企業的な事業の方法論を学ぶことでもある。政治家や都市計画家の間でも、これまでに事業提案されているものも実現が難しいのではないかという思いが広がりつつある。とはいえ、二〇〇〇年代後半までに策定された新たな都市圏「空間(territorial or spatial)」計画では、二〇〇〇年代後半の金融経済危機の影響でスペイン自体が深刻な影響を受けているにもかかわらず巨大開発事業が将来事業としていまだに想定されている。

バーミンガム市中心街とブリンドレイプレイス、英国[11]

ボストンやバルセロナ同様、バーミンガム市役所も市全体の開発を精力的な事業誘導型アプローチにより、貧困層の住宅地区の環境改善とあわせて実施してきた自治体である。一九八〇年代のバーミンガムは、一九九〇年代のバルセロナと似た状況にあったように思える。両者はその国では「第二の都市」であったこと、またその名を世界的に知らしめようとした巨大な公共事業のおかげで財政難に陥っていたなど、共通点も多い。バルセロナのように活発な市行政による開発行為が進むような政治文化もあったが、バーミンガムはかなり特殊な場所であったともいえる。バーミンガム市は、様々な米国の都市、ラウス・カンパニーを含む開発コンサルタントや、バルセロナを含むヨーロッパの都市と密接な関係をつくり上げていた。英国最大の基礎自治体である市の二〇〇一年時点の人口は百万人、近隣にも都市が広がる「広域都市圏」（これらは十九世紀、二十世紀における急激な産業の拡大と共に成長を遂げてきた地域）の中に位置している。ボストンやバルセロナのような、海岸地区はなく、鉄道時代以前に原材料や工業製品を運搬するためにつくられた水路ネットワークがあるのみであった。水路は市中に張り巡らされていたものの、その利用がなくなってからは忘れられ、工場や倉庫に取り囲まれたよどみとなっていた。二十世紀中旬までには、バーミンガム市は車の生産や高い工学技術を中心とした主要な製造業団地を形成しており、国内外からの投資や労働者を集め、特に大英帝国時代の英連邦諸国との関係が強かった[12]。しかし、一九七〇年代には弾力性の高い製造業の繋がりにも徐々にほころびが見えはじめ、一九八〇年代初頭の急激な産業崩壊の影響を強く受けた。一九八一年から一九八七年の間に、大都市圏全体で十四万人もの製造業就業者が職を失った（Smyth 1994: 128）。この失業率の上昇と同時に、見捨てられた土地や建物が市の中心部のあちこちに見られるようになった。

ボストンやバルセロナ同様、バーミンガムも一九五〇−六〇年代に急激な市域拡大が起こり、特に外側へと広がって大都市圏を形成するに至った。もちろん英国の場合はこの拡大も「グリーンベルト」の規制の枠内で起こっている。市内に目を向けると、中心市街地に自動車がアクセスできるようにするといった野心的な計画が一九五〇年代にあった。この案では、十九世紀の旧市街地を掘り込み型のリング道路で囲み、これによって市中心部と住宅街の間に「堀」をつくることが想定された。市の中心部では一九五〇年代、一九六〇年代に再開発が実施され、戦災復興に加え、車社会を中心として地域経済と文化を活性化させることが目指されてきた。この一連の再開発事業は、今日では質の悪い建物や単調な中心市街地をつくりだしてしまったという評価が下されている。小売業を中心とした商業施設も、増加する人口や豊かになる市民の需要に応えることなく斜陽化していった。一九八〇年代までには、市行政の政治家や行政担当者の間でも、市中心部に対する低調な投資、消費需要の低下に次第に懸念が広がっていった。

しかし、市行政は常に前向きな思考で、積極的な都市開発志向を持つ伝統があり、英国内の経済開発が首都に集中する傾向にあろうと（Newton 1976、あるいは5章のサウス・タインサイドの事例を参照）、市の態度に変わりはなかった。一九八〇年の時点で、市が有する資金は少なく、公用地であったものも中央政府による民間払い下げが実施されたため資源が枯渇していた。市が法律を駆使して開発を進めるにも限界があった。というのも公式の計画システムの制度の中で決定されるあらゆる計画は上位政府からの許可が必要となり、周辺自治体との複雑な交渉をしなければならないからである（Vigar et al. 2000: Chapter 3）。ボストンやバルセロナ同様、バーミンガムにも貧困の問題や失業率の上昇といった問題があり、それに加えて、経済状況の変化によって多くのインナーシティの住宅地区の治安の問題にも取り組まねばならなかった。市行政が構想した成長戦略の重要な柱は、市中心部に「三つの」活動（商業、文化、小売業）を集中させることにあった。こうした考えを基に、市行政は既存の戦略の見直しに乗り出した。数年間に及ぶ取り組みにより広いコンセンサスも得て、市行政が地元の商工会議所との連携を強めるように働きかけた。市行政内の専門官らが実動部隊となってそれを下支えした。市行政は、EUの予算獲得にも積極的に取り組み、工業の斜陽化による地域再生を支援する名目で補助金を獲得する（Smyth 1994）。その結果、行政体としての力や資源に限りがある中で、市行政は実のあるガバナンス能力に加えて、ビジネス業界との協働という文化を醸成させていた。

新たな戦略は二つの期間に分けて提案された。まず、最初に公的資金を使った大きな事業を仕掛け、その名前を世界的なものにする[13]。バルセロナ同様、バーミンガムもオリンピック開催都市として名乗りを上げた。その試みは失敗に終わったが、ホテルやコンベンションセンター、室内競技場をつくるアイディアがこの時誕生している。オリンピック開催地の目標は断たれたが、これらの案は中心市街地再生プロジェクトへと受け継がれた。新たな計画は、既存の中心市街地の商業施設とコルモア・ロウとヴィクトリア・スクエア周辺のオフィススペースを、インナー・リング道路をまたいで市役所が立地するセンテナリー・スクエアまで橋を渡してつなげるというものであった。主なプロジェクトに、新しいコンサートホールの建設（現在バーミンガム交響楽団の本拠地）と国際コンベンションセンター（ICC）の建設が盛り込まれた。これに加えて、ハイアット系列のホテルの建設が計画された[図6.5]。この建設予定地は、市の旧水路ネットワークの一部となる二十六エーカー（十一ヘクタール）もの荒廃した工業地やその建物群の土地と隣接していた。そのため、この地区を新たな余暇、娯楽のための空間と再生することが戦略上重要なポイントとなった。ブリンドレイプレイスと呼ばれるこの場所は、二十世紀の終わりには中心市街地再生の成功モデル、新たな「アーバン・クオーター」（Latham and Swenarton 1999）として賞賛されるようになった。それから十年後、ここはバーミンガム市の活気ある中心市街地での暮らしには欠かせない魅力的な場所となっている。

市議会議員や行政担当者は議論を重ね、米国のコンベンションセンターや大手ホテルの開発事業を幾つも視察している。その中で、ジェームズ・ラウスの提唱するインナーシティ再生手法としてのフェスティバル・ショッピング（祝祭広場での購買）という考え方に行き着く。市の担当者らはラウスの事業の一つであるボルチモアを訪問、ファニエル・ホール・マーケットプレイスの成功を更に発展させた事業を見て回った。この市中心部の再開発事業に必要な用地整備の一環として（一九九〇年代頭に用地整備は完了）、市行政は徐々にブリンドレイプレイス地区の土地を買収していった。また、水路のネットワークを再生し、観光客がボートでの遊覧を楽しめるように改修することも提案した。市役所の事業案は、室内アリーナと当初フェスティバル・ショッピングの空間に設定されていた場所を組み合わせるというものであった。ラウスの事業案が参考となったものであろう。この地

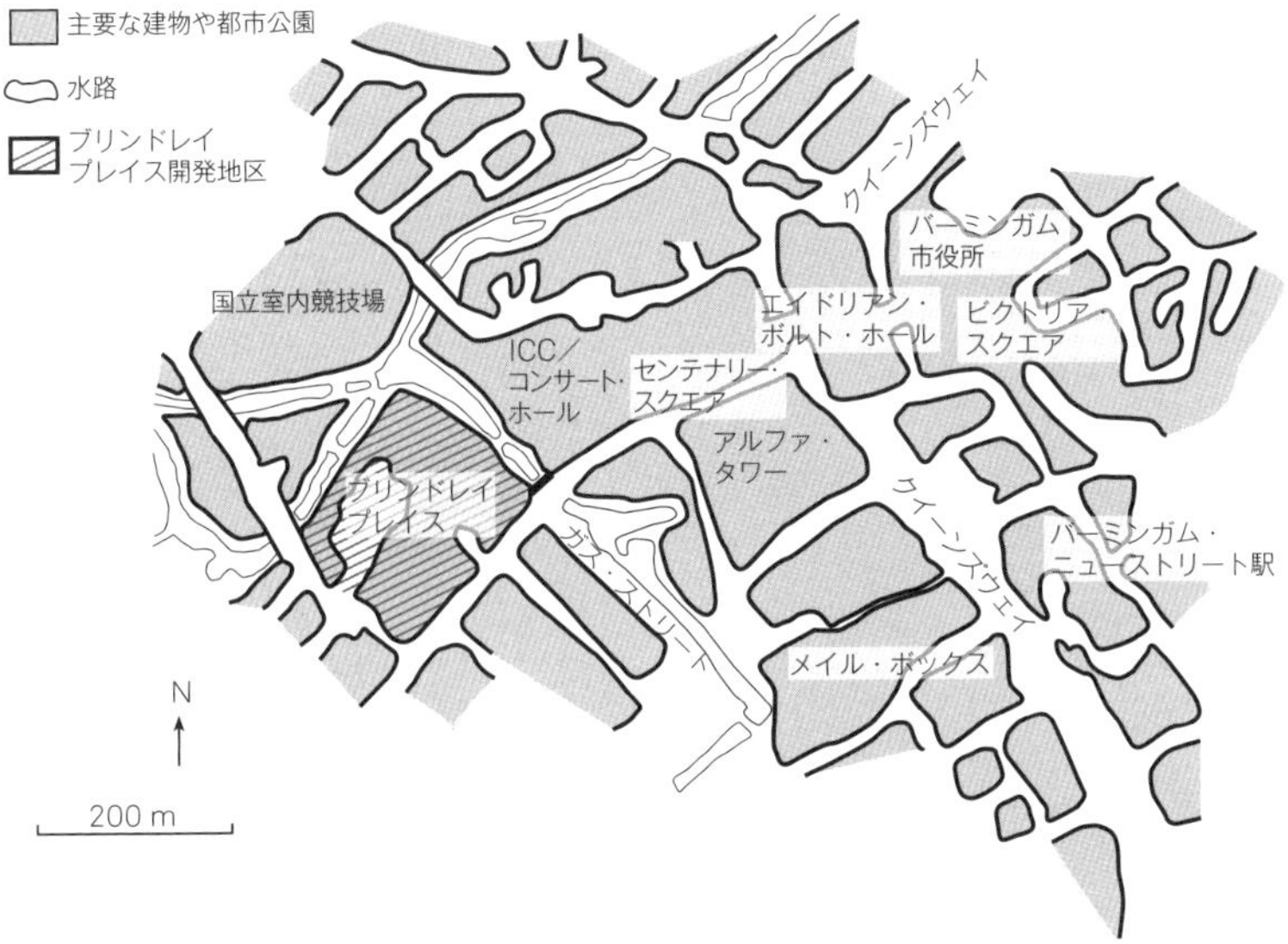

［図6.5］センテナリー・スクエアーとキャナル地区の再開発プロジェクト

区の開発資金は、区画整理によってまとめられた敷地全体を民間の開発業者に売却して捻出するとされた。しかし、この時点での市財政は相当悪化しており、現場の変化を知る地元大学の研究者は、この巨大開発事業は自治体予算を食いつぶし、インナーシティの貧しい居住地区の多くが抱える困難な問題への対処を後回しにするだけだと痛烈に批判した（Loftman and Nevin 1994）。とはいえ、一九八〇年代後半の不動産市場のバブル絶頂期にあって、民間投資による開発は実現可能な魅力的方向性であるかのように思われた。

　一方、市行政の中でも、より市中心部の将来を見据えて戦略的な考え方を模索しはじめるようになった。一九八七年から一九八八年にわたり、ビジネス界のリーダーとデザインの専門家らが地元議員や行政担当者を支援して、市中心部の新しい「ビジョン」が策定された。市の開発を推進するための取り組みは「ハイバリー・イニシアティブ」と呼ばれた[14]。市中心部のビジョン全体を構想した後、歩行者空間および都市デザインの方向性に関する調査、加えて公共空間のデザイン進め方を提案するよう、市行政はラウス・カンパニー出身のコンサルタントに依頼した。この作業を通じて、活気ある中心部を再生させるために核となる部分に特徴あるエリアを開発するという、市中心部のデザイン戦略が徐々に明確になった。こうした動きによって計画的志向が形成され、計画の枠組みを設定し、その中で市行政の計画担当者が民間開発業者と協議を重ね、最終的にブリンドレイプレイスとなる場所が誕生した。ここで特筆すべきは、開発のマスタープランとして、不動産開発業界が直面する経済危機に対して柔軟に対応するという考え方が、市行政と開発業者間で結ばれる法的契約の基礎となり得たことであろう。

一九八七年、空前の不動産ブームの絶頂期にあって、市行政はブリンドレイプレイス地区の開発案を発表、開発業者からの入札が公示された。開発案で示された内容は、室内競技場に加えて、その地区全体での商業ならびに娯楽施設の建設であった。十一業者が入札に臨んだ。開発業者の選定にあたっては、市行政が検討していた市中心部のビジョンの中に盛り込まれていたデザイン案を実現しうるかが判断材料となった。対象地は、一九八〇年代後半に開発組合マーリン・シアウォーター・レイン(Merlin-Shearwater-Laing)に売却されることが決定した。マーリンは米国の企業でラウス・カンパニーとの繋がりも強く、オーストラリア、シドニーのダーリング・ハーバーの開発にも意欲を示していた。シアウォーターは英国の有名企業ローズホウの小売店舗開発部隊である。ローズホウは一九八〇年代にロンドンのリバプール・ストリートにおいてブロード・ゲートという商業施設を開発している。レインは建設会社で、そもそもは国立競技場の建設に関心があった(Smyth 1994)。しかし、この時点までに不動産業界は英国内に限らず、国際的にも大きな危機に直面するようになっていた。市行政や開発業者側の担当者らは、デザインアイディアが経済状況の悪化によって見失われないように相当の努力を払った(Box 6.5参照)。

事業建設が始まりそのかたちが見えてきたのは、

Box 6.5

不動産ブームとその崩壊を乗り越えて

対象地は一九八〇年代後半に二千三百三十万ポンドで売却された。市行政はその売却益を室内競技場建設に充てた。残りの十一エーカーの敷地に提案されていた開発事業コストは、開発業者が区画や建物の分譲によって得られる収益を見込んで負担することが想定された。ひとまず室内競技場は建設されたが、一九九〇年に不動産ブームが崩壊。一九九二年までに、残された地区は「失敗例」とのレッテルを貼られた(Smyth 1994: 190)。地区全体は大幅に整備されたが、開発組合はその時点までに解散していた。レインは室内競技場の建設を請け負うことを目的としていたので、それが完了すると事業から離れていった。マーリンも、ブリンドレイプレイスの開発投資に回そうと考えていたダーリン・ハーバーでの事業がオーストリアでの訴訟となり、遅延を余儀なくされていたため、撤退してしまった。その結果、シアウォーターが唯一開発業者として残った。不動産バブルの崩壊のあおりを受けて厳しい経済状況に置かれていた英国の不動産開発業者と同様、シアウォーターの資金繰りも不安定な状況に陥ったため、親会社であるローズホウは一九九〇年にシアウォーターを清算することになった。これにより行動力に定評のあるゴッドフリー・ブラッドマン率いるローズホウ一社が、ブリンドレイプレイス事業を一手に引き受けることになる。

一方、市行政はファレルという都市デザインコンサルタントに、この開発業者の変更に伴うマスタープランの描き直しを依頼した。それと同時に、初動期に開発組合が指名したプロジェクト・マネジャーのアラン・チャットウィンは、事業に継続して関与してもらうことを決定する。一九八九年からの数年は困難な時期となり、事業の進展が見られる状況ではなかったが、チャットウィンは市役所の都市計画担当者ジェフ・ライトとの連絡を取り続けた。事業計画が途絶えないためにできることは何でもするという体制であった(Latham and Swenarton 1999)。市役所はマスタープランを活用して公共スペースや公共圏の質が維持されるように努力した。開発内容を事務所建設に集中させてはどうかという声も強くなったのだが、レストランや、バー、センター・スクエアや水路に面した軒先の空間や橋といった様々な要素の組み合わせこそが大切であり、歩行者街路によってその場所と市中心部の他の場所とを結びつけることを譲らなかった。チャットウィンも、これまでにはないような場所を創造すること、また歩きやすく愉しめる歩行者空間を市内の他の場所とうまく結びつけるという、この戦略的な目標には大いに賛同していた。また、市中心部の居住者人口を増やし、ヨーロッパの典型的な都市のようにバーミンガムもコスモポリタンな雰囲気を備えた都市にしたいという思いも強くあった[15]。しかし、ついにローズホウも倒産し、財産管理手続きに入ることになってしまった。

市行政は再び開発業者を探すべく入札をかけた。五社が関心を示し、交渉が行われた結果、アージェントというほぼ無名の企業が選ばれた[16]。この際も、公共空間の質を高めることに注意が払われた。対象敷地は三百万ドルでアージェントに売却されたが、すべての開発が終了した際には八百万ドルの不動産価値がついていた。アージェントは、後に、土地の購入価格が最低価格でなければこの事業を遂行するのは不可能だったと振り返っている(Latham and Swenarton 1999)。アージェントはその後も市行政との関係を維持し、マスタープランに示された枠組み内で改変が必要となる場合など、柔軟な対応を続けている。❖

一九九〇年代から二〇〇〇年代初期にかけてである[図6.6参照]。ブリンドレイプレイスは、現在メイルボックスとして知られている水路沿いにできた巨大な娯楽施設とも繋がっている。二〇〇〇年代中盤までに、バーミンガム市は他のヨーロッパの都市にも通じるような雰囲気を持った、魅力的な都市の核

［図6.6］ブリンドレイプレイス（二〇〇八年）

として市中心部の再生を実現した。成功の鍵は、公共空間の質に対する注意深い対応にあったといえよう。重要なのは、こうした公共空間の質への関心を維持することは、民間セクターの不動産投資家や開発業者にも利益を生みだす基盤となるということである。ボストンやバルセロナの事例と同様に、市行政は貧困層が多く暮らす住宅地区への対応と、市中心部における開発のバランスを継続して考えてきた。もちろん、開発による地区の高級化が引き起こされることは否めない。ブリンドレイプレイスのように、当該地周辺の不動産価格が上昇し、水路沿いには高級アパートなどが建設される。しかし、事業全体を通して、市政府の政治家や都市計画担当者は貧しい住宅地が集まるエリアから、新しく生まれる空間や水路沿いの空間へのアクセスを積極的に確保しようと努力してきた。ボストンやバルセロナ同様、ここでも活発な政治的コミュニティの存在が、都市の重要な結節点に誰もがアクセスできることの社会的価値を訴え続けてきた。

バーミンガムの例は、公共セクターと民間開発業者らのエネルギーを用いて、つまり、様々な公的セクターの資金をきっかけに、民間開発を誘発することで、市中心部を変革するという複雑なプロセスをよく示している。そのプロセスでは、不動産開発市場のブームとその崩壊も経験した。この事業に関わった人々は良質の都市デザインと異なる投資家からの要求をいかに摺り合わせるか、公／民といった境界を越えて事業を遂行するための連携体制をどう築くべきかを学んだだろう。行政の担当者は、市中心部の改良に議員が何を求めているかを正しく把握することにも常に注意を払っていた。事業を率いたジェフ・ライトは当時を次のように回想する。

私の役目は、市の期待をうまく引き出すことでした。まずは、室内競技場の反対側にレストランやバーをつくること、二つ目には「人を集める」娯楽施設、三つ目には住宅。四つ目に新しい公共の広場をつくること、それを橋で周りとつなげる案へと展開していった（著者に対する二〇〇八年七月一七日付メールの返信）。

民間セクターの担当者は、それとは別に、商業的な問題に目を向けていなくてはならない。彼らもその事業によって、完成した不動産の利用者や投資家に利益があるものはもちろん、市全体、市民や様々な利害関係者にもたらされるべき価値に対する責任感は共有している。実際、事業に関わった組織の担当者らは非公式ではあるが、緊密なパートナーシップを構築し、相互に価値を認め、市中心部に価値の高い場所をつくるという使命を強く持ち続けた。彼らは民間セクターで仕事をしながらも、公共圏の守護者としての役割を果たしたといえる。もちろん、彼らも企業論理で行動しなくてはならないし、世間の厳しい声に反することを余儀なくされることもあろう。インナーシティの貧困地区に対する影響を考慮すると、戦略や事業そのものの正当性に対する抗議が市行政にはつきものだが、それは公的セクターに限ったことではない。そのような批判は民間セクターにも向けられる。そのため、政治家や市民セクターは、行政や民間セクターの専門家だ

けでは十分に回答し得ない事業の真意やその意義について、市民にわかりやすく対応する役割を果たす必要がある。

地区を改変する

これまでに紹介してきた三つの事例では、どのような努力によって複雑で巨大なプロジェクトが完遂され、結果として中心市街地の主要な地区の景観を変え、新しい場所が創造されるかを見てきた。しかし、これらの事例を単なる物理的プロジェクトとして捉えるだけでは十分ではない。これだけの事業になれば巨額の予算が動く。土地の評価額が変わり、これまで以上の賃貸収入が期待できれば新しい経済価値も生みだされる。また、こうした巨大開発事業はその都市が受け継いできた公共空間の拡大にも繋がる。歩行者専用街路や自転車道、ビスタやストリート・ファニチャーのデザインやランドスケープを洗練させることで、誰もが楽しめる場所や市中心部との連続性も生まれる。独特の雰囲気を持つようになった場所が市の空間の中でしっくり馴染んでくると、そこには新たな意味性が現れる。こうしたプロセスは、都市構造の寂れた部分を磨き上げるような政治的プロジェクトとして実現されないかぎり起こりうるものではない。しかし、この公共圏を磨き上げる作業は、市の誇りやダイナミズムを再発見する象徴的なものとなる。

事業の中心的役割を果たした人々は、この公共圏の質を高めるということに責任を持って取り組んでいた。市中心部を再活性化させ、人々が郊外へ移り住み購買するようになる傾向を食い止めようとする。また、公的資金以外の予算を獲得するために、それに見合う魅力的なアイディアを捻りだす作業も必要だ。バルセロナやバーミンガムの事例は、ヨーロッパの都市政策の影響を強く受けていた。市の政治リーダーが思い描くのは、グローバル化する市場経済からの流動的な投資を獲得すべく、戦う都市の姿であろう。地元経済を支え、「縮減」する未来（Moulaert et al. 2000）を避けるためには競争での生き残りが不可欠だと。このような多方面の力が結集すると、産業構造の変化の結果見捨てられ劣化してきた都市内部の古い空間を再編しようとする動きが生じてくる。そして、新しく登場する経済活動や社会的な願望を取り込み、その場所を再定義する意志へと進展する。その多くが、物理的、社会的そして経済的な意味でスケールの大きな環境改善プロジェクトとして実施されてきた（5章参照）。しかし、こうした事業は、都市部の近隣住区ではなく、居住者が少ない地区で実施されるのが典型的だ。過去に反対運動が起こっていた場合などは、いわゆる「影響の少ない」（Altshuler and Luberoff 2003）場所が開発事業の対象地として選ばれる（Diaz and Fainstein 2008も参照）。

とはいえ、巨大開発事業の対象地では、過去の記憶が失われ、生き物たちの生息場所、親しまれてきた環境が破壊されることは避けられない。また、事業それ自体は波及効果を期待されての実施ではあるが、リスクの高い行為であることに変わりなく予測は容易でない。事業規模が大きくなればなるほど、存続期間中に係るコストと受益をはじき出すことは難しいため、継続して確認していかざるを得ない。これらの課題に対して、中心となる人々が十分納得し、その事業が有する意義の実現のために全力を注ぐ強い意志が必要だ。政治家は議論を回避してはならず、不動産投資サイクルの変動に関わらず事業予算を用意しなくてはならない。ボストンでは市長は慎重な姿勢を崩さなかったが、開発業者であるジェームズ・ラウスは小売業による市街地再生を信じて疑わなかった。バルセロナの政治家は、独裁政治崩壊後における新しい社会をつくり上げ前進するのだという強い信念を持っていた。バーミンガムは伝統的に積極的な開発志向を持ち、その実現にも自信を持っていた。しかし、当初の予想以上にでき上がったプロジェクトでも、ボストン、バルセロナ、バーミンガムそれぞれの事例が示したのは、その実現に要した膨大な時間と紆余曲折である。予期せぬ変更や後退の連続で、その期間中には政治家が批判の槍玉に挙げられることもあっただろう。また、開発業者が倒産し質の悪いデザインに甘んじるしかない時期もあった。また、目に見える成功の裏には、それぞれの都市を象徴する政治プログラムにも大きなインパクトがあったといえる。例えば、事業地区およびその周辺での土地や不動産価格の変動、他の都市開発事業に対する予算、都市やその周辺地域を包括した地域空間のダイナミクスが変化するといった影響がある。こうしたより大きな影響は、もちろん、良いことばかりではない。

これらを鑑みて、三つの事例を単なる成功事例と位置づけるべきではないかもしれない。それぞれの地域では、社会的側面やデザイン、環境の質に関して市民や圧力団体からの批判が続いているのも事実だ。このような批判があること自体は、公共圏への関心をないがしろにせず、多様な市民の存在を意識し続けることを可能にし、その結果、デザインおよび開発に良い影響を与えているといえる。しかし、これらの巨大開発事業は異なる主体や区画をとりまとめ、資金を用意して建設し、共同での開発とデザインの質を維持するといった極めて複雑な仕事抜きでは実現しなかったはずだ。総括すると、巨大開発事業の実施には慎重なマネジメントに加えて、もしリスクの高い事業となりそうな場合には、政治的な正当性があるかを常に確認しなくてはならない。短期間で開発業者だけが利益を得て売り逃げるような事態にならぬよう、多くの人々が長期的にその公共空間の価値を享受しうるかどうかという視点で判断を下さなくてはならない。そのためには、どんな点に気をつけるべきだろうか?

これまでにも、都市改変の巨大開発事業を実施するためのガイドラインや「ベスト・プラクティス」といったアドバイスは多くみられたが、個々の事情は異なるため一つの場所での成功体験が他の場所でも当てはまるとは限らない。この章で取り上げた三つの事例は開発に関する非常に異なったプロセスを示している。これらの事業を実施するには数多くの活動が立ち上がらなくてはならない(もちろん、それらに特定の順序があるわけではない)[図6.7]。その一つが、対象となる地で新たな場所の質を創造する機会を設ける作業である。一九八〇年代の英国では、それを実践することができるのは、起業家的センスのある民間セクターだけであるという誤解が広がっていた。市民社会側からの活動は、新しい可能性に光を当てる際に重要な役割を果たす。ボストンの事例に見られるように、ジェームズ・ラウスはこの原型となる考えに共鳴し、ローズホウのゴッドフリー・ブラッドマンもこういった象徴的な質を理解していた。しかし、三つの事例は全く異なる物語を示している。ジェームズ・ラウスは確固たる信念を持った地元の建築家兼開発業者である人物によって招かれ、市民が求めた遺産の保存という視点に共鳴したがゆえに事業を開始することができた。バルセロナには、政治家とデザイナーらの強い結びつきがあった。彼らは資本家主導の水辺空間開発を批判し、市民のためにあるべき空間だと強く主張した。バーミンガムでは、水路空間の改修に積極的に取り組んでいた市民グループが時間をかけて蓄積してきた公共資源が、市行政の開発事業と連結して市の公共スペースの再デザインを成し遂げた。これら全ての事例では、加えてその対象地の立地の良さがあり（市中心部、海辺の近く、複数の公共交通でのアクセスが可能など）、新しい活動拠点にふさわしい設えがなされたことにより、新規の事業を成功させる場所の力が引き出された。

つまり、場所の力を引き出すために必要なのは、戦略的な想像やセンスだけではない。また、こういった能力は民間セクターの中にだけ見られるものでもない。アルツフーラーとルバロフ（Altshuler and Luberoff 2003）は、多くの巨大開発事業の研究を通じて、公的セクターが「起業家的精神」を持つ重要性を提示している。こうした起業家的精神は、バルセロナやバーミンガムの事例の中でも確認できた（Diaz and Fainstein 2008）。可能性を的確に把握する能力とは、政治的な運動として持続すること、様々な活動や理解を取りまとめていくこと、思わぬ組み合わせを発見することなど、これらの複合的な能力を意味する。様々な見方、キャンペーンや活動が渦巻く状況を、重要な行為に収斂させていく閃きが立ち現れるのは、これらの中に共通する決定的な関心事項があり、それをうまく事業に絡めることができれば政治経済的な関心を集中させる好機

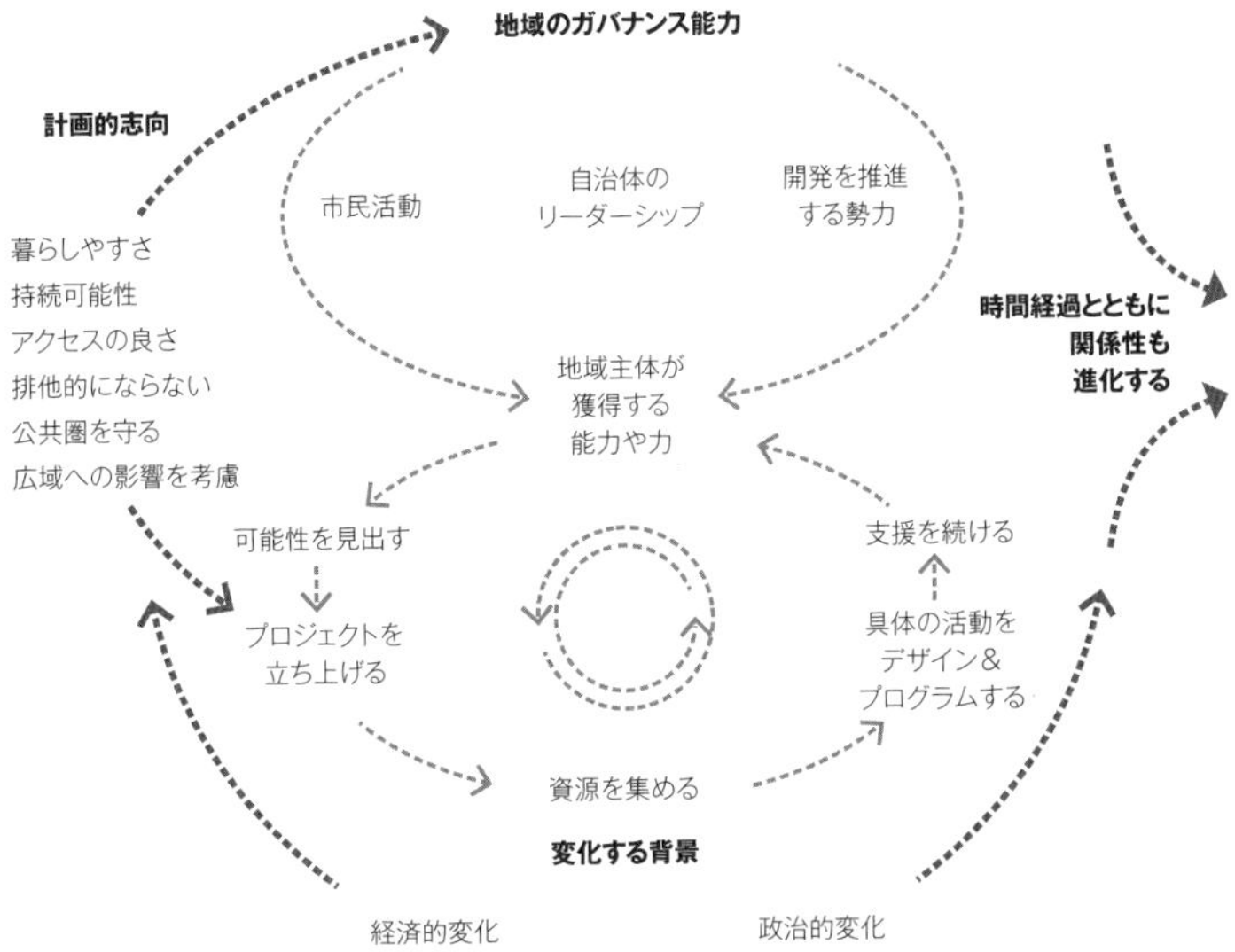

[図6.7] 巨大開発事業で計画的志向を持ち続ける

となると理解する時だ。巨大開発事業は、場所の力を見抜いた人々が、強い関心を寄せる人々や組織の力を動かして、その考えを事業の実践に転換できた時、初めて成功といえるのではないか。

二つ目の重要な作業は事業のアイディアを練ることである。巨大開発事業というのは、ある種のマスタープランの中に概要が示されていて、それに従って事業が完成すると思われている節がある。こうしたプランは、CGで魅力的に描かれた印刷物に示されており、このデザインが最終的に建設されるものになると考えられているだろう。しかし、このような事態は稀である。当初のデザイン案は批判的な考え方に対応したり、人々の関心を引きつけたりするには有効な手段かもしれないが、初期のコンセプトと最終的にできたものとは往々にしてあまり関係のないものだ。様々な事情は変化していくからである。開発上の問題が発生してくるのは、基本的な状況や建物の構造がより詳しく検証される段階に至ってからである。また、様々な主体が対象地の潜在性を取り上げた新しいデザインアイディアを持ち込んでくるだろう。近隣の開発事業が進むに連れて、新たな相乗効果が生まれることもあろう。ニューカッスルのキーサイド（Box 6.1参照）の事例は、新たな場所性が複数の事業と繋ぎ合わされることによって次第に立ち現れてきたプロセスを示している。ファニエル・ホール・マーケットプレイスでは、当初の遺産保存事業という考え方は、最終的に飲食産業や観光客が集まる場所となった。バルセロナでは、市民に水辺空間を開放するという目的が、最終的には主要な観光地を生みだした。バーミンガムでは、巨大な公共事業の「裏側」に新しい都市拠点が生まれた。

プロジェクトのアイディアを考えるのは、専門家たち、つまり都市計画家、都市デザイナー、建築家などで、依頼主の期待を建物のかたちや、経済的な活動形態、特定の雰囲気に翻訳する作業を担うと考えられている。コンペの形式を取ることもあるだろう、それによって巨大開発のチャンスを探っていた開発業者を見つけることができる。しかし、実際はコンペで選ばれた案通りに竣工する事業というのは稀である。ファニエル・ホール・マーケットプレイスやブリンドレイプレイスがその典型だろう。長期的な開発事業期間における状況の変化や予測不可能な問題が現れるたびに、プロジェクトのデザイン上の変更は避けられない。事業の中には、後に利用者や、開発業者、投資家、そして公共圏に価値ある利益をもたらしたとして高く評価されるものもある。こうした事業の多くは、批判的な近隣住民やその他利害関係者らの声にもまれながらこうした価値を生みだしていく。そのため、事業が何年にもわたって滞ることもあるだろう。ロンドンのキングスクロス駅周辺地区での有名な事例がその典型で、十分な情報を与えられ持続的に活動するコミュニティが存在すると、巨大不動産開発にどう立ち向かえるかを示している（Box 6.6）。数十年にわたる紛争の後、ブリンドレイプレイスに関わった開発業者を交えて、社会、環境そして公共の利益に貢献する良質のデザイン計画案が提出された。しかし、コミュニティ側は事業からもっと有益なものを引き出すべきだと考えていたようだ。

様々な資源を集める作業は、事業のアイディアが成長するに伴って進展することが往々にしてある。これは単に帳簿上での抽象的な作業だけではない。鍵となる資源を持つ関係者を探しあてること、その際に事業の内容を彼らの関心を引くように変更調整していくことも必要だろう。紹介してきた事例にも見られたように、関係者にはあらゆるレベルの公的セクターや公社、土地不動産の所有者（公的セクターの場合もある）、インフラ整備を担当する土木業者、建設や不動産開発を専門とする企業、建設ファンドを設計する投資会社、完成以降長期的に管理を担う企業、様々な専門技能を持つ企業などが含まれる。キングスクロスの事例のように、様々な理由で事業に関心を寄せる市民団体や、住民組織、企業団体との協議も必要だろう。彼らとの協議を慎重に進めるのは二つの点で重要になる。まず、開発が進むに連れて事業の一時停止はコストがかかること、もう一つは、市民側からの批判は事業の正当性をも脅かしかねないからである。

すべての事例に共通するのは、政治家、鍵となる技術的専門家たち、主要な資金提供者、そして開発を実質的に仕切る組織の間の関係性へのきめ細かな配慮である。こうした配慮なしに事業は完遂し得なかっただろう。バルセロナの状況は比較的単純で、公的セクター主導で、開発目的も有名な国際イベント誘致という明確なものであった。ボストンのケースは、社会的使命を持った想像力の高い開発業者が、強力な事業推進力を持ち得て進められた。しかし、バーミンガムの場合、事業進行の鍵は、交渉を引き受けてきた関係事業者や市役所に所属する限られた数の担当者らが握っており、長期にわたる事業を見守り続ける重要な役割を果たしてきた。巨大開発事業を実施する際は、そのような守護者の存在が不可欠だ。次々に起こる問題に対処、調整し、事業遅延を回避する方法を模索し、重要な原則を貫き通して納得しうる取り決めに至らしめるという能力が欠かせない（Frieden and Sagalyn 1991）。

事業実施に必要な資源の流れや関係者とのやり取りを維持し、持続的な調整や管理という仕事が

Box 6.6 ロンドン市内における「市民」対「資本」

ロンドン中央部の北側に位置するキングスクロス駅周辺は、鉄道、自動車道、地下鉄など各種交通網が交錯する地点であるが、これまでずっと貧しい地区であった。この地区には、鉄道や貨物施設、いまだに残る工業施設に加えて歴史的建造物も多く残されている。この地区は、将来像を検討されることなく荒廃地域となっていたが、もし良質の再開発が実施されれば商業活動には大きな可能性が見いだせる場所なのである。この地区はまた労働者層のための賃貸住宅や、中小企業の安上がりな事務所も多く集まっていた。一九七〇年代から一九八〇年代にかけて、商業的な活動を活発にしようとする開発案が繰り返し提案されてきたが、労働者階級の居場所を確保しようとする市民活動からの反対にあい実現には至らなかった。一九八〇年代後半まで、当時の英国鉄道は民営化と英仏海峡トンネル鉄道の英国側のターミナル駅をキングスクロスに開発する計画を持っており、駅周辺の商業地の再開発を目論んでいた。一九八〇年代後半の不動産ブームに沸く開発業者は、その地区の有する商業的将来性にも目を向けるようになっていた。英国鉄道は商業的な再開発事業からの利益を、英仏海峡トンネル鉄道のための駅舎開発の一部資金に充てたいと考え、ロンドン再開発組合（London Regeneration Consortium, LRC）を立ち上げた。そこにはリバプール・ストリート駅の開発事業に関わっていたローズホウも加わっていた。

その一方で、その地区の基礎自治体であるカムデン区役所（London Borough of Camden, LBC）は、より社会的、環境的な配慮に加えて、歴史的な建物保全を要求する市民グループからの抗議に配慮しており、その地区に事業所スペースを開発するような投機的提案には反対だった。特に区役所に影響を与えていたのは、キングス・クロス・レイルウェイ・ランド・グループ（市民活動家グループ）で、一九八八年にその地区の開発に関する意見書を提出している。意見書では、地区の開発への包括的なアプローチに加え、工業と鉄道関連遺産の保存、再開発の結果、対象地区周辺に暮らし働く人々が被る不利益を考慮することなどが盛り込まれていた。しかし、再開発組合のＬＲＣがその意見書をほぼ無視したため、それ以降、抗争が十年に及び、将来的展望が見通せない状況が続いていた。その間に、経済状況は不動産バブルの崩壊へと転じており、海峡トンネル鉄道のターミナル駅建設の予定は全く見通しがつかない状況となった。

しかし、一九九七年の時点で国全体の政治状況に大きな変化が現れていた。国政では労働党政権（社会民主主義）が与党となり、ロンドン市長に無党派であるが左派のケン・リビングストンが就任したのである。こうした変化は、社会的かつ環境に配慮した計画案へと、コミュニティが修正を求める動きを後押しした。一九九〇年代後半には、海峡トンネル鉄道駅の建設地が決定し、再開発組合ＬＲＣは開発業者としてブリンドレイプレイスの再開発を成功に導いたアージェントを指名した。最終的に、カムデン区役所がアージェント社の計画案に建設許可を出したのが二〇〇七年（鉄道ターミナル駅の建設が完成）、二〇〇八年から駅周辺地区の再開発事業が開始される。市民グループからは、事業が商業目的に傾斜しすぎているのではとの心配の声は続いていた。しかし、彼らが継続的に正しい情報を受けて批判的なまなざしを向けたことで、最終案の質を上げることに大いに貢献したと思われる。そして、二〇〇〇年代後半には、再び困難な状況に陥る。二〇〇八年の金融および不動産バブルの崩壊、それに続く経済不況の中でどのように事業が進んでいくのか注視しなくてはならない（Askew 1996, Edwards 1992, 2009, www.argentgroup.plc.）。❖

極めて複雑であるがために、当初、新しい「都市の顔」と想定されてきたものがないがしろになり、事業のあらゆる側面で高い質を保つことが困難になることもある。多くの事業が失敗に終わるのは、度重なる資源確保の失敗によって士気が下がるからだ。しかし、安易な方法で問題を解決しようとすれば、建物やそこに生まれる社会的な雰囲気や長期的な価値や持続可能性を台無しにすることもある。ボストン、バルセロナ、バーミンガムの関係者はある意味、幸運だったといえる。様々な状況が困難な時期を乗り越える際に味方してくれたからだ。土地の取りまとめにかかるコストが低く抑えられた点はすべての事例に共通する。ボストンやバルセロナでは、対象地の殆どは公的セクターのものであった。バーミンガムでは、アージェントは対象地を最低価格で獲得している。また、三つのケース共に、長期にわたる開発期間を通じて安定した政治的支援があった。しかし、全体を通じて、鍵となる組織が事業の細部にまで慎重に目配りし、困難な交渉に地道にあたってきたおかげで、事業に関わるデザインやプログラムづくりに必要な資金を獲得し組み合わせることができたのだろう。そのためには、事業を部分にわけ、日々の進行を段階化するといった処置も必要だった。

こういった状況でこそ、戦略的な考えを具体的なかたちに置き換えることが重要になる。初期のデザインが街路やインフラ整備の配置、アパートや競技場、保全計画や公園といった具体的なプロジェクトの区画配置に変換される(Askew 1996)。バルセロナでは、市役所の都市計画局が中心となり、海岸部の埋め立てプロジェクトの全体像に関するデザインの質を維持する役割を果たした。都市計画局はまた、全体のデザイン案に示された開発要件に照らして、インフラ整備を担当する組織と協力して必要な整備を進めた。彼ら自身で整備する場合もあれば、民間企業やある種のパートナーシップを探してきて整備を実施してもらうこともあった。バーミンガムでは、デザイン案の策定は紆余曲折を経た。開発対象地の一部はデザイン戦略が描かれる前にすでに開発が行われていた。すべての区画に対する開発案が一応は提案されるものの、公共圏に関する考えの変化や不動産市場の状況変化を受けて、開発案はその都度、再考され続けてきた。これらの違いが生じる原因の一つは、政治的パワーや資金面でのパワーがどのように分散されているかの違いにある。バルセロナでは、一九九〇年代後半まで基礎自治体に強力な政治・経済的パワーがあった。バーミンガム市のそれとは対照的である。バルセロナはまた、イベントの成功という至上命令があり、政治家やあらゆるレベルの政府組織が一丸となって、期限内で事業の完成に協働して取り組むことができた。しかし、そのようなイベント開催にちなんだプログラムは場所の質に妥協を余儀なくするような圧力や障壁も生みだしてしまう[17]。

このように複雑な経緯を経て進む中で、事業推進者は主要関係者からの支援を繋ぎ止め続けていかねばならない。主要関係者とは、政治領域の関係者、将来的な利用者や投資家、そして多くの市民たちである。開発の結果を評価するのは彼らであり、その評価は巡りめぐって政治家や将来的な関係者らに及ぶからだ。また、新たに立ち現れてくる都市の場所性は、現在そして将来の関係者の心理マップに記される必要がある。そのような場所の新たな位置づけを誘導する際には、将来像に関するデザインスケッチや、CG、マーケティングのための文書などが多用される。開発業者は事業の進行に伴ってありとあらゆる批判へ対処しなくてはならないであろう。本章で議論したすべての事例では、批判的な住民グループ、デザイン関係の専門家や学識経験者らが事業の経過全体を通じて批判のまなざしを投げ続けていた。しかし、事業が進行する際に、一般市民の多くは、「そびえ立つクレーン」や、なじみの目印やルートが開発のために塞がれ取り壊されたのを知る以外、何が起こっているのか知ることはほとんどない。

それゆえ、事業の主唱者はその事業内容をいつ一般に公表するかを慎重に考慮せねばならない。多くの場合、事業開始時にデザイン案や開発で見込まれる収益が公開される。しかしこれには危険も伴う。というのは、市民やその他の関係者が主唱者を捕まえて、事業発表時に用いた画像の説明を要求し、早急な完成を期待するかもしれないからである。別の方法としては、目に見える成果が現れた段階で初めて一般に公開するというやり方がある。バルセロナでは、オリンピック開催が一つの契機となり、観光客や将来的な投資家らの目をバルセロナに向けさせ、その成功体験は市民にとっての誇りとなった。しかし、この戦略は二〇〇四年に企画したイベントではうまくいかなかった。バルセロナやボストンに触発されて、多くの事業開発業者は、小規模なスケールではあるが新規開発事業を一般に公開するフェアを開催する傾向が強い。しかし、このようなマーケティングそのものが新しい場所の価値を生みだすことはない。現在、私たちが価値を見いだすような場所というものは、強い信念のもとにエネルギーや能力を惜しむことなく費やした人々たちの努力の結晶として、物理的なかたちと社会的な雰囲気を持って現れてきたものである。場所の質と地域の人々の反応に対して十分な対応がなされれば、また、その場所が都市の流れの中で有利な位置を取り続けることができれば、事業に関わる人々の努力によって都市の景観の中での価値や意味というものが自ずと蓄積されていくのだ。

こうした仕事は大変なエネルギーと力を要する。組織の特別な立場にある人物が重要な役割を果たす場合（市長、開発業者、都市計画家）もあるだろう。その際に大切なのは、異なる関係者らが繋がって冒険的事業に取り組めるような体制をつくることだ。そこではじめて事業を実現しうる力が獲得できる。そのようなパワーを生みだすために、特別な組織、例えば開発公社や官民パートナーシップ、市行政内にタスクフォースといった部署を立ち上げることが多い。ジェームズ・ラウスはファニエル・ホール・マーケットプレイスの事業の際、その事業のための会社を立ち上げた。同様に、一九八〇年代後半のブリンドレイプレイスの開発の際には、主要開発業者の子会社として事業実施のための会社が設立されている（この制度によって、親会社の倒産の影響を受けずに事業を進められる）。英国では、州レベルあるいは中央政府レベルで開発事業体が設置され、リスクを吸収しつつ基礎自治体単独では確保できない専門家を確保することがある。このような特別事業体を設置する意義は次の通りである。その組織に与えられた権限や法律にもよるが、組織は契約を結ぶ際の主体となりうること。また、土地利用の規制、資金管理が可能になる。個別事業間でそれぞれの資金を必要に応じて動かすことで、一時的な資金不足を解消して事業全体の遅延を減らすことも可能だ。日々の仕事の中から出てくる特殊な課題に対して、速やかに柔軟な対応を可能にするのが狙いだ。

しかし、この章で示したように、こういった特殊な組織をつくることだけが事業推進の唯一の方法ではもちろんない。また、マスタープランや公的な契約書のようなものだけが、事業の継続を保証するものでもない。もちろん、それらは有効な方法ではある。事業の推進力を持続させるエネルギーは、異なる組織に所属する少数のキーパーソン間にできた繋がりの中から生まれるものだ。その繋がりにある人々こそが、事業の主唱者として、込み入った関係の糸を丁寧にほどきながら必要な資金や合意を取り付けているのである。計画プロジェクトの意義が最後まで保たれたとしたら、それはこうしたキーパーソンらの繋がりがあったからこそであろう。この関係の結び目を維持するためには、もう二つの重要な要素がある。一つは、適度に安定した政治体制があり、事業自体が技術的に極めて複雑であることが十分理解されていること。二つ目は、同じ人物が継続して関われること。その人の所属が変わったとしても関わり続けることが鍵となる[18]。こうした政治的リーダーシップと鍵となる人材の継続的な関わり抜きには、巨大開発事業の完遂は非常に困難となる。

巨大開発事業の中で公共圏を守る

本章では、巨大開発事業が生みだす都市の新しい場所性、また、それによる市全体の質や可能性への影響を議論してきた。巨大開発事業は、実際、未来の世代にとっては都市遺産となるものかもしれない。しかし、事業の成功は容易ではなく、完遂を見ないものも多い。巨大開発事業によって、以前そこにあったものは取り壊される。様々な物質、資金、消費行為がその場に取り込まれるため、その場にあった流れや暮らしの場が攪乱され、人々の活動や価値も脅かされる。巨大開発事業は結果として部分的な完成に終わることもある。デザインの失敗やコストがかさめば、それ以外の事業に費やすべきだったと批判の対象となる。巨大開発事業はその複雑さとリスクの高さから、未完の無用の長物となったり、恒久的に都市環境に悪影響を及ぼすものとなる可能性も極めて高い。破壊の程度があまりにも大きく、事業メリットが殆どない場合などは、計画分野の文献では「災害」とさえ言われる（Hall 1982, Flyvbjerg et al. 2003）。

こうした「災害」は、事業が未完であったり、予算を大幅に超えた時だけに起こるわけではない。事業が短期間での収益に固執したり、一時的な政治的パフォーマンスとして実施された場合にも起こる。また、事業がある一部の人々のために実施された場合、例えば民間企業だけ、あるいは富裕層のための住宅地区をつくるために周辺との繋がりを意図的に断ち切るといった要素があれば災害となるだろう。また、周辺地区との繋がりに無関心な事業であれば、内向的な空間になってしまう。こうした場所では公共空間の質は容易に無視される。その場所がいかに生まれ、経験され、維持され、あらゆる人々がそこへアクセスし、そこでの経験を享受するかということは無視される。歴史的遺産の保全がテーマであっても、その場所は都市構造の中での静的な博物館のような場所になる危険性を孕んでいる。新しい商業地や娯楽施設の場がつくられたとしても、ボストンやバルセロナ、バーミンガムの事例のように、外部からの人々の訪問に圧倒されて、近隣の住民が楽しむ余地を失うという危険性もある。

しかし、本章で見てきたように「災害」を起こさずに場所性を刷新することは可能である。もちろん、これらの事例にも冒頭に示したような批判に当てはまる側面もある。巨大開発事業は資本主義の蔓延を助長し、経済上の地域間競争での勝ち残りだけを目論んでいる、低所得者層の立ち退きを強いる、建築家や政治家の野望を展示しているだけ、市民の税金を底なし沼のごとく使うならば、別の事業に充てるべきだ、といった批判だ。しかし、これらは巨大開発プロジェクト自体にのみ責任があるとはいえない。とはいえ、巨大開発事業が引き起こす悪影響は、別の「災害」を引き起こすきっかけにもなりうる。例えば、市内の荒廃地区にいつまでたっても手が付けられず、復活の道が閉ざされてしまうといった事態を一方で招くかも知れない。

本章で取り上げた事例および議論をここで要約してみよう。私たちが本書で理解する計画プロジェクトの意義に沿って巨大開発事業を進められるか、また、多くの人々が暮らし働き、ビジネスを起こし、訪問できるような場所として都市における公共圏を長期的につくれるかには、三つの能力が重要だった。第一に、エネルギー溢れる主体が有する包括的なアプローチ。事業の部分が全体像や方向性を示せるか、更に広いエリアとの関係を組み立てられるか。また、柔軟かつ感度の高い、想像的かつ勇気ある判断ができるリーダーシップ。積極的なガバナンスの風土がこの仕事には不可欠である(3章参照)。第二に、非常に高い技術と気概を持ったチーム。彼らはマネジメント能力、デザインおよび技術的知識、金融面の理解、不動産市場や政治制度の動きを把握する能力を持ち、常に事業の背景となる哲学に立ち返り、作業のあらゆる側面での質を追求するような集団である。こうした専門家集団が事業の立ち上げから完成まで関わることが必要だ。このチームは様々な組織に属する個人によって構成されることが多く、「実践コミュニティ」(Wenger 1998)と呼ばれる。そこでは、技術的な能力と倫理的な志向が同居する(8章参照)。三つ目は、より広い政治的コミュニティが有する批判的能力。これは進行する事業を積極的に見守る役割を果たす。公的セクターとして市行政が存在すると同じぐらい、批判的な市民社会があることの重要性を示唆している。

巨大開発事業の中に計画的志向があるかどうかを見極める方法をもう一つあげておこう。それは、個別プロジェクトが広域都市圏の中でどのような位置にあるかを明確な戦略として見いだしているかを探ればわかる。本章で取り上げた三つの事例では、巨大開発事業は小さなスケールである近隣住区への配慮が必要だという政治的合意があった。バーミンガムでは市中心部のデザイン戦略がまずあって、その中からブリンドレイプレイスの事業が位置づけられていた。バルセロナでは、市域全体の空間戦略があり、その中で海岸地区の再生では何を実施しなければならないかが要約されていた。しかし、そのような戦略的な志向というのはどのように登場し、また維持されるのか？　そして、個々の巨大開発事業や、場所のマネジメントに関わる日々の仕事にどう結びついているのだろうか？　この点について、次章で詳しく見ていくこととしよう。

理解をより深めるための参考文献

● すでに本文中または註として掲載しているものがほとんどであるが、米国の事例研究として優れたものを記しておく。

Frieden, B. J. and Sagalyn, L. B. (1991) *Downtown Inc.: How America Rebuilds Cities*, MIT Press, Boston, MA.　邦訳＝バーナード・J・フリーデン、リーン・B・セイガリン、北原理雄訳『よみがえるダウンタウン アメリカ都市再生の歩み』鹿島出版会、一九九二。

Altshuler, A. and Luberoff, D. (2003) *Mega-Projects: The Changing Role of Urban Public Investment*, Brookings Institution, Washington, DC.

● ヨーロッパの事例研究として、

Moulaert, F., with Delladetsima, P., Delvainquiere, J. C., Demaziere, C.,Rodriguez, A., Vicari, S. and Martinez, M.

(2000) *Globalisation and Integrated Area Development in European Cities*, Oxford University Press, Oxford.

Salet, W. and Gualini, E. (eds) (2007) *Framing Strategic Urban Projects: Learning from Current Experiences in European Urban Regions*, Routledge, London.

Smyth, H. (1994) *Marketing the City: The role of Flagship Developments in Urban Regeneration*, E&FN Spon, London.

• 比較研究として、

Fainstein, S. (2001) *The City Builders: Property Development in New York and London 1980–2000*, University of Kansas Press, Kansas.

Diaz Orueta, F. and Fainstein, S. (2008) The new mega-projects: Genesis and impacts, *International Journal of Urban and Regional Research*, 32, 759–67.

7章 場所の開発戦略を描く

Producing Place-Development Strategies

開発マネジメント、巨大開発事業、場所の開発戦略

本章では、視点を近隣住区や主要な都市プロジェクトから、それらが位置するより広域の場所性、あるいは地域性に目を向けていこう。しかし、ここに大きな問題が立ちはだかる。都市、あるいは都市地域、更には拡大する都市圏の「場所性」を想像する際、その「実体」あるいは全体像を摑むのは決して簡単ではない（2章参照）。そのような広い空間は、そのエリアを横断する道路を介して象徴的に表現しうるという考えもある。あるいは、場所性というのは主要な建物や施設、あるいは、ある特定の地区、例えば市中心部の雰囲気の中に見いだされるとも考えられる。また、常に変化するダイナミクス、不定形でつかみどころのない広い空間の質に対する戦略を立てようとすれば、それはかなり抽象的な取り組みにならざるを得ない。しかし、これまでに議論してきたように、開発マネジメントや、都市の物理的空間の大部分を改変するような事業では、近隣住区、都市内部の主要な地区、またより広範囲にわたる都市全体と無関係に進めることはできない。とはいえ、場所の開発戦略に関して議論すると、単に複数の事業間のコーディネート、あるいは開発マネジメントと主要な事業の関係だけが取りざたされることが多い（Hopkins 2001）。しかし、こうした戦略こそは、巨大な都市全体の中で営まれる日々の生活の舞台、その場所における暮らしやすさや持続可能性を高めていくという視点から議論されなくてはならない。また、場所のガバナンスという視点からは、特定の地区や近隣住区がなぜその集中的な開発行為の対象となるべきかを明確に説明できなくてはならない。

場所の開発戦略を描くことは、都市計画や地域開発の中心課題である。この戦略づくりの作業は、都市あるいは広域圏という範域を想定し、その未来像を探ることが中心になろう。しかし、都市空間あるいは広域圏とは一体何か？　また、それを対象とした計画を策定し開発行為を行うとは何を意味しているのだろう？　二十世紀中頃であれば、その答えは明快であった。というのは、それぞれの場所はある種の階層を持って既に存在するものと想定されていたからである。近隣住区、地区、都市、広域圏、これらが国家という器の中に入れ籠状に存在すると考えられていた（2章参照）。また、この階層の各レイヤーは、そのまま公的な政治行政上の管轄区と重なり、場所の開発戦略を策定する際の適切な制度上のアリーナを形成していた。このような戦略のつくり方は、主要な指針を設定し空間「構造」を規定する。その構造の中で、下位レベルの開発や政策が設定されることになる。そのような空間戦略は、公的な文書としての「開発計画」「総合計画」あるいは市の「マスタープラン」といった形式によって適切に表現される、と当時は考えられていた。この考え方では、こうした計画文書が計画的志向を維持しながら場所のガバナンスを進める際の中心的な手段となり得た。典型的な例として、バルセロナの都市圏総合計画を既に見てきた（6章参照）。

しかし、4、5章そして6章で議論してきたように、都市という空間をかたちづくる様々な関係性は、物理的そして行政上人為的に設定された境界線を軽々と超えて流動する。バルセロナやバーミンガムの政治家や行政職員は、自身の自治体の重要性を、それを取り巻く広域都市圏の中で強く主張した。また、国という境界線を意図的に飛び越えることによって、ヨーロッパあるいは国際的な地図の中に野心的に落とし込もうとした。その結果、ボストン、バルセロナ、バーミンガムでの事業に関与した民間開発業者の関心も、もとよりそこの都市あるいは地域といった局所的領域ではなくなった。ボストンでは、米国の別の都市から投資を呼び込んだ。バルセロナやバーミンガムは民間投資を米国にまで求めた。バーミンガムの場合は、オーストラリアのシドニーでの開発事業のタイミングに、自分の開発事業の運命を預けるはめになった。バンクーバーでの民間開発事業に対する投資はそのほとんどが東アジアからのものだ。発展途上国では、国際慈善団体の資金が住宅の改善事業を可能にしている（Simon and Narman 1999, Cooke and Kothari 2001）。神戸では、日本全国から集まった若者が震災後の復興作業に参加した。その時の彼らの動きは、階層化された政府の官僚的制度を全く無視するものであった。また、もし、これらの地域（貧困地区も富裕層地区も、大きな地区も小さな地区も）に暮らす家族や活動する企業といった関係を詳しく探れば、彼らが拠点とする都市や地域というものが、彼らにとって重要な場所のうちの一部でしかないことがわかるだろう。2章で議論してきたように、今日私たちが暮らす世界というのは、近くにあるから重要であるというわけではない。

しかし、これまでの章で紹介してきた事例のように、都市あるいは地域にとって広域の戦略は重要である。もちろん問題を引き起こす場合もあるが、よい結果を生みだすことも少なくない。バンクーバーやバルセロナでは、政治家や行政担当者が主要な戦略を考えていたが、それはそもそも一九六〇年代、一九七〇年代の政治的困難な状況下で訴え続けてきたものであった。戦略には、投資にどう優先順位をつけるか、主要なプロジェクトをどう選ぶかといった内容が含まれており、バンクーバーの場合は更に近隣住区をどうするかという議論にまで踏み込んでいた。神戸、バーミンガム、そして後のバルセロナやボストンは、これとは対照的に、市民社会グループや大学関係者らが基礎自治体に対抗するかたちで、社会的弱者（高齢者、低所得者層、マイノリティなど）のニーズを訴え続けてきた。彼らは、海外の投資を呼び込むことに熱心な、強力な成長志向の動きに対抗しようとした。こうした動きが直接、明確な都市戦略に収斂していくこともあるが、多くの場合は、多様なグループ間の力関係に影響を受けて優先事項が決定していく。バンクーバーやオマハでは、政治家や行政担当者が都市の質や優先事項にまつわる複数の異なるニーズや考えをうまく組み合わせる方法を模索した。複雑で時間のかかる協議を繰り返し、人々は自分たちの居住地区の環境に特化した関心を、より広域の都市の文脈に置き換えて、それが都市域全体の他者や場所性にどのような影響を及ぼすかを考えられるようになっていった。このようなやり方によっても、都市戦略をかたちづくることは可能だ。バーミンガムでは、巨大な開発事業をめぐる交渉が、市行政が準備していた都市デザイン戦略と相互に刺激し合う機会を得ることで、市中心部を利用する様々な主体の視点から個別事業間の繋がりを考えるようになった。

とはいえ、中心的役割を果たす人々の頭にある種の戦略があったとしても、巨大開発事業が立ち上がり、開発マネジメントの日常業務が進むに従って、それを活かし続けることは容易ではない。もし、戦略的な志向が減退する、あるいは明確に意識されなくなると、複数のプロジェクトが同じ市場や予算獲得のために競い合い、互いにダメージを与えるという状況が容易に起こりうる。しかし、効果的な場所の開発戦略があれば、個々の事業間の相乗効果や可能性を引き出し、光の当て具合によってある種の可能性に関心を引き寄せうる。そのような戦略は、個別の事業が常に変化していたとしても、部分をより広い全体へと結びつける機能を果たす。また、開発の現場を安定的なものにし、その結果、開発業者や投資家にも資産や市場の展望を分析する余裕が生まれる。また、開発戦略を描いておくことは、政治的にも良い効果をもたらす。内容の正当性を判断し、大きな投資事業の優先順位や規制を定めるプロセスに市民が参加することは、自らの都市空間をどう体験するかをかたちづくることになるからだ。

都市や地域での戦略づくりが有用なのは、場所の開発行為に関わる人々にとっての参照の対象となるからである。つまり、自らの行為がより広範囲の中でどのような位置づけにあるのかを把握できる。戦略では広範囲の状況を想定し、その中に主要なプロジェクトや進行中の開発マネジメントの作業を位置づける。戦略が効果を発揮するのは、大きなテーマ、例えば社会的、環境的に持続可能な都市づくりといった政策を推進する場合である。当然、こうした抽象的なテーマは具体の事業やプログラムへと翻訳されなくてはならない。また、戦略を掲げることで、事業関係者らにその事業がもたらす影響や相乗効果を考慮する必要性、そして公共圏に対する責任ある態度で事業に取り組むよう促す効果もある。戦略は、優先事項の設定、複数の作業の調整、選択の正当性を与える際にも効果がある。特に、多岐にわたる領域に社会的な要請が分散していて、短期間にすべてを達成するのが不可能である場合などは特に有効である。つまり、場所の開発戦略は制度的な基盤の重要な要素であり、都市発展の道筋が示されることで、より暮らしやすく持続可能な状況を導いていけると考えられる。

このような考えは、戦略を持って初めて重要な作業を見極め実施可能になる、という仮説に基づいている。戦略は、祈禱句やほこりをかぶった文書ではない。戦略の真意は、事業に関わる人々が作業を実施する際に常に参照できる「枠組み」を提示することにある。説得力のある考え方を示すことで、規制を設けながら投資を誘発することができる（3章参照）。また、こうしたガバナンスを可能にする力を引き出す戦略は、投資の優先順位付けの基盤にもなりうる。この点は、そのような力を持つ戦略と、単なる予算獲得あるいは規制や基準をクリアするためだけにつくられた戦略との違いを際立たせる[1]。

期待を述べるだけの戦略、あるいは戦略と呼ばれる公的な文書の類いは、したがって、ここで私が議論しようとしている「戦略的志向」と同じに扱うべきではない。もちろん、公的な文書や政治家や専門家が使う言葉の中に、戦略的志向に転換可能なものももちろんあるとは思うが。バンクーバーやバルセロナの政治家や自治体担当者、あるいはバーミンガムの都市デザイナーがそうであったように、将来の行動を決定づける戦略というのは、中心的役割を担う主体の頭と心の中に息づいている。しかし、言葉や地図、イラストやダイアグラムといった表現を用いて、文書の中に息づく戦略というのもありうる。こういった表現が特に有効なのは、都市部における場所の開発戦略を考えるといった場合である。言葉やイメージを通じて、都市部と理解されている空間全体を統合し、繋ぎ合わせることで都市景観の要素を認識できるようになる。例えば、バルセロナでは、政治家や都市計画担当者が、海岸地区を解放しながら周縁部により多くの施設をつくること、近隣の密集住宅地に緑地を拡大し、市全体の動線をより効率的なものにすることなど多様な事業を結びつけて検討してきた。視覚的に表現された戦略は、部分と全体がどのように結びついているかをわかりやすく提示する。図7.1はロンドンの開発に関する影響力の大きな二つの戦略である。一つは、英国人都市計画家パトリック・アバークロンビーによる一九四四年大ロンドン計画、もう一つは二〇〇四年のロンドン計画である。

都市計画が全盛期だった二十世紀中頃、こうした視覚的表現、ダイアグラムを駆使した表現を用いて都市の開発戦略を描くことが流行った。この「計画」では、都市の戦略的考えを示すべく、具体的な物理的形態に落とし込まれていった。この計画には、主要なインフラ整備の具体的な提案、そして新規開発行為に関するゾーニングが開発の規範や基準と共に示されており、それによって既存の開発をも誘導することが意図されていた。その結果、開発投資金や土地利用規制もこの全体戦略に即して設定された。こうしたやり方はバルセロナの都市圏総合計画でも見られた。この時代、都市は机上で設計されたように発展していくはずだと考えられていたのである。そして、中には実際にそうなった地域もあった。バルセロナは十九世紀後半に、セルダが描いた計画通りにつくられている。二十世紀に拡大したアムステルダムは、ほぼ開発計画に従って大きくなっている。このような場合には、戦略的な空間計画は、計画的志向を持った場所のガバナンスを追求する上で重要なツールとしての役割を果したといえるだろう。

しかし、多くの場合こうはならない。計画案を策定する者は自らの能力を過信する傾向がある。土地および不動産開発市場はコントロール可能で、他

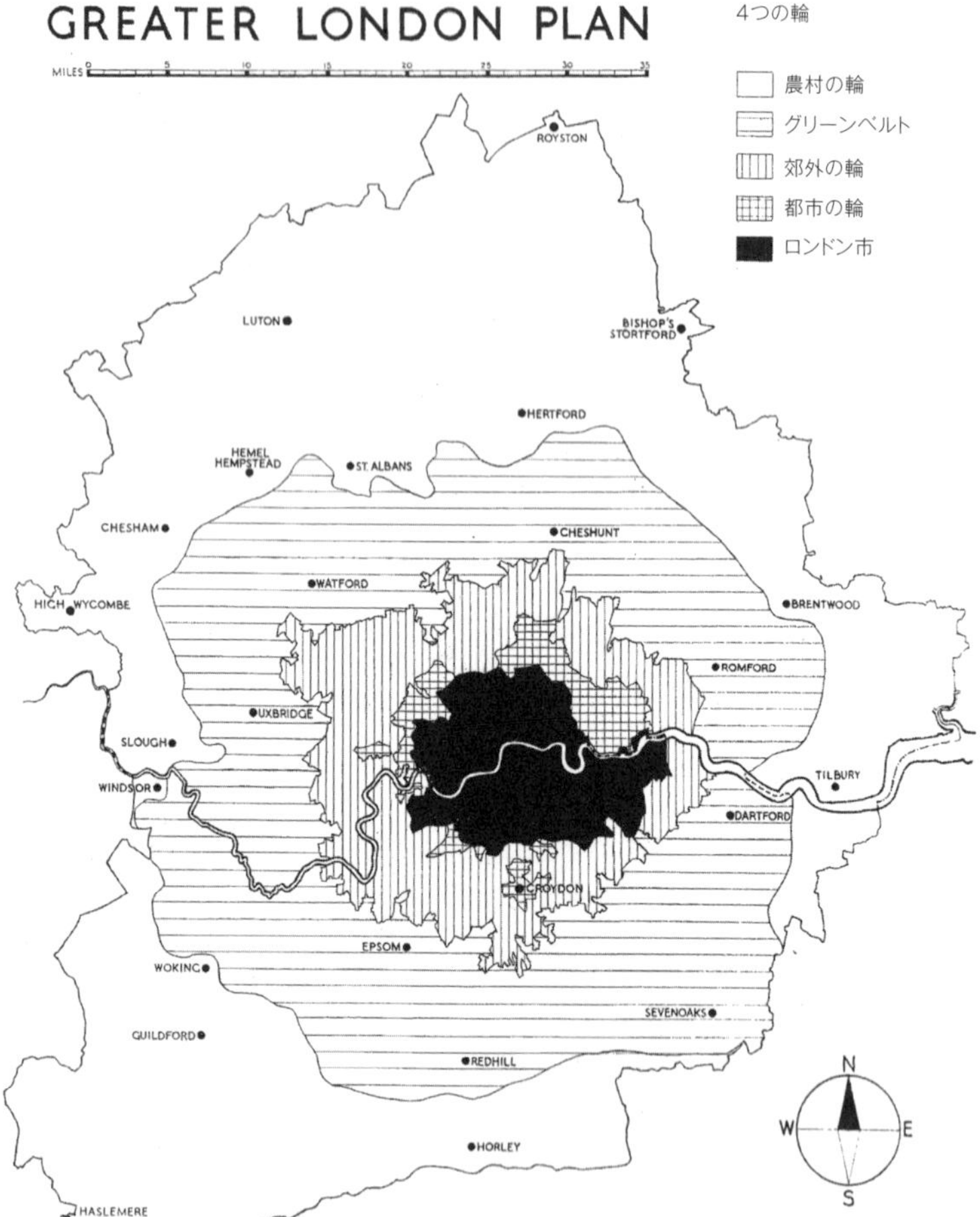

[a] 1944年の大ロンドン計画。
中心部から環状に拡大する都市部をグリーンベルトが囲い止めている
©Stephen Ward

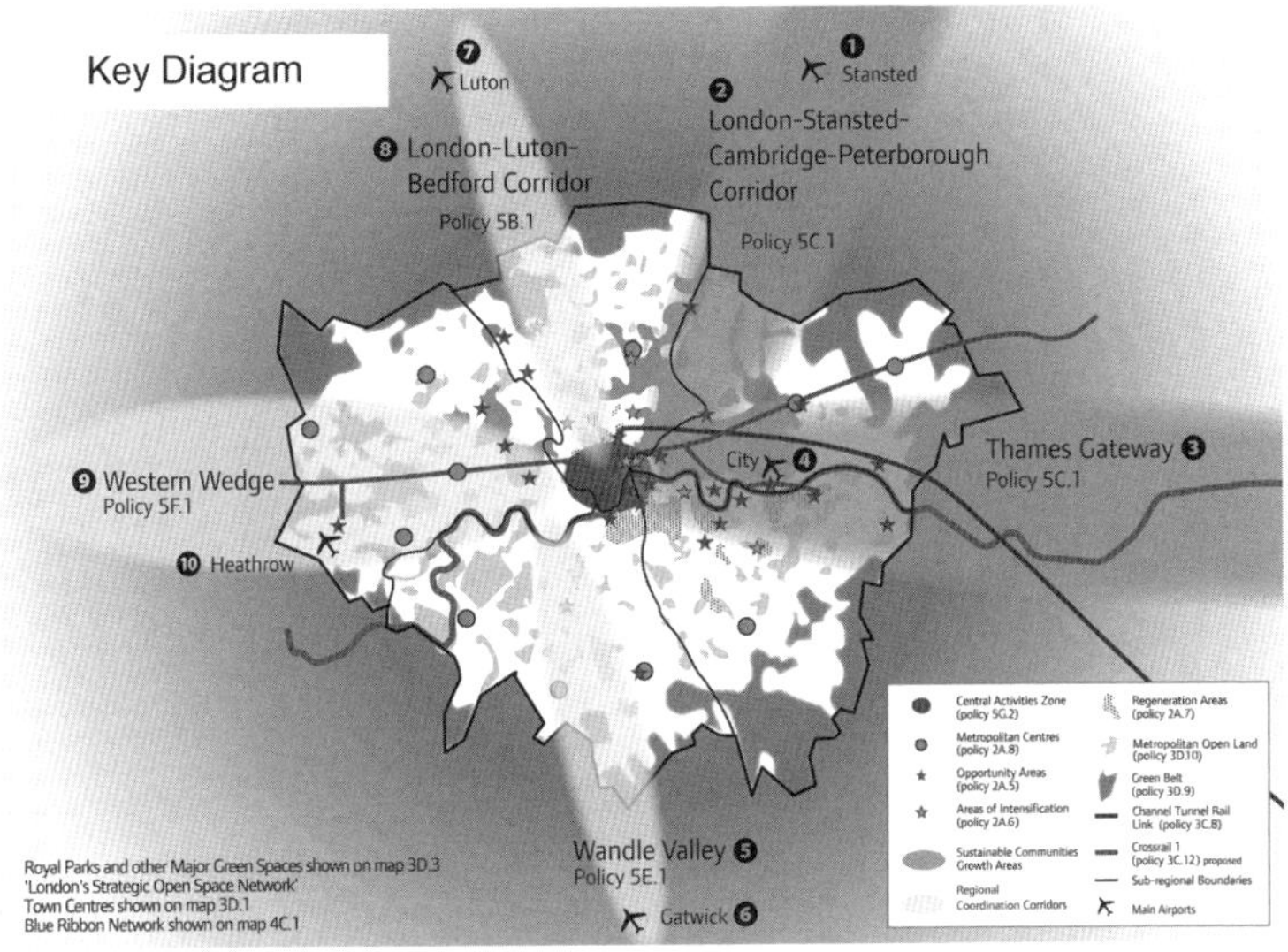

［b］2004年のロンドン計画。複数の「コリドー」上に拡大する都市部

❶スタンステッド空港
❷ロンドン／スタンステッド／ケンブリッジ／ピーターバラ・コリドー
❸テムズ・ゲートウェイ
❹シティ空港
❺ワンドル・バリー
❻ガトウィック空港
❼ルートン空港
❽ロンドン／ルートン／ベッドフォード・コリドー
❾ウエスタン・ウェッジ
❿ヒースロー空港

の公的セクターの支出に対する口出しも許され、また、政治家らの関心を繋ぎ止めながら（多くの途上国ではその傾向が強い）、計画案の範疇を超えて起こる非公式な開発もコントロールできる（5章のベスターズ・キャンプの事例など参照）と考えているのだ。計画案の策定者は、将来の重要なニーズの予測や、部分と全体がどう関連しているかを把握する際にも自らの能力を過大評価しすぎる。その結果、神戸で見られたように、多くの近隣住区では、公的な計画要請に縛られるばかりとなり、計画そのものは生活者の日々の暮らしの環境やニーズとは関係の薄いものとなってしまう。人々が暮らし、ビジネスが展開する都市の実体は、都市計画家らが描いた計画案とはどんどんかけ離れたものになっていくのだ。一九八〇年代、ブライアン・マクローリンとマーゴ・ハックスリーが実施した研究では、オーストラリア、メルボルン市がどの程度、当時の計画案に示されていた土地利用規制やインフラ整備投資に準拠して都市成長を達成していたかが分析された（McLoughlin 1992）。そこで明らかになったのは相当レベルの非均衡である。この結論は世界中のあらゆる地域、特にアジアやラテンアメリカ、そしてアフリカの急激に都市化する地域で繰り返されているのではなかろうか。都市という生き物が計画案から逸脱して成長を遂げることで特に深刻な問題を引き起こす場合というのは、公式な計画案によって土地や不動産開発の権利を譲渡し、土地の価値を計画によって意図的に引き上げていたような場合である。開発途上国では、「マスタープランニング」アプローチと呼ばれるそのような計画案は、急激に拡大する都市複合体とは全く無縁のものとして官僚的な土地開発規制の押しつけという批判を受ける。そうなると、開発行為そのもの正当性が揺らぎ、非公式あるいは違法行為と扱われる事態となる（UN-Habitat 2009）。

こうした現象が散見されるようになり、一九六〇年代以降、都市計画行為に対する強い批判が特に北米および西ヨーロッパ諸国において強くなった。計画理論や実践に関わる専門家集団、プランナーや大学研究者は計画案や戦略に対する新しい概念を提示することでこれらの批判に答えようとしてきた。中でも重要な視点は、目標像を示す戦略と詳細な土地利用変化を促すための規制的規範や標準といった特殊な文書類の違いを明確にしたことである。英国では、法律で定めるところの「開発計画」は、「ストラクチャー（戦略的）」計画と「ローカル」計画とに分割されることになった。ゾーニングの計画が開発権利を与えるような国では、戦略的計画というものが、ゾーニング計画からは切り離されることになった[2]。都市計画家は、空間戦略がその他の都市開発戦略、例えば経済振興、交通機関への投資、住宅の改良や開発、緑地の拡大と言った領域と連携しなくてはならないという。しかし、異なる戦略を統合しようとすればするほど、政府の行為が機能領域ごとに分断されているため、困難な事態が発生する（3章参照）。計画領域では、広範囲に及ぶ諸処の戦略的概念を関連づけることの重要性を強調する。それによって、資源のあるところに都市の発展を誘導し戦略的考え方を実践できると考えるからだ。ここでも開発行為を調整する上での戦略的計画の重要性が強調されている（Hopkins 2001）。また、これまでのように都市が物理的なレイアウトに準拠して成長するかによってその有効性を評価するのではなく、戦略の実効性によって評価するべきだと考えられた。つまり、戦略によってどれだけの政策プログラムや方式が生まれ、投資事業が決定され、主要な規制上の基本方針がつくられたかによって評価すべきだという考え方である（Mastop and Faludi 1997）。

しかし、こうした考察は次のことを示唆する。都市の発展に資する将来的な投資を促し、小さなスケールでの変化を促す力を集める戦略というのは、都市計画プランナーが扱いきれる技術ではなく、政治的かつ組織的な事業であるということである。戦略は、都市発展の方向性をかたちづくる主要な資源や考え方のあり方に関与する主体の「心と頭」の中に位置づけられていなければならないのである。この点に関して、バルセロナの政治家と行政担当者は十分な理解を持っていた。彼らは、戦略は、都市域全体を描く一般的な形態上の計画案としてではなく、いくつかの具体的な戦略的事業を通じて最も良く表現されうると信じていた。それとは対照的に、公的セクターが市場を切り開くことを政府が信じない国では、場所の開発戦略を持つという考え方は全く意味をなさない。一九八〇年代の英国では、都市・地域開発には民間事業が最も効果的と中央政府が信じていたため、市全体の戦略を描くという考え方は台無しにされ続けてきた。計画行為そのものは、恣意的に土地利用規制の実践、つまり土地利用規制の正当性を判断するための開発計画として矮小化されてきた。この規制重視の計画のあり方は、全国レベルの計画指針と、民間による開発権利の範疇を合理的に説明する法的基準という異質な制度を繋ぎ合わせたところに位置づけられていた（Thornley 1991）。バーミンガムのような基礎自治体はそのため、そのような政治的風潮が強い中で、より戦略的な課題の火を絶やさない努力をなさねばならなかったのだ（Vigar et al. 2000）。

しかし、一九九〇年代まで戦略的志向を無視してきたツケがまわってきた。ヨーロッパ諸国では、戦略的なスペーシャル・プランニング（spatial planning）への強い関心が広がっていた[3]。これは世界の他の地域にも飛び火した。南アフリカのダーバンも影響を受けた地域の一つだ（5章参照）。米国においてさえ、際限なく拡大する郊外と中心市街地の衰退の社会経済的コストが次第に現実に実感されるようになり、都市戦略に対する関心が再び高まった（Wheeler 2002, 2004）。しかし、その戦略的な計画に対する政治的関心がより高ければ、それに対応した取り組みも具体的なものになっていたはずだ。そのような取り組みを推進する際には、どういった領域に焦点を絞り、どのような政治的領域に対してそれを適応させるかを考慮する必要があった。戦略の中で、どういった場所の質に関心を注ぐべきか、つまりそれは誰にとっての価値なのかを考えることである。また、戦略は実践されてこそ意味を持つため、その戦略を準備する制度的なアリーナを構築し、戦略の内容やかたちに関して意見するべき主体は誰であるかを十分考慮せねばならない。これらの問題は、政治的かつ制度的にも困難な挑戦、つまり、都市部の政治における制度デザインとガバナンスの実践が鍵となる。既存のガバナンスのかたちが戦略的な計画アプローチをうまく取り入れるケースも見られたが、戦略的アプローチを生みだすことで戦略を受け入れるにふさわしい舞台をつくり上げることもあるだろう。言い換えると、効果的な戦略を描く作業によってガバナンス能力が高まり、ひいては都市の政治機構、ガバナンスの文化をも高める可能性を秘めている。

ここからは、二つの事例を紹介していこう。一つはヨーロッパの事例としてオランダを取り上げる。首都アムステルダム市は一世紀にわたって、社会正義、経済拡大、そして持続可能な環境づくりという目標を掲げて都市政策に取り組んできた都市である。同市には戦略計画を策定する伝統があり、現実に起きている変化に呼応して継続的に見直され改変されてきている。二つ目の事例は米国からである。オレゴン州の州都ポートランド市は、住民だけでなく様々な利害関係者にも良い影響をもたらしうる持続的な都市開発に向けた戦略的アプローチを採用してきた。ポートランドのアプローチは、二十世紀後半の規範的な都市戦略として高く評価されている。バンクーバーやバルセロナ同様、市民活動家がいかにして目標達成能力を備えたガバナンス文化を発展させたかを知るには良質な事例といえる。この二つの事例を通して、開発過程で生まれる巨大な都市・地域内の関係や繋がりに関心を寄せていくような戦略的枠組みについて考察していこう。私が特に注目したいのは、次々と展開する出来事を通じて計画プロジェクトが持つ価値がどの程度維持されているのか、また、社会的背景や状況の変化にも十分対応しうるような戦略的な枠組みにどのようにたどり着いたのかという点である。

一世紀にわたる計画による開発——アムステルダム、オランダ[4]

ヨーロッパ北西部、ライン川とマース川が海へと注ぎ込む低地からなるアムステルダム。オランダの首都、商業の中心でもあり、人口密度の高い豊かな都市である。商業国としての伝統の強いオランダでは、異なる集団間での合意形成に務めることを是とする政治文化がある。これは、宗派間での抗争が一時は国を揺るがす事態を引き起こした経験からくるものだ。二〇〇〇年、アムステルダム市の人口は七十三万人で増加傾向にあり、周辺の大都市圏を含めると百五十万人の人口を抱える。アムステルダム自体はデルタの中に位置している。中心に位置する旧市街地は、住民や観光客を魅了する環状水路によって幾重にも取り囲まれ、低地へと拡大する景観、干拓してできた土地に張り巡らせた水路の景観がその地勢を良く表している。こうした自然環境の管理は、農地利用あるいは都市開発を目的としている。そこでは、常に熟慮あるそして持続的な社会的協働が不可欠であり、それは将来的に気候変動の影響による海面上昇が起きたとしてもそうあり続けるだろう。おそらくこの物理的条件に起因して、オランダでは中央政府および地方自治体が空間（テリトリー）の開発にあたっては主要な役割を果たすべきだと理解されている。中央政府は水管理を中心に、都市開発の場所の選定および資金の調達、インフラ整備、社会福祉サービスの提供を担う。この国主導の干拓事業によって、かなりの土地が公有地となっている。アムステルダム市役所は、広大な公有地に加えて市域の殆どの土地の自由保有権を有している。そのため、アムステルダムは地域開発における対象地であるだけでなく、地方行政組織という体をなすことによって、非常にアクティブな開発主体となってもいるのである。

オランダは単一国家であり、米国のような連邦国家ではない。中央政府のもとに県（provinces）と基礎自治体（municipalities）が存在する。しかし、中央集権の度合いが強い英国と比較すると、オランダの政治制度はヒエラルキーが弱く、異なるレベルでの共同事業では同等の立場に立つことも少なくない。特に、アムステルダムのような大都市の自治体はその力も強い。三層の政府間では継続的に開発地の選定や投資の優先順位に関わる合意形成がなされる。選挙で選ばれた政治家および政府の役人、各省庁の専門官がこうした協議を主導する。主要な民間事業、例えば物流やスキポール空港開発に関する協議の場には、その関係企業も含まれることがある。アムステルダムはまた、一九六〇年代に流行した都市再開発の動きに対して、市民による強い反対運動を経験している。それ以降、場所の開発に関する政策や事業の策定プロセスにおいて市民の声を取り入れることは、「当たり前の行為」となっている。このようなガバナンスのかたちを持つオランダでは、「スペーシャル・プランニング（ruimtelijke ordening）」は主要な政府（中央政府、地方政府共に）の仕事の一つであり続けてきた。この行為の実践はオランダという国の秩序だった景観に反映されているだけでなく、市民からも価値のあるものと見なされている。

アムステルダムは、場所のマネジメントおよび開発行為の質の高さで知られる都市の一つだ。また、様々な近隣住区によって構成される都市居住性の高さを維持する努力が払われるなど（2章Box 2.2参照）、社会正義を掲げた平等な社会が目指されていることが窺える。都市計画プランナーのスーザン・ファインスタインは、アムステルダムを平等主義と公平性のある都市の良い例だと評する（Fainstein, 1997, 2001b）。バンクーバーと同様アムステルダムにおいても、住んでよし、働いてよしという魅力的な都市をつくりだす要因があるに違いない。そしてまた、アムステルダムは社会的公平性と持続可能な環境づくりという点においても抜きんでた存在であり、それは持続的な計画的志向を持った場所のガバナンスを実践する努力の結果として生みだされていると考えられる。

アムステルダムの都市部は市の中心部だけであったが、二十世紀初頭から拡大し、埋め立て地や周辺の基礎自治体を飲み込みながら大きくなってきた。都市が拡大する時期には、人々は三、四階建ての古い都市部の建物の中でぎゅうぎゅう詰めになって暮らしており、貧しい家庭ではベッドルームが一つといった状況も少なくなかった。雇用の場は市の中心部と北部堤防に位置する港湾部（ここから海へと続く川の水路に接する）の地帯に集積していた。このような状況下で、二十世紀初頭における計画事業では、低密度に都市を拡大しながら緑地を確保するという方法によって、住宅建設および居住環境の改善が目指された。この時代までに市政府が社会民主主義を強く打ち出していたのは、地域の労働者階級による市民運動の強さを反映していたものと考えられる。市行政の役割は開発主体として土地とそれに付随するサービスを提供すること、そして多くの場合に建物建設も請け負い、賃貸物件として提供していた。2章で取り上げたブイテンベルダート事業は、こうした方法で一九五〇年代に開発された事例の一つである。しかし、マスタープランに描かれた都市拡張計画の実践は、一九二〇年代、都市計画の新たな潮流、建築および計画における機能主義の旗手らによって取り組まれていた。この運動の主要人物の一人であるコーネリアス・ファン・エーステレンが、アムステルダム市役所都市計画局の主任に就任、都市開発に対する戦略的なアプローチを主導した。彼が特に関心を寄せていたのが、開発地整備と交通機関への投資であった。こうした彼の構想は、アムステルダム市の戦略計画として提示された［図7.2参照］。この計画が物理的に実現したか否かは、アムステルダムが結果的にどのように開発されたかを見れば明らかだ。マクローリンがメルボルン市を検証した結果とはおおよそ異なる。戦略的に表現されたコンパクトシティという概念は、その中心市街地と主要な港湾や工業地区を中心にして、それを住宅地と緑地が取り囲み、トラムネットワークが張り巡らされた交通網によって明確に示されている。

一九七〇年代までは、市役所の都市計画局および不動産局が市内の開発行為を推進する主要な組織であった。今日においても、巨大開発プロジェクトの推進や、開発戦略策定、また都市開発に関する調査研究機能は、市当局の重要な仕事であり続けている。また、政治家と密接に働きながら、中央政府の国土空間計画局［5］や他の省庁、特に水利管理と交通インフラ整備に関する管轄組織と継続的な協議を繰り返す中で、開発対象地およびインフラ整備に関する考え方を集中的に議論し、最終的な合意は法定計画（structuurplannen）として承認し、関係省庁が開発投資プログラムをつくる。中央政府の国土空間計画局は定期的に、全国土を網羅した空間開発に関する文書を発行している（Nota）。これは特定の事業に関する背景や妥当性を与える文書であり、その中には自治体の境界を越えて実施され

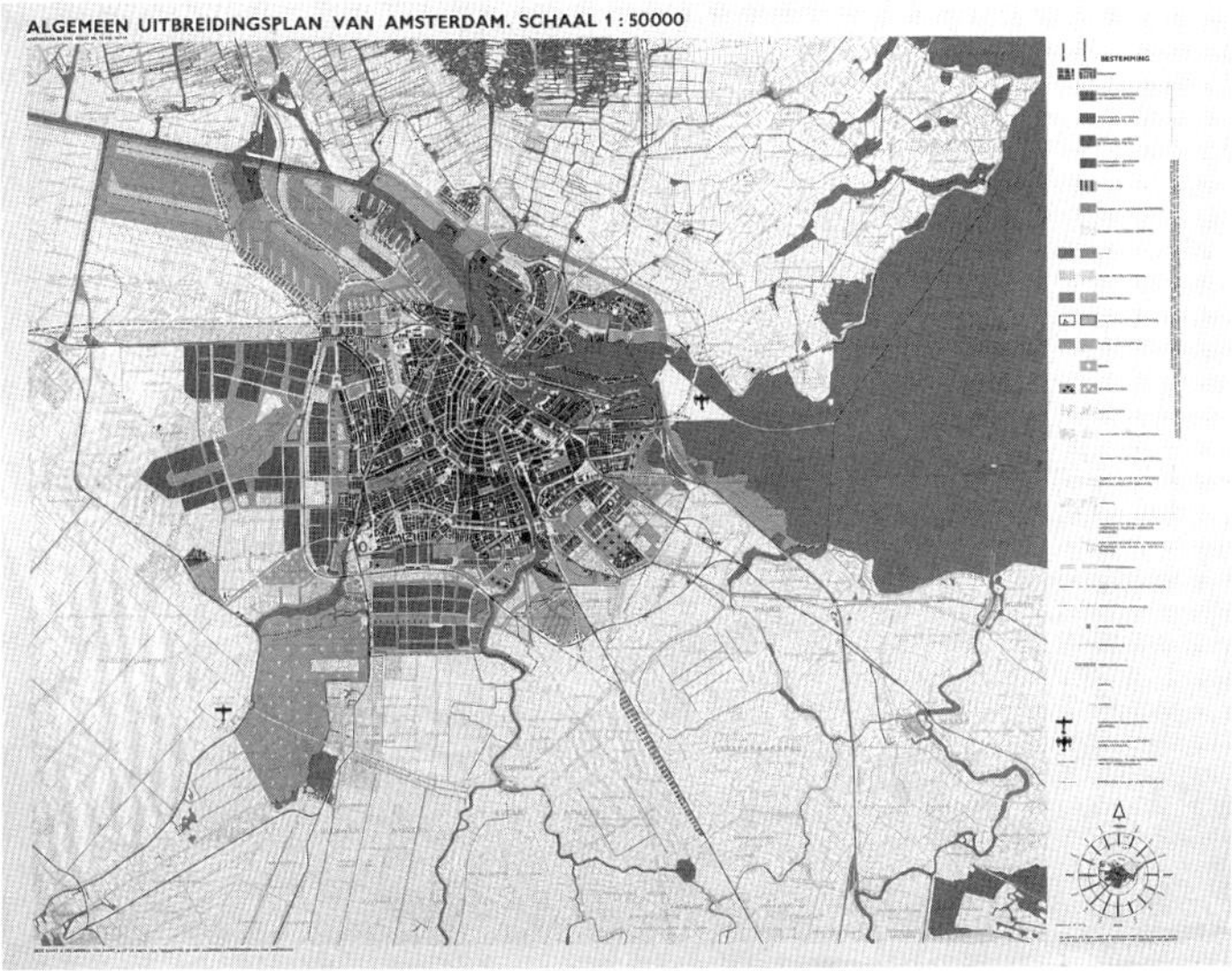

［図7.2］アムステルダム、一九三五年の総合計画
提供＝アムステルダム市

る事業も含まれている。このようなやり方は、国レベルそしてアムステルダム市レベルにおいても、政治家および各省庁、政府機関と共同する主要関係者らに長い間好意的に迎えられてきた（Faludi and Vabn der Valk, 1994）。

このような制度背景があることで、空間の開発戦略は効果的な力を発揮し、変わりゆく物理的発展のパターンを制御しうる。もちろん、戦略そのものは計画概念に反する新たな現実を反映して生じる圧力や障壁を受け止めながら、漸次改変されていくものである。第二次世界大戦の終焉間もない時期には、アムステルダムの計画は市中心部の被災地の復興に焦点を当てたものとなり、良好な道路交通整備と市の地下鉄の敷設が実施された。しかし、この再開発事業の影響を受けた近隣住区から、市民による強い反対運動が一九六〇年代に起こった。これは、バンクーバー、ボストン、この先に紹介するポートランドでも同じである。アムステルダムでは、一九六〇年代後半、若い世代の過激派が地元の反対運動を広くヨーロッパ全体の社会運動に展開させ、これが都市再生に対する異なるアプローチへと繋がり、市民参加を中心とした民主主義の実践が前面に押しだされてくるようになった。新たに市行政に入った人々によってもこの考え方は進められた。公共政策に関して協議を重視するというオランダの政治風土を反映し、在職期間の長い政治家も、再開発が引き起こす社会的影響により配慮することに賛同し、市民の声を開発政策に盛り込むためのより充実した方法が様々にとられるようになった。その結果、場所のガバナンスに関わる領域すべてにおいて、近隣住区の自治会や賃借人組合などが果たす役割が大きく拡大した。この効果は、商業活動を優先するような市中心部の住宅地再開発を防止することにも繋がった。

その頃、港湾地区における脱工業化の動き、またロッテルダムに代表されるようなより広大で深海の港を持つ地域に産業拠点が移動していることを受け、アムステルダム市の工業集中地区だった港湾の重要性が相対的に低下してきた。その一方、近隣自治体ハーレマーメールに立地するスキポール国際空港（ヨーロッパのハブ空港の一つ）周辺地区では急激な開発が進み、アムステルダム大都市圏に新たな都市拠点を形成しつつあった。また、アイ湾の東側には新しい自治体アルメレが誕生し、主要な住宅街および工業地区を形成していた。中心核をとりまくようにイメージされてきたアムステルダムはその求心力を次第に失い始め、アムステルダムとこれら周辺都市部との繋がりが、空間的な広がりの中で大都市圏として認識されるようになり、複数の核都市によって構成される「ポリセントリック」として理解されるようになってきた。この「多核都市」という見方は、十年後、ヨーロッパのスペーシャル・プランニングの領域では一つの主要キーワードとして登場することになる（Davoudi 2003）。一九八〇年代までに、アムステルダムの空間開発戦略は抜本的な再考を余儀なくされる状況に追い込まれていた。

この一九八〇年代の再考は、一九八五年に採択されたマスタープランで一つの決着を見た［図7.3参照］。様々な利害関係者との入念なやり取りを通じて生ださ れたものではあるが、この計画に盛り込まれた戦略

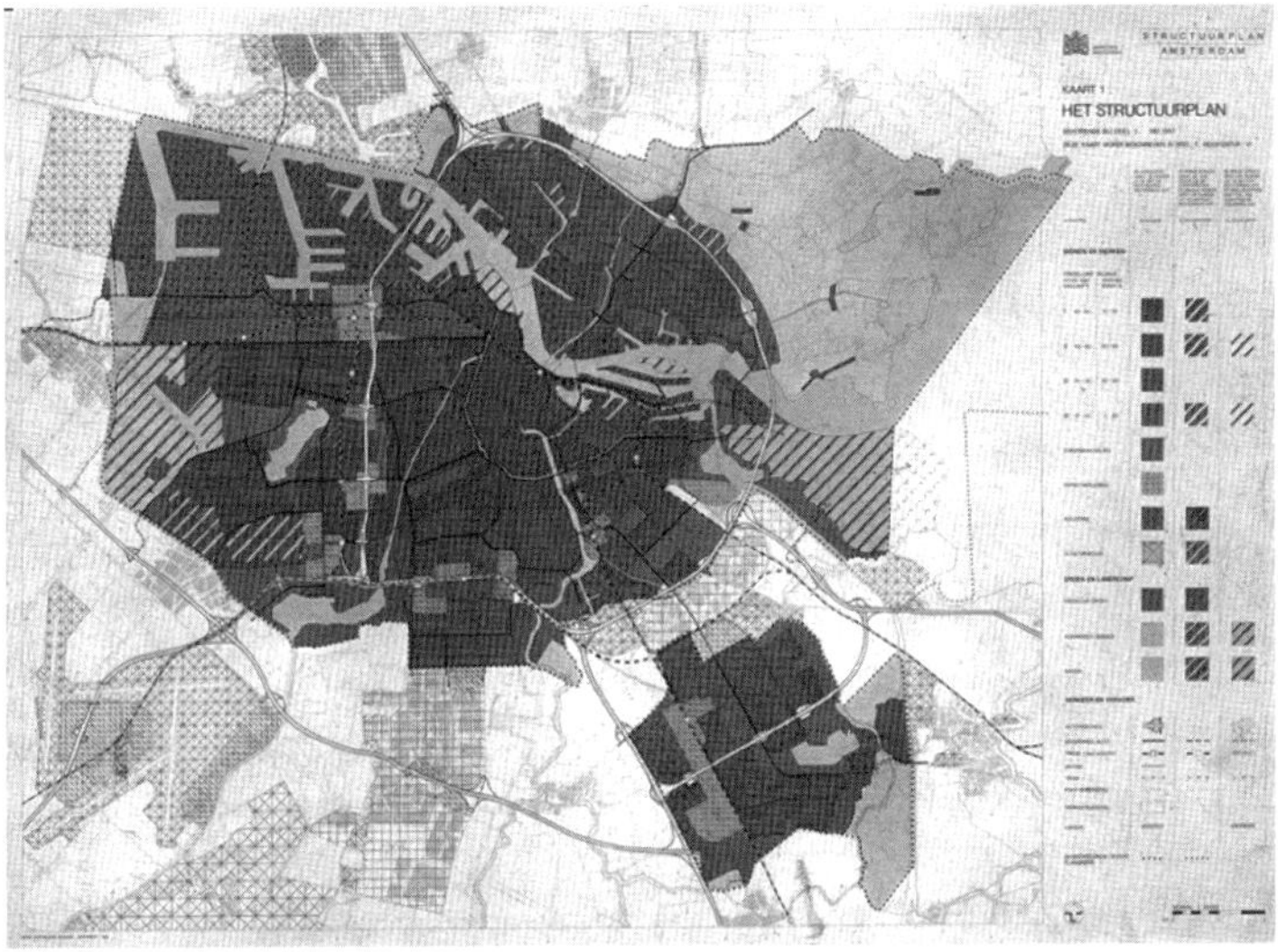

［図7.3］アムステルダム、一九八五年の総合計画
提供＝アムステルダム市

はオランダの都市計画家集団内では主流となっていた考え方を強く反映したものとなった。つまり、空地の保全によって自然環境を守り、密度を上げて都市をコンパクトにまとめ、公共交通や自転車利用の促進を促すというものである[6]。このコンパクトな開発という戦略は緑地空間の開発機会の可能性が低いアムステルダム市役所にとっては、とりわけ妥当な案であった。しかし、空港周辺部での開発が騒音問題によって規制されるようにはなったものの、周辺自治体はこのアプローチに同調しなかった。結果、アムステルダムの都市拡大は水辺空間の埋め立てのみで可能となった。一九八五年のアムステルダムのマスタープランは「コンパクトシティ」に対するアプローチの完成形といっても過言ではない。都市部は旧市街地である中心部周辺に集積していたものの、商業活動の活動拠点は水辺空間の再開発あるいは埋め立て地、あるいはファン・エーステレンが戦前に計画した道路／鉄道などの交通網上にある副都心部につくらざるをえなかった。高密度の住宅開発は既存の都市中心部で実施することが推奨された。この戦略は、物理的開発と交通インフ

ラ整備でスプロールする大都市圏化、それによって登場する都市の多核化という事態に抵抗しようとする意志を反映している。

しかし、都市圏の中に複数の核都市が生まれてくる動きは、市行政の都市計画担当者の制御能力をはるかに超えたものである。また、北部の水辺空間の開発や埋め立てコストは巨大で、市政府内では物議を醸す提案であった。ヨーロッパ諸国の福祉国家の多くが直面する財政悪化を受けて、中央政府も埋め立てや再開発にかかる補助金には慎重になっていた。更に、商売人にとって北部の対象地は魅力的なものではなかった。大企業は周縁部の副都心、例えばスキポール空港周辺などを指向する傾向にあった。徐々に、新たな開発軸は市の南端地区の道路や鉄道沿いに立ち現れてきた。この地域では中心部や北部水辺空間と比較して、商業用不動産が急激に増加した場所で、南軸（Zuidas）と呼ばれていた。こうした背景のもと、政治家および都市計画家は新しいアプローチの必要性を実感するようになった。人々の日々の動き、週ごとの人の流れは、今日では自治体の境界を大幅に越えて展開する。また、こうした人々の動きは、一つの中心ではなく、潜在的に複数の核がありうるというアムステルダムの都市を舞台にしている。

最初の取り組みは、アムステルダム市の政治家から提案された。それは、周辺自治体と合併して都市圏全体を管轄する自治体をつくるというものであった。予算の分担や事業の優先順位に関する周辺自治体との膨大な議論の末、合併案がアムステルダム市民に提案された。しかし、一九九五年、市民はそれを棄却する。アムステルダムのアイデンティティが失われるのではないかという危機感、基礎自治体が遠くに行ってしまうことに対する不安がその原因だった。おそらくこの経験が痛手となったのであろうか、しばらくの間、政治家は戦略的計画に関心を見せなくなり、目先の巨大開発事業、例えば水辺空間での住宅開発などにばかり注意が向けられるようになった。これは悪いことではなかった。内政に集中したことで新たな魅力的な居住区が市内に誕生したからだ。しかし、市の計画局の担当者は、アムステルダムにおける都市の現実が日々変化している実態を理解する方法を模索する必要があると信じていた。彼らは、都市を社会的、経済的関係のネットワークの重なり合いの集積とみなすような考え方に関心を示しており、アムステルダムの市民や場所というものを、オランダ国内、そして国際的空間の中でどう位置づけるかを模索していた。Box 7.1では「ネットワークシティ」という概念がいかに誕生し、空間戦略の中で翻訳されていったかを紹介している。

アムステルダムの事例では、政治家と都市計画担当者が先頭に立って市民やその他の利害関係者を啓蒙してきた結果、より広い地域を含む関係性の中で市全体の位置づけが理解されるようになってきた。このような戦略的計画づくりは、市の物理的構造に大きな影響を与えてきており、アムステルダムにおけるガバナンスの重要な側面ともなっている。公式の戦略計画の内容は、主要関係者が巨大開発事業やインフラ整備事業に関して協議する場で具体的に説明されるよう制度化されている。こうした場を通じて、公的セクターによる都市開発投資のあり方やルールが議論され、広く共有されていく。つまり、事業間の繋がりを見いだし、暮らしやすさ、アクセスのしやすさ、持続可能性といった視点に立った基準がつくられ、事業実施時にはこれらの条件を満たすよう促される。この戦略によって、都市部の土地および不動産市場の動きもある程度制御し得ているといえるだろう。このような効果は、計画プロジェクトに付随する考え方を十分に内面化しているようなガバナンスの風土に因るところが大きい。重要なのは、場所というものは、長期的な視点で暮らしやすさや環境的に持続可能なものとして創造されるべきだという強い信念があるということである。

とはいえ、プランナーが好むコンパクトシティと、現実として見えてきた複雑で複層に繋がりを持つ核が複数存在する都市の塊という理解の間には乖離があったため、過去二十年の間、このようなガバナンスの風土をかたちづくるという側面では具体的な進化があったとはいえない。しかし、都市計画局では、この新しい概念をどう理解し、方向付けるべきか真摯に取り組んでいた。プランナーは、様々なレベルで当

Box 7.1

「コンパクトシティ」から「ネットワークシティ」へ
アムステルダムに生まれつつある都市群を想像する

一九九〇年代中頃、アムステルダム市役所の担当者は市内の様々な地区を対象に、都市の将来像がどうあるべきかを議論するため、市民社会で問題となっていること、また、都市研究者らによる新しい都市像に関するアイディアを慎重に調べていた[7]。アムステルダム大都市圏に新政府をつくるという案は棄却されたものの、市の都市計画担当者は近隣自治体の政治家や担当者と共同し、都市の将来像に関する非公式な議論の場を維持してきた。この場を通して、様々な開発地や開発内容の優先順位にも次第に合意が得られるようになってきた。これと並行して、国レベルでの議論も進められていた。一九九〇年代後半に入ると、オランダは全国規模での都市開発予算の縮小が進み、県レベルでの予算も減額されるようになった。ただ、国家プロジェクトとして優先順位の高い事業、例えば高速鉄道網整備やスキポール空港の拡充などは除外された。アムステルダム近隣の自治体がまとまるようになった一つの要因は、こうした予算縮小の状況では事業の優先順位付けが必要という点で同意できたからだ。

このような背景と政治家による後押しもあり、アムステルダム市は、大都市圏戦略の文脈に沿った新しい「ストラクチャー・プラン（structuurplan）」を策定した。その中心は「発展コリドー」と呼ばれる概念で、アムステルダム市の南からスキポール空港への軸、また、東部アルメルへと延びる軸、またそれ以外のオランダの経済中心地へと延びる軸線であった。これらは、地域全体の中で人やモノの複雑な動線を表している。旧市街地を中心とした同心円状に広がる都市空間としてアムステルダムが把握される時代は終わったのだった。そこに浮かび上がった都市像は、複雑な流れが錯綜する場、それぞれが相互に繋がったネットワークであった。アムステルダム大都市圏、オランダ全土、更には隣国も含めた広い文脈の中に見いだされた「アーバニティ」という特徴である。都市開発戦略がなすべきことは、こうした新たな都市像を想像し、その質を育むことである。もちろん近隣住区レベルでの住みやすさを維持しつつ、地域の「コリドー」沿いに開発を誘致し、都市圏全体のアクセスの良さを高めていくことが具体的な目標となる［図7.4参照］。❖

[a] 経済発展が進む地区（矢印）

[b] 住宅や就業場所の集積（弓状の網かけ）

［図7.4］広域との関係から見るアムステルダム　出典＝Mansuur and Van der Plas 2003: 7, 10.

局担当者や政治家、各省庁と集中的なやり取りを行い、都市計画研究者との意見交換、市民グループとの議論などを通じて、ダイナミックな大都市圏の空間的ダイナミズムを理解する新たな方法、そしてその概念を用いていかに巨大開発事業や継続する開発マネジメントの作業を行えるかを考えてきた。

二十世紀の大部分において、アムステルダムという都市がどう発展していくべきかを公共の視点から模索する風土を守ってきたのは、市の計画局と政治家であったといえる。しかし、彼らは官僚的な要塞の中に閉じこもってこうした作業を進めてきたのではない。市の将来を左右する様々な公的セクターと継続的なやりとりを続け、多様な市民の声に耳を傾け、アンテナを広げて異なるかたちの知識を取り入れながら市を理解しようと務めてきた。政治家や市の職員は、活動的な市民社会から常に批判の目を向けられている。しかし、それこそがこの文化の一部であり、そこから刺激を受け、自らの仕事を反省しながら開発行為をかたちづくっていくのである。この豊かな市民社会では、アムステルダムという場所を維持するためには思慮深い市民からの関心が持続することが必要と考えられており、このことが最終的には複雑な都市社会の中で開発を調整するガバナンスの能力を持続させているといえよう。こうした成熟した文化が、公共の福祉に資する仕事という公共セクターが担うべき積極的な役割とうまく結びついている。アムステルダムが持っている質、「良い」「公平な」「住みやすい」都市像は、公的セクターによる計画サービスの賜物であると同時に、それを支えるガバナンス風土の賜物であるといえよう。

計画文化を進化させる政治形態——ポートランド、米国［8］

米国、太平洋に面する西海岸に位置するポートランド［図7.5参照］は、ロッキー山脈から海へと繋がる最後の窪地でウィラメット川が大コロンビア川と合流する場所にある。ヨーロッパからの開拓者らがこの地に住み着いたのは十九世紀の中頃である。北部のバンクーバーやシアトル同様、商業、原料となる木材、毛皮、魚介類、農産物関連の工場が、長い間ポートランドの地域経済の中心となってきた。入植者やその子孫たちは、なだらかに続く開放的な丘陵地、広大な川や多様な森、雪を頂くマウント・フッドを間近に控えた景観をこよなく愛していた。二十世紀中旬までゆるやかに人口を増やしていったポートランド

［図7.5］ポートランド市の市街地
©City of Portland, Oregon Bureau of Planning and Sustainability.

市は、公園と緑地空間の重要性を説いた米国の都市計画家フレデリック・ロー・オルムステッドの思想を反映させた都市景観を有していた。一九五〇年ごろ、ポートランド市の人口は三十七万五千人程度、周辺地域を含めても七十五万人規模の都市であった。しかし、その頃から都市は拡大し、二十世紀の後半にはその拡大の勢いを増しながら、直径八十キロメートル圏内に二百万人の人口を有する米国内第二位の大都市圏を形成するまで成長を遂げた。地域経済も加工業や原材料の流通から、知識集約型産業へと変貌した。二十世紀後半に成功を収めた世界的企業、ナイキ、インテル、アディダスやテクトロニクスといった企業が本社地として名を連ねる（Mayer and Provo 2004）。一九九〇年代には、米国内でも最も暮らしやすい都市の一つといわれるようになった。それは、土地利用規制を含む都市計画の力が強かったことと無縁ではない。市では民間の開発行為に厳しい規制がかけられており、それは「公益の適切な現れ」（Abbott 2001: 6）と理解されていた[9]。これは、所有の自由と私有地における不動産開発は規制を受

けるべきでないと考える政治的自由を基本理念とする米国、特に開拓者が進出した西側地域にあって、極めて印象的な偉業であるといえる。

一九六〇年代までのポートランド市およびその上位行政府であるオレゴン州は、カルフォルニアから南部にかけての地域で起こった暴力的な開拓の歴史に比べると穏やかで、そのような地域とは無縁の地域だった。しかし、一九六〇年代にはいると、若い「ヒッピー」世代がこの地の景観を発見することになる。その当時、材木の切り出しによる乱伐が顕在化、ウィラメット川、コロンビア川流域での農業および工場排水による河川の汚染が次第に深刻化していた。同じ頃、ポートランド市の拡大にともなって、近隣の農地にも大きな都市開発が進むスプロール現象が見られるようになっていた。地元の政治家らは、この急激な拡大に対応するため、主要な高速道路建設(古い市街地を横切る)を計画していた。この計画案は、他の多くの都市で当時見られていたように、近隣住区に影響を及ぼすだけでなく、ポートランドの場合には、ボストン同様、一九四〇年代につくられた中心部の港湾地区を主要道に転換するものだった。急激な都市拡大を受け提案された計画案、それに反対する新住民の声といった一連の動きは、市行政の政治的な覚醒を促すことになった。都市拡大とその土地の伝統的な景観に及ぼす悪影響への懸念は、農業や漁業関係者、そして静かな環境を求めて米国の東部から移住する人々の間でも共有された。その結果は、新しい世代による市民運動が広がった。米国内の他地域(特にカルフォルニア)で見られる都市のスプロール現象を食い止め、経済の発展と都市環境の改善と、農村や自然景観の保全とを調和させる道が模索された。カール・アボット(Carl Abbott 2001: 174)は次のように分析する。こうした市民運動家の政治文化こそが、ポートランド市をロサンジェルス(明らかに未完の都市形態だった)やシアトル(北部に急激に拡大する工場地帯を抱えていた)とは異なるものとして考えていくきっかけをつくった、と。

一九六〇年代の市民活動家らが、以降数十年にわたって政治家や都市計画プランナーとなり、一九七〇年代初期から州知事(トム・マッコール、元調査ジャーナリスト）とポートランド市長（ニール・ゴールドシュミット）の地位に就いた。そして、このグループとその仲間が、バンクーバーやバルセロナで見てきたように、都市開発の具体的な戦略とそれをいかに効果的に表現するかのプロセスを構想したのである。一九七二年に市長となったゴールドシュミットのアドバイザーは、既に「土地利用と交通事業の調整を含む統合的な戦略の青図」（Abbott 2001: 142）を示していた。そのため、これらの戦略的な考えは既に彼らの頭の中にあり、マニフェストとして、そして計画案として表現されていく。この戦略の要は三つの組織的レベルにおける動きであった。オレゴン州は一九七三年、すべての基礎自治体に開発が可能な場所を規定する総合的な土地利用計画を策定する義務を与える法案を可決した。米国では土地利用計画の策定および改定の権限は州にある。オレゴンのシステムでは高密化を進めること、都市成長の境界が示されていた。基礎自治体は都市部の密度を上げ、都市成長の境界を設定することで、これ以上のスプロールを防ぎ、農地や自然景観の保全が目指された。基礎自治体は適正価格の住宅を建設することも求められた。社会的、環境的な関心はこのように異なる経済的な関心と共に考慮されるようになったのである。

ポートランド地域では、すでに開発の勢いがポートランド市の領域を超えて進んでいたため、都市圏全体を統轄する組織が一九七〇年に設置された。この組織は一九七八年には公選制議会を備えた公共団体、通称メトロ（Metro）となり、現在では都市計画に関わる様々な行政サービスを提供する権限を持つ（Abbott 2001）。メトロは、都市開発に係る連邦予算を配分する役割、また、ポートランド地域の都市成長の境界を設定する権限を与えられた組織であった。この都市成長の境界は、一九八〇年に公式に承認されたものである[10]。ポートランド市議会の議員やそのアドバイザーらは、この枠組みに沿って、一九七九年に公的な「総合土地利用計画」を策定している。そのころまでには、市街地や近隣区の改良事業などに対する関心も高まっており、その初期の事業として市街地計画が一九七二年に策定されている(Box 7.2参照)。

近隣区住民組合のための事務所が一九七四年に設置され、そこを通じて、一九六〇年代から増えてきた任意の住民組織に様々な助成金が配分されることになった。この助成金はポートランド市およびメトロを通じて配分される連邦政府予算を原資としていた。この事務所は開発の推進と同時に政治的にも重要な意味を持っていた。つまり、基礎自治体の政治的基盤を強固にする役割を果たし、一九六〇年代に取り組んだ高速道路建設事業の際に起こったような市民運動との対立を抑制する装置にもなったのだ。

一九七九年に策定された市の総合計画によって、オレゴン州および大都市圏メトロの戦略の中にも、コンパクトな都市開発の重要性が盛り込まれるようになり、都市部の密度を上げ低価格の賃貸住宅の量を確保するための具体的な方策が検討された[11]。加えて、ポートランド市の戦略には、更にいくつかの基本方針があった。まず、交通基盤整備の方針を幹線道路網から公共交通手段へと重心を移した。これは、大気汚染を防ぎ、旧市街地へのアクセスを確保することで雇用者や買い物をする人々を市街地に呼び込むためである。第二に、住宅の改良に加えて様々な施設を提供し、居住地区の密度を上げることで近隣区の活性化が目指された。三つ目は、中心市街地における空間の質を高めること。市街地は活気あるビジネスの中心地であると同時に、行ってみたいと思わせる魅力ある場所にすることが目指された。それによって、市街地のビジネスを維持し、インナーシティに立地する住宅地の魅力を高めようとした。このように、一九七〇年代初期のポートランド市では、その他の都市が一九八〇年代、一九九〇年代に追随したような「サステイナブル・シティ」の都市像をすでに描いていたのである(Satterthwaite 1999, Williams et al. 2000, Wheeler 2004)。

一九八八–八九年には、中心市街地の質や暮らしやすさという点で、ポートランド市は米国内で賞賛の的となった。二〇〇〇年には、市の人口は五十万人を超えるようになったが、入念な近隣住区レベルの計画によって、市街地と周辺の住宅地区の結びつき

Box 7.2

市街地（市中心部）計画

「使いやすい市街地を維持することは戦略の要でした。地元経済界は駐車場問題や郊外に顧客が流れることを心配しており、一九六〇年代の終わりには水辺空間の荒廃に市民も嫌気がさしていましたから。でも、こうした市民の態度は、中心市街地の様々な問題に革新的な取り組みをもたらすきっかけにもなったのです。コンサルタントや市の当局者は市街地全体の総合的な見直しを提案してきました。彼らは、洗練された技術を手にした若い世代の市民活動家と、市担当者、商店主、不動産所有者、自治会や市民グループなどが一堂に会する新たな機会を設け、これまで個別に対処されてきた問題、例えば駐車場、バスサービス、住宅、商業施設といった課題の相互関係を捉えるようになったのです。

一九七二年に策定した市街地計画は、過去二十年間にわたりポートランドが対処法的に取り組んできた幅広い問題群に対して統合的に解決を図ろうとするものでした。計画は、包括的な戦略として、様々な人々が持つ個別の関心や利益を考慮して構成されていたため、政治的にも実現可能性の高い計画となっていました。特筆するとすれば、新しい公園とプラザ、商業施設とオフィスが集積するコリドーを市街地の中心部に設けること、住宅開発推奨地区の設定、そして歩行者を優先とした街路デザインなどがあげられます」（Abbott 2001: 144-5）。

「この計画の鍵となったのは、公共交通および私的交通手段の再構成です。川沿いの高速道路は規模が縮小され、大きな親水公園をつくる案が盛り込まれました。市街地内では無料バスの乗り換えターミナルが市街地の背骨部分を通ることになり、また、大都市圏全体でのバス交通網の改善に加えて、ライトレール・トランジットの建設も予定されました。一九八七年から一九九七年にかけての成果の一つは、自動車通勤の量が一定に抑えられ、公共交通利用者が大幅に増えたことです」（Abbott 2001: 150）。 ❖

はますます良好なものとなった。一九八八年、総合計画は周辺の近隣区も含めたセントラル・シティ計画へと刷新された。ポートランド市の近隣区住民組合プログラムへの関心は米国内にも広まっていた。アムステルダムでも見られたように、計画や公共圏の問題に市民が参画することによって生まれる躍動的なエネルギー、そしてこのような市民参加によって都市生活の暮らしやすさがいかに高まるか、評価する者は多い(Johnson 2004, Witt 2004)。しかし、中心市街地の戦略がもたらした負の影響もある。地区が高級志向になったため住宅価格が高騰したのである。市当局は開発業者に低家賃の住宅をつくるよう打診するが、簡単なことではなかった。都市圏の他の自治体では、商業施設やビジネス事業の奪い合いという事態も起こっていた。

中心市街地の魅力を高めるというこの戦略は、様々な計画文書や政策文書の中で繰り返し引用され、三十年間の永きにわたって生き延びてきた[12]。こうした戦略の中心にはコンパクトシティの考えがあり、市中心部の求心性を高め、アクセスの良さを確保しながら渋滞や大気汚染を引き起こさないような交通インフラへの投資が目指されていた。またこれらの目標像に向かって、開発の優先順位および開発予定地が決定され、オレゴン州の土地利用計画システムのもとで強い土地利用規制を発揮することで達成されてきた。この作業には、市当局およびメトロ組織の政治家や都市計画局の担当者、大学研究者らの不断の努力があった。ポートランド市が育んできた特徴的な空間の質という考え方を示し、それを推し進めるという作業である。しかし、このような戦略を実践してきたのは政治家やプランナーたちだけではない。ポートランドには、この戦略の多様な側面を理解しその実現に手を貸そうとする市民団体が数多くある。定期的な住民投票が実施され、近年までは市民がその戦略を支援していた。これは、ポートランド市では市民に開かれた計画プロセスをつくりだそうという意識が強く、それに市民が応えたものである。政治的な目的の一つは、政治的コミュニティの育成でもあった。これが、市民に加えて議会議員、市当局担当者、その他アドバイザーたちのエネルギーと結びつき、その中にポートランドという都市像が立ち上ってくることで、戦略的な介入にも賛同が得られるようになったのだ。人々に共有される都市のかたちを育む際、ポートランド市民は、自らと都市の暮らしやすさを他地域、特に米国内で都市のスプロールが顕著な地域のそれと比較することができた。こうした政治文化を育てる重要な要素は、近隣住区レベルでの議論が戦略的構想のレベルと双方向に行き交うことである。それによって、地理的にも政治的にも都市複合体の部分をより広域の全体の中で考慮することが可能になるのである。人々は常にポートランド市民、オレゴン州の市民であることを考えさせられる。単なる特定の個人や集団的利益を追い求めるだけの人間ではないと。このような風土は二〇〇〇年代後半にまで続き、新たな戦略的計画に関する勢力的議論が続いている[13]。

しかし、都市・地域に対する戦略的な計画づくりのこうした成功物語にも、弱点や脆弱さはある。主たる関係者が州レベルの土地利用規制ゲームの場に集まれば緊張は高まる。住宅建設業者は、住宅地のための土地確保が保証されれば、都市成長の境界の範囲内で想定される成長を受け入れるだろう。しかし、このような実践の仕方では、住宅の数を建設することにその主眼がおかれ、住宅地開発のデザインや質といった点がないがしろにされる[14]。また都市成長の境界線もその厳格さが批判の的になっていた。現実にはポートランド市の拡大は続き、英国のグリーンベルト同様、その境界線も地域の計画的アプローチの象徴的なものでしかなくなっている（Abbott and Margheim 2008）[15]。更に、ポートランド市の計画当局、メトロやオレゴン州政府はすべての人々を巻き込んでこのプロセスを進めることに注意を払っているが、政治的なコンセンサスからは除外され、距離感を感じているグループもある。例えば、広い敷地の住宅を希望する人々は、結果的にそれを叶える別の基礎自治体の地域へと転出する（Abbott 2001）。ポートランド地域には数多くのエスニック・グループがいる。多数派が考える標準に合わない人々は、様々な可能性から閉め出されていると感じることもある。その結果、社会空間的な分離に繋がっていく。米国内の他地域からの移住者やラテンアメリカからの移民たちは、地域が育んできた政治文化を知る機会もないため、それを維持していこうという関心も低い。ポートランド市がとってきた戦略もその将来性には疑問符が残る。

ポートランド市は、都市開発戦略を有効に用いて持続可能で暮らしやすい都市空間を形成してきたと同時に、市民に開かれた政治風土を醸成しながら政治的コミュニティを育ててきた。そこには、自らつくり上げてきた環境に誇りを持つ成熟した市民社会があり、都市や環境問題に関する活発な議論の場が形成されている。ポートランド市が全米各地から人々を引きつけるのは、単に経済的な可能性を見るからだけではない。そこには、戦略的な事業を通じて生みだされてきた暮らしやすさがあるからだ。ポートランドという場所の質を守ること、それは、市民社会のリーダー、行政職員や市民団体の間だけでなく、バンクーバー同様、広く市民全体で共有されている。こうした共有化された意識がガバナンス能力を高め、その中で計画的志向性が効果を発揮しうる。しかし、このような政治文化がどのように維持されていくかは、今後の様子を見守る必要があろう。

場所の開発戦略を描く

アムステルダム、ポートランドの二つの都市を事例に、場所の質や将来像に関する戦略的な考え方が、いかに都市地域のガバナンスの基盤の重要な要素であるかを見てきた。短期的な経済的利益追求や開発のスプロール化の圧力が高まり、暮らしやすさや環境的な持続可能性が脅かされそうになった時に、このような戦略は議論の参照点の役割を果たす。しかし、これらの戦略が持つ力は、計画やその他文書の中に存在するものではない。文書はその一表現形態でしかない。また、その力は、これらの文書を分析して抽出されるものでもない。もちろんそのような作業は戦略が力を持つことを手助けすることはある。戦略の真の力は、その地域の政治的状況、開発の現実の中に根ざしているものであり、それらは市民運動を通じて公的な政府のアリーナに押し上げられるものなのだ。そして、このような戦略は、市民や多様な関係者が日々の生活の中で大切にするものと共鳴するものでなければならない。

しかし、共鳴は一夜にして生まれるものではない。それは、葛藤や争議、場所の質を理解する変化の過程を通じて、ゆっくりと醸成されていくものである。多くの場合、空間戦略づくりが失敗に終わるのは、それを根付かせる土壌が元々ないことが原因だ。もし、日々の暮らしやすさや長期的な視点に立った持続可能性を高めるような戦略を支援する市民主体の社会運動がなければ、そのような理想を実践しようとする戦略も長く生き延びることは難しい。ポートランド市では、政治家や都市計画家らがこうした戦略的志向を維持するための支援基盤を拡大すべきだと、正しく理解していた。しかし、このような土壌が十分でなくとも、戦略的な考えが将来の多様な可能性を引き出すこともある。その典型例として水辺空間の保全が謳われた一九〇九年のシカゴのバーナム計画（Burnham Plan）があげられる。しかし、社会的な側面は間もなくして忘れ去られてしまったのだが（Ward 2000, Smith 2006）。

場所の開発に関する戦略的アプローチとは、その戦略的考えに市民の関心を集めることに他ならない。そこで議論を活性化し、場所の開発戦略に関わる課題、論点やニーズに関する公共性をかたちづくることが求められる。ポートランドでは、政治家やプランナーらの手助けによって息を吹き込まれた公共性はその規模を拡大し、市民や様々な関係者の間に広がっていった。バンクーバーでも同様のことが起こっていたといえる（4章参照）。アムステルダムでは、そのような公共性は二十世紀初頭、労働者階級の居住環境、労働環境の改善を求める運動の中でかたちづくられてきた。後の世代では都市計画担当者や政治家らがその意志を引き継ぎ、都市の暮らしやすさや持続可能性を維持すべく戦略的な思考を持ち続けることに意義を見いだしてきた。

計画領域において戦略を描く仕事は、想像力、理解力、知力、技術力を要する複雑な作業である。1章で紹介した計画プロジェクトに与えられた挑戦とは、こうした力を総動員しながら暮らしやすさや持続可能性を達成しうるサービスを提供することで、都市部における公共圏に影響を及ぼすこと、と言い換えられる。このような空間戦略を達成するための二つの主要な作業がある。一つは、都市空間という概念をかたちづくり、様々な事象や事業との関連を結びつける土台を整えることである。これを核として問題全体が覚醒され、リアルな物理的作業が導きだされる。二つ目は、概念が生みだされ、維持されていくプロセスを重視することである。特に、公共圏という重要な側面が削ぎ落されることのないよう十分注意を払うこと、巨大な力を背景に様々な規制緩和を要求し都合の良い戦略を押し付けてくるような動きを押しとどめなくてはならない。

2章で取り上げたように、巨大な都市の「場所性」といった考え方を生みだすのは容易ではない。しかし、私たちの持つ想像力を覚醒させ、都市複合体の全体像を概念化するしかない。一つの場所に備わる重要な質について言及しながら、様々な部分、集団、次元から構成される存在としての場所を想像するのだ。また、その実体を生きた場所の景観に結びつけて位置づけることも大切だ。こういった概念化によって、多元的である人々の経験や場所に関する様々な考え方を受け入れつつ、将来的な開発投資プロジェクトや規制の枠組みづくりといった実務的な作業を可能にし、時間の流れに伴って変化する個別の集団や地区の状況に柔軟に対応することができる。本章の冒頭で触れたように、都市計画家やプランナーといった人々は、こういった概念的な考えを空間的に想像するという方法、つまり都市空間の「構造（structure）」として表現してきた（その結果、一九七〇年代の北西ヨーロッパ諸国では「ストラクチャー・プラン（structure plans）」という用語が登場する（アムステルダムのstructuurplanがその代表例）。都市は、彼らの想像の中でノード（都心部、副都心）、ネットワーク（交通拠点、スポーク、グリッド、コリドー）、近隣住区といった要素で構成されたものとして表現される。二〇〇四年のロンドン計画、アムステルダムやポートランドもこの想像的描写で表現されている。

しかし、こうした戦略が当初はコンパクトで階層的に秩序立った都市を意図していたとしても、現実には経済や社会の活動が集中する点が明確な都心部から外れ、都市基盤全体に拡散していくため、それに対する手当てが必要になる。そのため、世界の多くの巨大メガロポリスでは、このような概念化に代わる空間概念のあり方が早急に模索されるようになった。ヨーロッパでは、ミラノ大都市圏（人口九百万人）が良い事例を提供している。そこでは、都市空間の質を分析しどう表現するかに多大な努力が払われてきた。ミラノには伝統的な都心部があり、ギリシャの「ポリス」のようだと言われてきた。しかし市域は、経済的に裕福なブリアンツァ地方の小規模産業（地域内での家族の結びつきが強い一方で世界中に流通ネットワークを持つ特徴的な産業が立地）を巻き込みながら周辺に拡大していた。また、スイス国境に近い西イタリアン・レイク地方を超えて通勤圏が拡張し、西側にはトリノ、東にはベニスの方向にも広がりを見せていた。このメガロポリスを横断する人々や事業者らの動きは複雑で、あらゆる種類のノードやネットワークのパターンが重なり合っていた。公的な政府のアリーナも複雑であった。場所のガバナンスに関する権限はロンバルディア州、ミラノ県、ミラノ市政府に分散していた。二〇〇〇年代中ごろ、県政府は、県内自治体（一八九基礎自治体）間の複雑な関係を再編し、地域全体の統合性を高めようとした。目指したのは、共通のインフラ整備問題に対して合理的に協働しうるような基盤を提供すること、また都市複合体の様々な部分での暮らしやすさに強い関心を向けることであった。この作業をはじめるにあたって、県では複数の都市核を持つこの地域の状況をよりよくする革新的な方法、そしてより適切な表現方法に関してあらゆる人々から意見を募った。この取り組み全体は「都市群都市（the City of Cities）」（Citta di Citta）と呼ばれ、都市計画専門家のチームが視覚的表現方法を駆使して、人々の考えを引き出すための作業が行われた。彼らが示した都市・地域像は、点在する小規模の町が拡大しながら互いに複雑に入り組み合い、その間を埋める農地が開発によって徐々に食いつぶされている姿であった（Balducci 2008, www.palgrave.com/builtenvironment/healey参照）。

このミラノの例では、市民らの関心を引き出すためにプランナー集団が描いた都市の全体像は巨大で、不定型のスプロールを引き起こしており、あらゆるタイプの近隣区やその他のノード、多様な集団がそれぞれの繋がりをミラノ地域内、またその圏域を超えて持っている様子であった。このスプロール化する都市複合体自体は、一つには、西ヨーロッパ諸国の最も豊かな都市の一つであるミラノの文化、経済のダイナミズムを表現している。また、その一方で主要なインフラや公的施設の改良の必要性、そして環境負荷低減の達成に対して莫大な課題を提示することにも繋がっている。このような流動的で無形のリアリティでは、社会的な貧困が人々の意識が届かぬ場所に集中して発生することが多い。古い地区の荒廃は、深刻な問題が世間の目に留まるようになるまでは無視され続ける。もし、ノード、ネットワークや近隣住区の間の関係を表現する方法を模索するのが空間的な課題であるとすれば、社会的な課題とは社会的関係の多様性や異なる社会集団の経験を常に頭に入れておくことであろう。ミラノ地域では、こうした課題やそれに対する倫理的配慮こそが、計画的志向を持ったプランナーらが引き出した空間上の作業結果を、地域「全体」への関心に引き寄せる鍵となった。

アムステルダムでは、大都市圏の計画事業に参加した人々が、同様のポリセントリックや複数のネットワークで結びつけられる都市のリアリティを空間像として表現しようとしていた(Box 7.1の図参照)。しかし、結果として、こうした空間像は説明的ではあっても、心を揺さぶるほどの想像力を喚起することはあまりない。もし空間的により具体的な表現をすれば、都市・地域にある自治体間にあらゆる政治的緊張関係を生みだす事態にもなりかねない。また、プロジェクトの優先順位を事前に決めることは不可能に近いだろう。こうした理由から、空間の質に対する一般的な文書を作成するか、地域の象徴的な表現(図2.3参照)にとどめるケースも少なくない。宗教的な意味で神が魂に訴えるという意味、そして未来のかたちを視覚的に捉えるという意味を合わせて、こうした取り組みは「ビジョン・ステートメント」と呼ばれるようになる。この用語はビジネス・マネジメントの領域から借りてきたものだ(Shipley 2002)。

このようなビジョン・ステートメントやイメージによって、より柔軟に都市空間を想像できるかもしれない。もし、熟慮と豊かな知識を背景に構想されたものであれば、そのような文書は政策的関心の最前線に、多様な社会集団を繋ぎ止め、都市に生まれる経済、社会、環境の未来を形成する力の緊張関係を維持することもできるかもしれない。象徴的な表現は、地域住民や主要な関係者が彼らを取り巻く広域空間の質に対する具体的な質に気付くチャンスを与えることができるかもしれない。これは、ミラノの都市群都市の事業が目指した主要な目標だった。その中心課題は、全体の中に取り囲まれている様々な部分に対して、ビジョンが何らかの示唆を与えることである。戦略が構想する力を手に入れるには、場所に関する全体性をうまく概念化し、それを様々な方法で部分と結びつけられなければならない。つまり具体的な雰囲気のある物理的場所、人々や集団の繋がり、双方的な結びつきの重なり合い、存在の多様性として表現されることが必要だ。これによって統合する力、つまり、都市の未来に影響を及ぼす力や関係は多様であること、その未来の提示の仕方次第で人々の暮らしに様々な影響を及ぼすことに対する感度の高さが生まれる。しかし、このような概念化、そして具体的プログラムへ翻訳することが容易ではないことは、ポートランドの例が示した通りだ。そして、時が経つに連れて議論のまとまらないもの、あるいは積極的な支援を受けられない要件は、あっさりと忘れ去られてしまう。

これは重要な問題を提示する。戦略的な概念はいかに構想され、その戦略は誰に属するものかという問題だ。一九六〇年代、多くのプランナーらは都市システムを描写するには事象を客観的に分析すれば良いと考えていた。情報によって支えられた優秀な知識システムは、戦略的計画業務を行う際の安定的で価値のある資源であった。これはアムステルダムやポートランドでも重宝されたシステムである。しかし、意図的な集合体として扱われた場所に関する戦略的な概念化だけでは、統合的な力を中心として場所に共鳴する感覚は捉えられないことが証明されている。分析するにはあまりにも多くの側面があり、互いを関連づける変数が無限に存在するからである。そのため、分析は仮説や前提を確かめる方法として、どちらの事業がよりふさわしいかを選択するために採用されるようになってきた。同様に、場所の概念化や開発の可能性というものも、単に「都市の部分」(近隣、中心、特別地区など)を足し算すれば良いというものでもない。場所の開発に関する概念化は、むしろ統合的な考え方をいかに説明できるかにかかっている。その考えに意味を持たせることで、重要な価値観や優先順位を時間軸上、複雑なガバナンスの仕組みの中で行使する力となる。そうなると、戦略それ自体が節点(Nodal points)、場所の将来に強い影響を及ぼす多くの異なる考えや関係性が交わる交点となるのである(Healey 2007, Salet and Thornley 2007)。戦略が説得力を持つようになるのは、その表現が人々にとって意味を持ち共鳴するからである。そのような戦略に到着するためには、想像的な作業とある種の戦略的判断が必要になる。しかし、それは分析や継続的な開発マネジメントや主要プロジェクトからくる経験や相互作用に左右されるものではない。活発で、開かれた政治文化や強力な地元政治家、専門家や市民活動家によるリーダーシップは、変化をもたらす大きく豊かな場所の開発ビジョンを創造し維持していくための鍵となる要素である。このような戦略づくりには、分析的かつ十分な議論を重視する積極的なガバナンスのモードが必要になる(3章参照)。人々の関心を喚起し、選択眼を与えるようなガバナンスの資質を育てる努力が求められる。それによって、好ましい将来へ向けた可能性を高める重要な行動を判断することが可能になるからだ(Albrechts 2004)。

それでは、このような戦略を準備するための作業を誰が担うのか、担うべきなのか? 二十世紀半ばには、それは明らかに基礎自治体の仕事であった。行政府は場所の開発戦略を明確にする中心的なアリーナであり、政治家と計画担当者は戦略づくりを主導する役割を与えられていた。アムステルダムやポートランドにおいても、空間戦略づくりやその具体化は、基礎自治体の計画担当職員の主な仕事であった(ポートランドはメトロが主体)。しかし、二十世紀の終わりに至り、こうしたやり方は主流ではなくなっていた。公的セクターである基礎自治体や訓練を受けた専門家の能力や合理性は厳しい批判に曝されるようになる。もちろん、政党が異なる政府レベル間、公・民・市民社会の間を取り持つ重要な力を持つ国もあるが(例えばバルセロナやポルト・アレグレなど)、多くの地域ではその力の衰えは顕著であり、人々の関心も薄れるばかりだ。長期的に十分な関心を集める制度的な場所は一体どこなのか。このテーマは、二〇〇〇年代に「総合的な地区開発戦略」を策定する際に南アフリカのダーバンのプランナーらが直面した大きな問題であった(Breetzke 2009)。ミラノの都市群都市事業では、計画策定チームには大学関係者が集められた。また、一九九〇年代のベルギー、フランダース地方の空間戦略も同様に研究者によって構想されている(Albrechts 1998, 2001)。イングランドでは、基礎自治体と並行して「地域戦略パートナーシップ」というアリーナが二〇〇〇年代に広がり、自治体の空間戦略づくりにおいて重要な主導的役割を担うようになった(Nadin 2007)。より拡散的で細分化されたガバナンスの存在する場所では(3章参照)、戦略に合法性を与えること、各事業間の調整や優先順位付けが緊急の課題であるにもかかわらず、場所の開発に関する戦略づくりのアリーナがどこに存在するのか、どこにあるべきなのかが明確ではない(Salet and Thornley 2007)。とはいえ、基礎自治体の能力に対するあらゆる批判があったとしても、自治体は場所の開発戦略を描くこと、その戦略を実践する主要な組織としての役割を維持している。それは、基礎自治体が管轄区域内に暮らすすべての住民に責任を持つという理由からだけではない[16]。自治体は複数の機能を備えた組織であること、常にそれが実践されていないにしても、異なる事業を横に繋げ進めていく可能性を持つからだ。ヨーロッパ並びに世界全体でも、基礎自治体レベルにより強い力を配分していこうという動きは、このような認識を反映したものであるといえる(3章)。

空間戦略づくりに関与する二十一世紀の基礎自治体にとっての課題とは、第一にその地域の未来を左右する責任ある唯一の組織であると認識することだ。第二に、自治体が独自に行動するには単位が小さすぎること。自治体の役割を効率的に果たす、つまり健康、教育、福祉に関するサービスの提供、地域環境への配慮、ビジネス支援事業の実施、インフラ整備や改良といった役割を果たすには、近隣自治体や様々なサービス事業者（公的、民間共に）との協働やパートナーシップが欠かせない。このことを適切に認識すれば、あらゆる事業が、新たな組織、アリーナ、ネットワークをつくりだすことに繋がる。こうした組織は広い意味での地域性のある部分に焦点を当てた活動を行う。事例の中には、戦略づくりの取り組みが公的政府の領域の外側にある開発連合なるものから立ち上がってくるものも少なくない（Healey 2007, Briggs 2008）。

このような取り組みやパートナーシップは、当然ながら自然発生的なものではない。ネットワークを構築し、アリーナをつくりだし、プロセスをまとめておくという積極的な作業の結果生まれてくる。そのプロセスを通じて、「部分」の声が発せられ断片的なガバナンスの状況から一つの「全体」がつくりだされる。こうした積極的な作業によって、現実的な影響力を持つ戦略的な考え方を前に進めようというエネルギーや気概も生まれる。このようなプロセスが動き出し、勢いをつけて戦略的な目標へとたどり着くまでには当然時間がかかる。アムステルダムやポートランドの利点は、ガバナンスに関与していた人々の間に自己反省の能力に加えて、活発な批判的精神という伝統が広域の政治形態が既に備わっていたことだ。都市・地域の性質を変更するための議論を、より広い政治システムの中で展開することができれば、戦略が直接的な影響を与える事業関係者の間にもある気付きをもたらす。それゆえ、こうした民主的な実践が時間のかかる持続的なプロセスであったとしても、深い理解と戦略的な行為を実施する際の確かな理由付けを得られれば、長期的な視点で見てこの時間は割いて損のないものといえよう。しかし、どの程度このようなことが可能であるかは地域の文脈や条件による。ミラノ地域では、場所の開発に関するダイナミクスや、それらがもたらす結果にガバナンスの関心を引きつけ維持しようとしたが、非常に困難をきたした。それはミラノ市役所自身が広域大都市圏での議論を率先しようとしなかったからである。

こうした政治文化が存在しない場合、ポートランドの事例が示すようにプロセスはゆっくりと形成される。ここでいう「公共」とは暮らしやすく持続性の高い都市という考えのもとにつくりだされたもので、バンクーバーで生まれてきたそれと近い。これらのケースでは、バルセロナ同様、集中的な都市再開発の政策への反対運動を通して市民らが政治的な声を上げていく中から始まっている。このような運動の中で育ってきた政治家や新たな都市計画担当者が、新たな政治文化を育てていく重要な役割を果たしてきた。米国では、土地や不動産開発利権に関わるロビー集団が戦略的な計画を動かしてきた（Fainstein and Fainstein 1986, Logan and Molotch 1987, Briggs 2008）。近年のヨーロッパでは、環境問題に関心の強い活動家グループが都市地域の政策やその実践に対する変革を求めて積極的な動きを見せている。最近の研究によると、広域圏、州レベルのネットワークを運営する交通関係の企業や組織が地域の「全体性」に関心を高める際、重要な役割を果たしているようだ（Salet and Thornley 2007）。

しかし、反対運動やロビー団体や特定組織の関心の的が、人々の暮らしやすさや持続可能性にあるわけではない。彼らの関心は特定権益と結びついており、都市居住者の権利や、責任を持つ多くの人々の利益に関心を持っているとは限らない。彼らが認識しているのは、あくまでも複雑な相互依存性や相互連携の一部であるため、そういった部分や特定の事業、集団に対して関心が強くなる。場所の開発に関する戦略づくりにおいて大切なのは、影響力の強い活動家が訴える関心テーマに焦点が絞られていく事態を避けることだ。ポルト・アレグレにおける予算化のプロセスで広く市民参加を実践しようとするような取り組みを見た（Box 3.1参照）。これは様々な知恵や想像力を活用し、場所の将来的な発展に変化を引きだすための有効な方法だと言える。しかし、巨大な人口を有するような都市部で将来を左右するようなプロセスに、すべての人の声を反映させるのは現実的ではない。豊富な知識と高い技術力を持った専門家集団によって計画プロジェクトが構想されたとしても、時間的拘束や政治的課題あるいは彼ら自身が持つ熱意といった条件下でその焦点が矮小化してしまうことが少なくない。このことはアムステルダムやポートランドの事例からも学ぶことができる。空間戦略づくりにおいて重要なのは、公共圏の番人たる役割はある特定個人や組織が担えるものではないこと、それは主要な主体、そのネットワークそしてその政治文化の相互関係の中で果たされるものだと理解することなのだ。これは「総合的な意識の覚醒」（Hoch 2007）あるいは「拡大された合理的思考」（Dewey 1927/1991）を維持することに繋がり、都市の全体と部分という概念が多元的活動であるための広がりや深さとなる。

アムステルダムやポートランドの場所の開発に関する戦略は、拡大された合理的思考に加えて、特有の歴史とその土地の地理的特性と共鳴するような文脈の中で発展してきた。両者におけるガバナンスの状況は計画的志向を持つ場所のガバナンスの登場にはうってつけの環境を提供し、それによって状況は拡大し維持されてきた。二十世紀後半におけるこの二つの事例から見いだせる重要な点は、協議的ガバナンスのスタイルが標準的な実践として登場してきていることである。協議的ガバナンスでは、多くの人々が戦略的な考えをかたちづくる場に参画し、その考えを具体の事業やプログラム、規制行為に翻訳することができた。ただし、このような協議的な方法が効率的な官僚主義や、明確な目標やイデオロギー上の理念の共有化を代替するわけではない。協議的な方法の意義は、時限的な積極的参加と注意深く主張する市民の掛け合わせによって、不可欠な官僚的作業を動かし、特定の組織によって実施されるサービス、様々な事業やプログラムの実施に繋がったと考えるべきだろう。このようにして、場所の開発に関する戦略は地域に根ざした構造的機動力となる。それは単なるイデオロギーを反映したマニフェストや目標を設定したものだけではなく、地域に根ざしたガバナンスの文化や開発行為全体に立ち現れる地域独自の方向性となる。

こういったガバナンスの資質はどこにでも存在するものではない。本書で取り上げた幾つかの事例のように、様々な活動家の運動は一つあるいは複数の場所の質を問題として取り上げながら、最終的には政治的な関心を集めるようになる。例えば、技術的な専門家、プランナーと呼ばれる人々は変化の状況をつぶさに人々に周知し、将来的に直面しそうな課題や脅威を警告する。ポートランドでは、一九七〇年代の初期の活動がこのように始まっていた。計画的志向を持った場所の開発戦略を練り上げようとするのなら、ガバナンスの文化を理解するは極めて重要である。都市開発に対する長期的な影響力を及ぼそうとするならば、戦略はそのガバナンスの中にしっかりと根を張り、その文化そのものが進化できるように戦略をどうかたちづくっていくかを見極めなくてはならない。

つまりこういうことだ。地理的条件や政治的環境の中で、その場所に関わる多くの人々と共に全体性をつくり上げる作業によって生みだされた戦略そのものがアイデンティティを持つようになる。戦略は「我々の場所」といった言語を獲得し、それによって行為の正否が判断され、議論にも磨きがかかる。効果的な開発マネジメントは、近隣住区に住む人々や地域の活動の集積する地点に、目に見える効果的な変化をもたらす。巨大開発プロジェクトは、地域の部分を改変し、地域の地理的変化が進む中で環境や位置づけを再構成していく。主要なインフラ整備事業によってアクセシビリティのパターンが大幅に変わる。そのような事業によって都市の部分、様々な都市居住者が経験する場所、都市の暮らしやすさや持続可能性に重要な影響をおよぼすことになる。場所の開発戦略づくりとそれを維持する努力によって、日々の開発マネジメントを実施する力を手に入れることになる。それによって、開発場所の選定や巨大開発事業のかたちを決定し、また、特に、戦略的な考えがガバナンスの分野やその実践の中に組込まれた場合には、潜在的に物事を大きく変えていく効果すら持つこともある。多くの戦略づくりはこのような成果を上げるには十分な力を得られず失敗してしまうが、その作業自体は重要な政治的プロジェクトであると理解せねばならない。

今日、場所の開発戦略と呼ばれるものの多くは、そのような変化をもたらすような努力とはかけ離れているように見える。開発マネジメントに関する一工程として、そのような作業が実施されているだけ、あるいは外部からの資金を受け取るための要件として実施しているだけに過ぎない。こうした戦略の要求の有無に関わらず、変化をもたらす場所の開発戦略というのは具体的なかたちを伴う必要がない場合もたしかにある。しかし、本書を通じて紹介した事例が示してきた通り、進化する都市・地域という大きな戦略的概念を持つことなく、地域間の複雑な相互関係、様々な集団の経験を追い続けることは非常に難しい。だからこそ、変化をもたらすための場所の開発戦略によって、「総合的な意識の覚醒」の維持を助けることが大切になる。もちろん、その戦略では特定の地域、集団や具体的行為に焦点が当てられていて良い。こうした部分に焦点が当てられた戦略が成功するのは、共有された、多様な公共圏という理解を伝達できるかにかかっている。サンダーコック（Sandercock 2000）はそれを、見知らぬものどうしが隣人であることを発見する過程だという。

場所の開発戦略づくり、そしてその管理は、本章で示してきたように、主たる関係者、つまり政治家、技術者、主要組織や活動家が共同してつくり上げるプロジェクトとなる。しかし、その力がより大きな政治的コミュニティやガバナンスの文化と共鳴しなければ意味がない。それには、複雑で相互に関係し合う政治的、技術的判断の波にもまれながらの作業が必要となる。計画プロジェクトに傾倒し、計画を仕事としてする訓練を受けてきた人々は、このような努力を統合し、戦略的な考え方が時間を経ても多くのガバナンスのアリーナ全体を通して意味を持ち続けるようにするための鍵となる役割を果たす。アムステルダムやポートランドのケースがそうであったように。しかし、より大きな社会経済、政治的な背景の動きとの繋がりを見いだせなければ、こうした努力にも限界があり、想定以下の効果しか得られない事態も起こりうる。計画的志向を持った場所の開発に際して、空間的な戦略が成功するためには、政治的コミュニティが持つガバナンスの基盤の一部と化すことが大切だ。そこでは戦略が、訓練を受けた専門家集団といった特定グループのものではなくなり、コミュニティに属するものとなる。もちろん、専門家は戦略づくりの過程で重要な役割を果たすことは言うまでもない。次章では、その専門性を提供する人々が直面する課題、戦略づくりにおける役割や立場について議論を深めていこう。

理解をより深めるための参考文献

- ストラテジック・スペーシャル・プランニング（strategic spatial planning）あるいは空間戦略づくり（米国ではニュー・リージョナリズム）に関する参考文献も増えつつある。入門書としていくつかを紹介しておく。

Albrechts, L., Healey, P. and Kunzmann, K. (2003) Strategic spatial planning and regional governance in Europe, *Journal of the American Planning Association*, 69, 113–29.

Healey, P. (2007) *Urban Complexity and Spatial Strategies: Towards a Relational Planning for our Times*, Routledge, London.

Hopkins, L. (2001) *Urban Development: The Logic of Making Plans*, Island Press, Washington, DC.

Salet, W., Thornley, A. and Kreukels, A. (eds) (2003) *Metropolitan Governance and Spatial Planning: Comparative Studies of European City-Regions*, E&FN Spon, London.

Wheeler, S. M. (2004) *Planning for Sustainability: Creating Livable, Equitable and Ecological Communities*, Routledge, London.

8章 計画という仕事

Doing Planning Work

誰が「計画」という仕事を担うのか？

本書の冒頭、私は計画行為を外側からの視点で捉えることから始めた。住民の視点からは、市民の存在を無視するかのように振る舞う、より広範囲に広がるシステムに対する批判として、そして学術的な視点からは、政府の善意による制度のあり方、しかしそれが結果として複雑な社会的緊張を生みだしてきたことを批判した。続いて、場所のガバナンスの実践に関わる様々な領域を取り上げ、使命を抱いた人々がどのようにして様々な潜在性を見いだし、それを拡大しようとしてきたかを紹介してきた。本章では、計画的志向を持ちながら場所のガバナンスの実践に関わる人々、特に「プランナー」として教育を受けた人々が何を求め、どういった貢献をしているかに焦点を当てたい。

場所のガバナンス、つまり場所を管理し開発するという行為は教育を受けたプランナーが特別な責任を持つ領域であると考えられている。こうした人々が、各章で取り上げた事例の中にも沢山含まれていた。しかし、1章で述べたように、その存在は大衆文化の中では矛盾した存在として捉えられている。まず、場所をかたちづくる際には公共の利益を守るものとして、個人の意向を規制する面倒な輩と思われている。「プランナー」に対するステレオタイプなイメージは、メディアや計画学、プランナーに関する社会学的な描写が一人歩きする。自己主張の強い官僚としてプランナーは描かれ、知識や専門性の土台は薄っぺらなのに、既得権を誇示する人々といったイメージだ。こうした特徴は、過去の時代の専門家（医者、法律家、建築家、土木技術者）に加えて、二十世紀の政府活動の拡大と共に登場した専門家集団（例えばソーシャルワーカー、保健師、環境問題専門家）にも当てはまる（Johnson 1972, Healey 1985）。今日では、こうした専門家は両義的な態度を取る人々と見なされている。彼らが持つ知識や専門性の恩恵にあずかるために、私たちは彼らに依存せざるをえない。しかし一方で、彼らは私たちが自由に振る舞おうとすれば、その入口に立ちふさがり、私たちの行動を規制しようとするイライラした存在でもある。

しかし、これまでにも見てきたように、計画的志向を持つ場所のガバナンスに関わる行為には、市民、政治家、開発業者、建築家、土木技術者、コンサルタント、コミュニティ開発支援者など、多様な専門家を含む様々な人が関わっている。また、プランナーとして教育を受けた人が場所の質をよりよくするために重要な仕事を担う一方で、これら以外の専門性を持った人々も、計画的志向を関心の最前線に持ち続けるための重要な役割を果たしている。それでは、計画領域において専門家として教育を受けた人々は、場所のガバナンスの実践に対して、具体的にどのような貢献をしているのだろうか？ また、そのような専門性は本来どれほど必要なものなのだろうか？ 私たち一般の人々の経験からは、そのような専門性を提供できないのか？ プランナーの担う仕事は、私たちの「代表者」である政治家がすべきものとどう違うのか？

本書の中でも、あらゆる場所のガバナンスに関する領域で、専門的知識や練達した判断の重要性を見てきた。こうした専門性は、コンサルタント、学術的なアドバイザーとして、あるいは開発業者のスタッフや自治体の計画局担当者の立場から発揮されるものだ。自治体の計画局あるいは開発業務を担う組織で働く人々が価値ある資源を提供することは、これまでの章で取り上げてきた事例の中でも見られた。こうした人々は単に専門性を提供するだけでなく、計画プロジェクトが目指すもの、また、それに関連して市民社会が抱く関心に目を向けさせるための守護者としての役割を果たす。では、公共圏の守護者たることとは何を意味するのか？　それは、具体的な関心、ニーズや価値の多様性を実践の場で尊重すること、そして健全な公共圏が現在そして未来の人々に保障されるべきであるという倫理的な思考ができることである。しかし、これまでの章で示してきたように、その仕事は決して簡単ではない。適切かつ熟慮ある理解、実際の作業上での高い技術が求められる。例えば、アムステルダムでは戦略づくりに携わるプランナーは、変化し続ける経済のダイナミクスや環境との関連性がアムステルダム大都市圏という空間的な地理にどういった影響を及ぼすのか、またどういった影響が及ぶとインフラ整備や将来的な都市開発の候補地の優先順位が変化するかを判断しなくてはならない。また、地域内でも地区ごとに異なる状況を踏まえて、結論に達した内容を最も適切に伝えること、政治家や行政スタッフが具体的な判断を下さなくてはならない状況においては、その判断材料となる枠組みを提示しなくてはならない。計画業務に関する詳細な内容を分析した報告からもわかるように（Hoch 1994, Kitchen 1997, Forester 1999）、プランナーに必要なのは分析的作業と政治的な作業を結びつける技術なのだ。しかし、分析作業は仕事の一部分にすぎず、彼らは多くの役割を演じる必要がある。サウス・タインサイドでは、市民の意思に寄り添った規制を実践していたし、ベスターズ・キャンプではコミュニティ開発支援者がそのような役割を果たしていた。バーミンガムでは、慎重かつ気概のある交渉を行い、バルセロナでは将来の可能性を引き出す精力的な存在だった。バンクーバーやポートランドでは、近隣住区レベルの開発づくりが円滑に進むよう手助けし、それによってより大きな社会的、環境的問題へ人々の関心を向けさせてきた。

本書で取り上げてきた効果的な計画行為の事例から明らかになる事実は、こうした人々は中立的で客観的な科学者ではないということである。また、彼らは単なる官僚的なプロトコルに従って業務をこなしているわけではない。彼らは個人的な理念を持ち、専門家としての訓練を受け、プロフェッショナルとしての自覚を持った人々であり、計画プロジェクトが持つ価値をそれぞれの方法で推し進めていこうと努力しているのだ。彼らは、広範な繋がり、いま、そして未来の人々を視野に入れた人間にとっての場所、その暮らしやすさと持続可能性を高めるという理想を抱き、聡明かつ透明性の高いやり方でそれを実践しようとしている。また、このようなやり方によってこそ、彼らが場所の質に関する公共圏を守る役割を果たしうるのだ。これは次のことを意味する。つまり、どのような役割や立場にあろうと、一つの問題に対して多様な側面を考える責任を抱いているということ、狭い範囲や大きな声だけに耳を傾けるだけでなく、多くの人々の存在を保障しようとしている。そうなると、彼らは必然的に多元論主義者になる[1]。しかし、これも簡単な仕事ではない。場所のガバナンスの実践の場で、関心を引きつけるために様々な意見のバランスをとり総合化して、自ら持つ専門性を「真ん中に」投げ入れなくてはならないからだ。物事の正しい理解とそれを表現する技術に加え、こういった仕事には計画という業務をこなす際の倫理的で道徳的な側面に常に関心を寄せ続けるという態度が要求される(Forester 1999)。

本章では、このような仕事をより具体的に見ていこう。まず、私の関心は計画的志向を持った場所のガバナンスの実践には、どういった専門性が求められるかにある。そして、そのような計画の仕事が実施されるアリーナについて、そこで現れるプランナーとしての役割、立ちはだかる倫理的な課題について考えていこう。この議論を通じて私が問いたいのは、場所のガバナンスが実践されている時に、計画的志向が常にその最前に位置づけられるために何が必要か、ということである。つまり、プランナーとして訓練を受けてきた専門家やその他の人々によってつくり上げた役割や関係性、計画的志向を持った場所のガバナンスの実践とより広いガバナンスの文化との相互関係、に何が必要とされているかという問題である。

計画の専門性

一世紀ほど前、計画プロジェクトを推進していた人々らは、計画というものを都市・地域のダイナミズムの分析技術とデザイナーとしての想像力によって実践しようと考えていた。複数の課題を統合し、ある場所の未来を表現するものとしてデザインに落とし込んできた。近代都市計画の主要人物の一人であるパトリック・ゲデスは必要とされる知識の一覧と、それを獲得するために必要なある種の「調査」方法を提示した（Geddes 1915, 1968）。建築家や土木技術者らもデザインに関する「理論」を提示した（Keeble 1952）。ゲデスの時代以降、彼が重要と考えてきた知識は社会科学と自然科学という異なる学術領域に分離され、デザインの専門性も「システム」の科学的分析学の側面から、また想像力の統合技術を追求する創造的芸術家の側からも批判を受けるようになってきた。学術的な知識やデザイン技術は、計画という作業には必須のものではあるが、それは昔に比べてより広範囲にそして拡散して存在するようになった結果であろう。

しかし、今日では、計画という作業に必要なのは、こうしたシステム化した学術的知識だけではない。ニューヨークのブルックリンで保健キャンペーンを展開した人々が理解したように（1章参照）、人々の経験に根ざした知識というものも重要なのである。人々は暮らしの場を観察しており、日々の生活の流れの中で複雑な因果関係を解読し、時には専門家が思いもよらないような事実関係を知り得ている。専門家による分析は、局所的に起こる詳細な事象を拾い上げる繊細さを欠くことも多い。計画的志向を持つ場所のガバナンスの実践はそのような局所的特殊な事実の詳細を必要とする。場所の質や潜在性について知るには、フィッシャー（Fischer 2000）が言う「市民的専門性」に基づいた知識により強い関心が払われるべきだと言う意見は、こうした理由による。市民参加を促し、市民を巻き込んだ場所のガバナンスの実践は、こうした事実に基づいて、一般的なイデオロギー上の取り組みとして、あるいは民主的説明責任を果たすといった目的を超えて進められるようになっている。市民や様々な関係者を巻き込むことで、いわゆる地域の知恵[2]と呼ばれるものを引き出し、計画に関する作業に必要な知識の基盤をより豊かにすることができる。バンクーバーの都市計画局で三十年間にわたり主要な役割を果たしてきたラリー・ビーズリーは、「市民との深く継続的な関係を持つこと」の重要性を訴えた。それによって都市環境に対して人々が経験を通じて関心を持つように、計画の実践を埋め込んで行くことが可能になるという（Grant 2009: 364）。

とはいえ、地域の知恵そのものは計画に関する作業に十分ではない。というのは、地域コミュニティにとって、彼らを取り巻くより広い社会のダイナミクスを捉えることは簡単ではないからだ。4章の神戸の事例が示すように、まちづくりを実践してきた地域の市民活動家は、より専門的なアドバイスを必要としていた。彼らは地域の大学を通じてその専門家を発掘していった。こうした専門性を求める市民たちの声は、中央政府によって「専門家アドバイザー制度」としてシステム化され、中央からの補助金を用いて地方自治体が専門家とコンタクトをとるという流れがつくられた。英国のプランニング・エイド（Planning Aid）というシステムもこれと似た機能を果たしている[3]。そこで課題となるのは、技術的な専門性と市民の経験知とを、双方向に創造的な方法で繋ぎ合わす能力だ。

一世紀前、パトリック・ゲデスのように計画プロジェクトを推進した人々が強調したのは、都市・地域のダイナミズムを包括的に理解することであり、それが計画に関する専門性の開発の基盤となるべきだった。しかし、その後こうした包括的な知識の発展は、異なる専門性や学術領域に分かれて分散化された。地理学、社会学、生物学に加えて、計画的志向を持つ場所のガバナンスの実践では、ガバナンスの地平やそのダイナミズム、つまり政治科学や政策分析領域が担う知識領域を鋭く切り取る能力が要求される。米国では、計画学は政策分析領域の学問と捉えられている（Fischer and Forester 1993, Hoch 1994）。これは単に政党や派閥による政治の客観的分析ではない。また、主要な人物の戦いや葛藤に光を当てるようなジャーナリズムの考え方とも違う。計画的志向を持った場所のガバナンスの実践を行う際に注意を払うべきは、その地域性の中で発見される政治的、社会経済的、環境上の要素間のダイナミズムの変化、そしてその変化を引き起こす力なのだ。このような力が、地域に根ざす様々な集団や派閥の事業や戦略にどういった影響を及ぼし、また場所の質や繋がりに関する特定の議論や争点を生みだすかという点を分析する必要がある。こうした理解は、バンクーバーやポートランドでは、一九六〇年代の社会運動を経験した人々が、一九七〇年代にはバルセロナで計画という仕事のあり方を変えてきた。こうした感度の高さの重要性は、マンチェスター市の計画担当官であったテッド・キッチンの計画技術に関する著作（Kitchen 2007）や、ラリー・ビーズリーのバンクーバーでの仕事（Grant 2009）、オハイオ州クリーブランド市で計画局長を務めたノーム・クラムホルツの仕事（Krumholz and Forester 1990）を通じて浸透していった。

　このように計画の仕事が理解されると、主体間関係や争いといった表層的政治行為だけに関心を寄せることがなくなる。もちろんこれらの存在を意識するのは必要であるが。重要なのは、政治的、経済的、社会文化的な変化をもたらす力が、これらの争いや関係を形成し、いかに新たな関係や開発に対する態度を生みだすかに関心をおくことなのである。政治文化や価値観の変化に関心を向けることで、現在実践していることを新しいかたちへとつくり替えながら、全体としての政治体制、政治文化の開化をもたらすきっかけを与えてくれるだろう。この状況を「つかむ」能力こそは、ポートランドのプランナーが一九七〇年代のガバナンス文化を変えていくきっかけとなったものだ。詳細な中に大きな関係性を見いだす能力、そして一般的に考えられている力の本当の意味、裏の意味を見いだす能力。これは、部分の観察から「全体像」を結ぶという能力と言われる[4]。特定の状況や文脈を離れて存在しえない計画という仕事ではあるが、それはより大きな課題に関心をおくことで失われるようなものではない。ホック（Hoch 2007: 277）はこれを総合的な見通しあるいは意識の覚醒能力と呼んでいる。

　計画的志向を持つ場所のガバナンスは、それゆえ、次のような専門性を必要とする。まず、幅広い具体的な知識を集め、それを特定の問題や課題の特徴に合わせて統合する能力（Kitchen 2007）。それは、分析というレベルの能力ではない。もちろん計画領域において分析作業を行う意義は、結論や判断の元となる知識や合理性を誰にでも理解できるように示すことにある。また、異なる意見の間のバランスをとるという能力以上のものが要求される。意見の調整、順位をつけるということは法律家や裁判官らの専門能力であるが、もちろんそれらも重要な意見が「生き残る」ことを保障する、特にそれが何らかの理由で排除される危険がある場合には大切な能力といえる。この統合する技術は、「調和のとれた判断」に到達するための基盤を提供し、こうした思考の創造的飛躍は、問題の核心と具体的な状況において何が問題となっているのかを見極めることに繋がる。計画分野における専門性の核は、こうした実践上の判断を場所のガバナンスが抱える課題やジレンマとの関係の中で実施することに他ならない。あらゆる専門家、マネージャー、そして政治家も、この手の知識や実践上の判断能力を有している。計画的志向を持った場所のガバナンスの実践に関わる人々にとって、この能力とは、特定の場所や人類全体の繁栄の可能性を保障するような社会、経済、環境、政治的ダイナミクスに関する具体的な知識と繋がることである。

計画という仕事に必要な判断を下す上で状況をつかみ取る能力は、広範囲に及びかつ複雑なものである。計画に関する言説の中には、システマティックな対処法を提示したあらゆる方法論やプロトコルの提案があり、計画の実践過程における不確定性やリスク回避が目指されてきた。二十世紀中盤、プランナーとしての訓練を受けた者は、調査の実施、分析、そして計画の策定といった手順を踏んで計画を準備するように教えられた。しかし、一九六〇年代に入ると、これとは異なるプロトコルが提案される。それは政治家らによるゴール設定から始まり、その目標達成に必要な要件と評価を分析する、そして、パッケージ化されたオプションの選択は政治家に委ねる、というプロセスである。今日でもあらゆる種類のインパクト分析や評価方法、そして将来的な選択肢のアイディアをどう探し当てるか、といったハウツーが存在する。公式の計画システムでは、手続き上のプロトコルが構築され、それに従って規制の側面からの判断を下すようになっている。これは、難しい判断を迫られるような場合に、確定的な要素や信頼性を拠り所としようとするものだ（5章のサウス・タインサイドの例を参照）。こうした一連のプロセスの固定化は、状況把握やプロセスのデザインには役に立つかもしれない。しかし、計画の仕事から専門性を引きはがしてしまうと、計画局の担当者は創造的な仕事ができず、事務手続きのチェックだけに従事するはめになる。こうなると計画局には、戦略的計画の仕事を実施する能力は残らない。その結果、開発マネジメントで頻繁に発生する近隣区間での争いが更に激化するような状態を招きかねない。

能力の高いプランナーが強調するのは、包括的な視点で状況を「総体」として見通すことの重要性である。建築家そしてプランナーでもあるアリー・ラハミノフは、イスラエルの海岸に位置するアラブの古い都市に人々を呼び込む事業について、それは観光プロジェクトを目的としているだけではないという。

このオールド・シティを「全体」として見るように政府を説得しなくてはならなかった。そのためには、まず「観光客のみ」を目的としたサービスは一切設けないことを明確にする必要があった。例えば、観光客専用歩道を居住者の利用するものと切り離して設置するという選択肢は考えない。観光客のためだけのインフラ整備もなし、そしてもちろん居住者のためだけのインフラ整備もしないという姿勢を貫くこと。私たちが必要なのは、都市の包括的な質を見抜くことなのだ（Forester 1999: 67）。

バーミンガム市役所にいたジェフ・ライトは、ブリンドレイプレイス事業に関わった際の経験を振り返り、複数の懸案事項からその事業を市当局が行うことの本質的な目的は何かを抽出したと語っている（6章参照）。マンチェスターの都市計画局長（前出）も、計画規制の細かな作業の中にあっても、戦略的な視点を見いだす技術の重要性を強調している。彼はそのような能力を、いま抱えている課題についての「広範囲

なものの見方から意味を見いだし」それを「統合する」ことだけではないという。それは「要約する」感性、つまり理解したものを方向付けし目的化する能力だという（Kitchen 2007: 193）。ベルギーの計画理論家であるルイス・アルブレヒトは、フランダース地方の新しい「ストラクチャー・プラン」策定への協力を依頼され、この要約する能力の重要性を更に発展させ、政治家や市民が自分たちの場所の未来に新しい可能性を想像できる方法を模索した（Box 8.1参照）。このような作業には、場所の動的な変化に関する知識に加えて、洞察力、想像力、そして問題の所在を明確にする判断能力が問われる。

このような専門性はどこを探せば見つかるのか、またどのようにして身につけられるのだろうか？これまでの事例を通して述べてきたように、場所のガバナンスに有用な専門性は、様々な集団の中に見いだせる。市民、その他専門家、学者、政治家、行政職員、特定の任務を与えられたエージェンシーや圧力団体の中にもある。これらの人々は計画プロジェクトの価値を認めながら仕事に励んでいる。しかし、その他の専門家ら同様、重要なのは「匠の技」といえるような経験である。実務経験の長いプランナーの多くは、その熟練した技術を目の前で見せてくれた上司やロール・モデルの存在をよく口にする。この「匠の技」のような経験は作業に取り組むグループの中で共有され、「実践コミュニティ」と呼ばれるものへ変貌する（Wenger 1998）。ニコルソン（Nicholson 1991）は、研究者として全く異なる仕事に従事していた彼が持っていた専門性が、英国の開発コントロールを管轄するチームの中で「共有化」されていく様子を描写している。もちろん、こうした個人の専門性が共有化されるのは、良い面と悪い面があり、それをどう受け止めるかは、共に仕事を担う集団の文化次第だ。集団活動を下支えする文化は、日常の活動の中で実践的な判断をどのように下し、どういった種類の知識を探し求めるか、またそれをどのように手に入れるか、どのように他者と関わるか、そしてある種のアドバイスをする際、どのようにどのタイミングで、どのような体裁で誰に対して行うか、といった姿勢に関わる（Hoch 1994）。

Box 8.1

戦略的計画づくりを担うプランナーの内省能力

「私の生涯は、構造的な課題と変革のための実践に捧げられたと言える。〔…〕プランナーが、ビジョンやイメージを構築する際に主体的に関わることを避け、単なる中立的な傍観者として振る舞うことは、私にはとても考えられない。プランナーがイメージやビジョンを具体化し、まとめ、実践するという過程に積極的に関わり、その一部になるのは避けられない。私は多くの時間を費やして、人々、政治家、そして他のプランナーを説得しに出かけた。彼らが意味のある選択をすること、状況の中で行き場を失わないよう、彼ら自身が自らの周りにある関係性を理解することが重要だ。同じ物理的空間を共有するのだから似通った問題に直面するだろうし、彼ら自身では解決し得ない問題もあるだろう。だからこそ、協力しなくてはいけないと伝えてきた。

私の経験からいうと、ビジョンを描くことは将来の姿をより広い視点で見通すことだ。そしてある特定の未来像に向けて、その場所を変えていく実践的行動の原動力を見つけることでもある。ビジョンを掲げることで、人々が保守的な囲いの中から一歩足を踏み出すきっかけをつくり、新しい創造へ向けて人々が手を動かせるような前向きな未来像を提示できる。私が大事にしてきたのは、その想像された未来が完全に達成されたかどうかではなく、そのビジョンによって一人一人の人間が未来への見方を変え、態度を変えていったかどうかだ。もちろん、こうした要素は戦略づくりを担当するプランナーの役割、立場そして技術にも影響を持つ。経験的に、プランナーは触媒として機能し、時にバランスをとるために反対の立場に立ち、また変化の先駆けになることも必要だ。プランナーの役割は仲間を動かし、そこに仲間意識を育むことだ。何が可能かではなく、何が大切かを学ぶことで、真に政治的な可能性を表明できるようになる。変化を実証し、予定調和的な結論に向けて中立的な手段を講じ、ことなきを得ようとすることは断固拒否すべきである。したがって、場所に関するメンタルモデルに立ち向かい、創造性を邪魔するような重い瞼をあげる必要がある。そうすれば、プランナーが有する豊かな能力が発揮され、デザインに必要な基礎を打ち立て、新しい概念や言論を構造的に組み立てられるようになる」[7]。

経験を積むために、仕事をしながらの訓練に加えて、計画の専門家として雇われる人々は、現在では計画学領域での高等教育を受けている[5]。計画に関する教育プログラムは様々なかたちをとる。学部生を対象にしたものもあれば、大学院生を対象にしたものもある。土木工学や建築学でデザインを学んだ後に計画領域に進学する者もいれば、ビジネスマネジメントや公共政策から計画領域に進む者もいる。二十世紀後半に顕著になったのは、計画分野のプログラムがより広範囲の社会科学の領域によって占められるようになったことだろう。このことは、社会と自然環境の相互作用、都市・地域の動的な変化、政治と制度、そしてガバナンスの変化に関する知識の重要性の高まりを反映している。学生はまた、計画行為の歴史や、計画が関与する様々な領域、計画の目的や方法論（計画理論）を教授される。大学での計画プログラムが目指しているのは、批判的内省能力を鍛えることである。それは計画の専門家として将来仕事の現場で直面するジレンマへの対処法として有効に機能すると期待しているのである。計画プログラムを教える側の研究者も、今日では場所のガバナンスに関わる問題に積極的に関わるような研究活動が求められている。このようにして、計画教育の実践は場所のガバナンスの目指すもの、その内容について意識を高めること、例えば、様々な場所で専門家としての技能をどう発揮すべきかについて、糸口となる考え方を提供できるようになる。新米のプランナーにとっては、仕事で関わる状況を捉える批判の目を提供することになる。総合的な教育を受けるため、あるいは恩師からのアドバイスを受けるために、大学に戻ってくるプランナーも少なくない。しかし、こうした総合的な教育も、現場で獲得する匠の技にはかなわない[6]。

計画的志向を持った場所のガバナンスに必要とされる専門性とは、それゆえ、あちこちに散らばっている資源と知識の型を組み合わせ、創造的な実践上の判断へと昇華させることといえるだろう。それによって、特定の場所のガバナンスの状況下で人々が直面する問題の特殊性にも柔軟に対応できるようになる。このような作業にあたって、一人の人間がすべてを「知る」ということはあり得ない。過去には、そしていま現在もそうであるように、計画当局やコンサルタントが作業グループを組織して、その中に作業の能力を高めるための技術や資源を集中させてきた（Krumholz and Forester 1990, Pell 1991）。しかし、今日より重要なのは、効果的な場所のガバナンスの実践に必要な知識は多様な主体の間に拡散して存在しているという事実である。住民や企業から、特殊法人や関係団体、そして各レベルの政府省庁間に広がって存在する。それゆえ、プランナーとして訓練を受けた者は、単にクライアントに対するアドバイザーであるだけでは不十分だ。彼らが立つべき位置は、複雑な制度、つまり特定の政治分野と複数の組織がガバナンスの実践に関与しているようなランドスケープの上なのである。計画的志向を持った場所のガバナンスを推し進める作業は、こうした複数の主体間で相互行為が発生するような制度的基盤の構築から始めなくてはならないこともある。そのような舞台設定なしでは、場所のマネジメントや開発に関わる多様な主体のエネルギーの放出もあり得ないからだ。

組織や制度、役割、立場

行政職員として働くプランナーの仕事ぶりを想像してみよう。いつも役所に詰めて管轄地域の調査に従事し、行政の計画や過程を規制するために支配的な目を光らせ、公になっている規範や標準との整合性をチェックしている姿を思い浮かべるだろうか。

しかし、本書で紹介してきた事例の中で、計画的志向を持った場所のガバナンスの実践は、役所だけでなく様々な場で行われており、プランナーとして訓練を受けてきた人の多くは、役所の外で会議に参加し、様々なコミュニティに混じって地域での活動に従事している。もちろん、こうした議論の場は都市計画局の職員や専門家らが指定したのではない。神戸で見られたように、市民社会側から行政担当者に呼びかけて市民が行う会議に参加してもらっているのである。サウス・タインサイドでは、開発規制を担当するスタッフが現場に出かけていき、住民や商店主、企業などに開発の予定について説明を行っていた。

場所のガバナンスの実践に貢献する専門家は、単に専門的判断を下すための知識を持っているだけではない。彼らは、事務所にいる時も、会議に参加している時も、あるいは現場を訪れている時でも、問題が露呈しそうな場、そして決定事項を左右する要因の存在する場、最終的判断がなされる場といった、仕組み全体に大きな影響を及ぼす重要な場を常に探っている。こうした重要な場が組織や制度として明らかな場合もある。例えば、行政の会議、市民に対するヒアリングや調査、特別に設置された計画委員会や法定でのセッションといった場である。あるいは、開発公社の委員会や定例の住民会議が鍵を握る場となることもある。状況によっては、特別に協定が制定されて、コミュニティ・フォーラムのようなかたちで誰もが関心ある問題を議論する場を設けることもある。パートナーシップを形成し、特定の問題に取り組む場合もあるだろう。

どういった制度の場で、どのような社会的実践が成立するかは、場所のガバナンスがどのように実践されるかによって様々なかたちをとる。表8.1は、これまでの章で議論してきた活動を通して見えてきた様々な仕事を、三つのタイプのガバナンスごとに整理したものである。最初の「フォーラム型」では、何が重要な課題であるかを明確にすることが目指されている。二つ目の「アリーナ型」では特定された問題に取り組むための、具体的な政策やプログラムの開発が目標とされる。三つめの「法廷型」では、過去に決定された事項に関して意見が分裂したままになっている状況から新たな問題が発生しているような場合を取り扱う[8]。

　これらの異なるタイプのガバナンスは、実際には明確に区分できるものではない（Bryson and Crosby 1992）。政策に対する異論があがるたびに法廷で争うのはコストもかかるため、政策や事業に関する要件が設定される前に、よりオープンな議論をしていこうという動きに繋がる。それによって最終的な時間もコストも省けるからだ。二〇〇四年、イングランドにおける計画システムの改定では、このような「先払い」型の政策議論を進め、決定がなされたあとに発生する衝突の回避が推進されるようになった[9]。こういった衝突が起こるのは、問題の優先順位や方法性が意図的に矮小化されているからであり、大きなテーマの議論も、規制上の決定や、事業の開発理念や戦略の中に肉付けされて取り込まれていってしまうからである。

　制度的な場の違いとして重要なのは、その存立背景や実施の際のルールだけではない。これらをどう理解させるかも大きな違いがある。フォーラム型は他の型に比べるとより包括的な方法をとるが、法廷型でも決定事項に影響を及ぼす事項を広く開示することは可能かもしれない[10]。また、ガバナンスの型はその正当性を保障する根拠も様々だ。フォーラム型は民主的な参加、多数の声を取り込みそのフォーラム内で培われた合理性の質を大切にする。そのため、そのような制度にふさわしい場は、公的自治体の議会やパートナーシップ委員会や委員会議場となるかもしれない[11]。

　計画的志向を持つ専門家にとっての課題は、多様な役割を果たすことを期待されていることであろう（Box 8.2参照）。例えば、住民が参画するフォーラム型では、専門家は公平で中立的な立場にある議長あるいはファシリテーターとは見なされない。多くのプランナーが、事例を提示し市民会議の場で議長役を果たす際に、もどかしい思いをしているだろう。ジョン・フォレスター（Forester 2007）は、プランナーが招きがちな失敗について注意を喚起している。例えば、開発業者に対しての交渉役と、開発業者と行政の間の論争の調停役を同時に担おうとする場合が

［表8.1］組織／制度と計画の仕事

仕事の内容／三つのガバナンスのかたち	フォーラム型（価値の共有）	アリーナ型（政策立案および実施）	法廷型（開発行為の規制）
近隣居住区における日々のマネジメント			
•ルールに沿った規制	計画局担当官と開発申請者間での意見交換	都市計画局 議会	専門委員会などでの諮問 法廷
•近隣住区のガイドラインづくり	プランナー、開発業者、住民間での意見交換	都市計画局 議会 居住者組合	上記に同じ、ただし稀
•コミュニティ・デベロップメント	プランナー／まちづくり支援者と住民間での意見交換	居住者組合 まちづくり支援組織	上記に同じ、ただ機能する場合は住民グループを支援する専門家付き
巨大開発プロジェクト	政治家と都市計画局担当官の意見交換 開発推進／反対団体による意見の醸成 開発業者による意見の醸成	（都市計画局やパートナーシップ内に設置された）プロジェクトチーム 議会と開発業者、あるいはパートナーシップの理事会	和解に至らなかった場合に法廷で争う
空間戦略づくり	議会討論	議会	調査・諮問
	政治家、都市計画局担当官、その他の部署／省庁の間での意見交換	空間戦略づくりチーム、あるいはパートナーシップ 上位レベルの組織（県行政、地方局、国など）	権限やプロセスに対する違憲性を法廷で争う
	市民、推進団体、主たる関係者らによる市民会議での意見交換		

そうだという。

もちろん、様々な役割は混成されて果たされる。ジェフ・ライトがバーミンガムのブリンドレイプレイス事業に関わった際の状況を振り返り、自らをバーミンガム市役所の立場を強く主張する「厳しい」交渉人であったと懐古している。また、別の機会では、このような複雑な事業を進めるのに必要な調整を円滑に進めるため、主要関係者間の関係構築を促す役まわりをしていたという[12]。フォレスター(Forester 1989)は、プランナーはこのような「二面性」外交を果たさなくてはならないという。そこでは、プランナー自身、今どのような立場に立ち、どういった役割を果たすべきか、慎重に判断せねばならない。英国BBCのテレビドラマThe Planners Are Comingでは、人情味溢れるプランナーが地域の現場で多面的な外交を繰り広げる様子が描かれていた。彼らは規制に関する業務上でも、面倒な問題を引き起こす住区レベルでの争いに対しても建設的な解決方法を常に模索していた[13]。アムステルダムのスキポール空港(Box 2.3参照)が位置するハーレマーメールで市の戦略計画を担当していたエリック・ファン・レインは、プランナーが担うまた別の役割を次のように述べている。彼自身は自らの立場を、自治体と市議会側に位置づけており、空港の開発推進と共に近隣区の暮らしやすさの向上を目指していた。その上で彼は言う。

> (空港の将来的開発に関して)関係者すべてが関わるこの意思決定プロセスで、ようやく我々の目標と何をなすべきかが明確になってきた。しかし、経済振興を強く推し進めようとする力が強いことを考えると、私自身は生活の質、暮らしやすさや騒音を提言する方法などをより強く主張していくべきだと考えている。空港関係者らは地域の利益や自然環境に対する関心を強めてきているとはいえ、経済の中心となる価値が議論の俎上に載ると、特に原油価格の上昇や経済の停滞への心配が議論の場の空気を支配してしまい、社会的な大志を持った私たち(地域や居住者)も蚊帳の外に置かれてしまう[14]。

これから次のことが考察される。計画的志向を備えた専門性の実践とは、状況に従って求められる役割を考え続けること、そしてその役割が解決すべき課題や倫理的な要求を肝に銘じておくことである。ドナルド・ショーン（Schon 1983）はこのような技術を「反省的実践家」と呼んだ。その実践は単

Box 8.2

都市計画的志向を持つ専門家として訓練を受けたプランナーが担う役割

- 「反発的」批判者（'Agonistic' critic）
- 唱道者（Advocate）
- 分析家（Analyst）
- 規制遵守を求める役（Applier of regulatory rules）
- 議長（Chair）
- 辛口な友人（Critical friend）
- 未来の想像家（Envisioner of futures）
- ファシリテーター（Facilitator）
- 公共圏の守護者（Guardian of the public realm）
- 審判（Judgment shaper and maker）
- 指導者（Leader）
- プロジェクトやプロセスの管理人（Manager of projects and processes）
- 仲介者（Mediator）
- プロセスデザイナー（Process designer）
- 事業推進者（Project promoter）
- 専門的判断の提供者（Provider of expert judgment）
- 情報提供者（Provider of information）
- 学術的知識提供者（Provider of systematized knowledge）
- 複数の見方を組み合わせる役（Synthesiser of multiple viewpoints）

に一時的に後に一歩引いて自らを内省する、という意味だけではない。それは、継続的に関心を持ち続けることの重要性だ。おそらく、バルセロナの政治家やプランナーが時を経てその力を失い始めたのは、この反省的実践ができなくなってきたからだろう。一九六〇年代、「戦う（アゴニスティック）」批判者として社会運動を担ってきた彼らも（これまで無視されてきた社会的状況に対する批判的な声を上げ、当時優勢だった計画戦略によって不利益を受けてきた人々を代弁してきた）[15]、一九七〇年代から一九九〇年にかけては政治的リーダーという立場についた。しかし、そこで求められたのは多様な関係者らとの相互交流であり、議論を円滑に進めたり、様々な交渉事の矢面に立つ役割であった。こうした能力は彼らが築いてきた仕事上の文化ではなかったのである。それと比較して、バンクーバーやポートランドのプランナーは批判者あるいは唱道者として出発しており、またその基盤は非常にか弱いものであったため、強力なリーダーシップを果たすには十分でなかった。そのため、彼らは様々な役割を担うことになったが、そのおかげで、開発の変化にうまく折り合いを付けていけるよう、ゆっくりとしたスピードで新しい参加型のガバンンスの文化を醸成する余裕が生まれたのだ。

もちろん、計画的志向を持った専門家になったとしても、その責任の持ち方や能力には個人差がある。ある人は、相互交流を通じた仕事のやり方を好み、関係づくりや多様な分野からの知識を広く集めることを志向するかもしれない。また、別の人は舞台裏での下支えに徹するかもしれない。ホック（Hoch 1994）はナンシーと呼ばれる一人のプランナーを紹介している。彼女は、十分に根拠のあるやり方で、しかも人々を動かすような研究や分析の仕方の重要性を説いている。プランニングを業務とする組織には、異なる技術を持ったプランナーたちがいる。彼らは互いに相互補完し合って業務に取り組んでいる。バンクーバーでは、得意分野の異なる個人がそれぞれの能力を発揮して市の都市計画局のチームとしての文化を育んできた。それは数十年にわたって大きな意味を持ってきたといえよう（Sandercock 2005）。クラムホルツとフォレスターは、クラムホルツがオハイオ州クリーブランドで計画局長を務めた経験を踏まえてこう考察する。

> 計画の実践が成功するか否かは、多くの人々が協力を惜しまない姿勢を持つかによる。もちろん都市計画局長が中心的な役割を担うことはもちろんありうるが、局長個人の能力だけでは物事は動かない(Krumholz and Forester 1990: xviii)。

クラムホルツは後に、自分自身のコミュニティ開発に資する能力の限界を適切に認識し、彼の同僚であったジェニス・コガーがその分野で持っていた感度の高さや技術を賞賛している。

チームとしての文化が殊更重要になるのは、計画的志向を持った専門家集団が公共圏の守護者としての役割を果たさなくてはならないような場面である。人々にとっての暮らしやすさや持続可能性の高い場所づくりにおけるこの役割の重要性は、これまでに紹介してきた事例の中で繰り返し触れてきた。

こういった役割を担う専門家集団は、まず人々を現場に巻き込むことが大切だと考える。大学の研究者、あるいはそのようなやり方を是とするような計画専門家集団も採用する役割である。このアプローチはしかし、優先順位付けに様々な圧力が働くような状況下で維持するのは容易ではない。開発業者は、計画許可申請を提出する際、プランナーやプランニング・コンサルタントを雇うことがある。首長や政治家が後援を取り付けるために、あるいはもっと個人的な意図を持って内輪や友人に仕事を融通するために、計画権力を行使することもあるかもしれない。自治体行政は狭い目的を設定して、例えば「是が非でも成長」といったように、自然環境の持続可能性、社会的公正や将来の世代にとっての福祉といった複雑に相互関係している問題を無視するかもしれない。そうしたとき、計画的志向を持つ職員やコンサルタントが出すアドバイスは無視され、あるいは狭小な目標や汚職にまみれた事業に従事するように倫理観を腐敗させられるか、場合によってはその場からの退場を迫られることになる。

こうした事態が現実としてあるからこそ、計画的志向を持つ専門家は彼らが仕事をする現場での制度的な世界を、政治的視点で鋭く把握する能力が必要なのだ。彼らの仕事場としては、自治体の計画局、あるいは地域の計画業務を管轄する組織があろう。また、様々な要望を持ってくるクライアントを相手にするコンサルタントとして仕事をすることもあろう。不動産会社や、インフラ基盤などの土木事業を担う企業の開発担当として業務につくこともある。また、特定の諮問委員会組織や、圧力団体、ロビーグループに雇われてアドバイスする場合もあるだろう。研究機関や大学で働くこともある。それぞれの立場には、権威や他者に対する説明責任がある。そのような中で、異なる意見がぶつかり合うと、仕事の上で取り組まねばならない問題の所在をうまく説明できなくなってしまいがちだ。

ディッチリングでの話(1章参照)で登場した都市計画担当官も同じような状況で困難にぶつかっていた。ルーク・ホランドがプレセンターを務めるテレビ番組の中で、村のパブを取り壊して住宅をつくることになぜ反対できないのか、と問われ、その担当者は辱められているような不満顔でこう言った。開発申請を拒否する法的根拠がない。もし拒否するとなると、申請者が裁判に持ち込んだ際の裁判費を受け持たなくてはならない、と。本章の前半で紹介したトムは、上司への反発の結果解雇された際、あっけにとられていた。ハーレマーメールの都市戦略担当者であったエリック・ファン・レインは、スキポール空港周辺の暮らしやすさへの関心を維持する中でもめごとが起こった場合には、地域住民そして彼らの代表者である政治家らの側につく方が、精神衛生上よいという。プランナーの技術に関して、テッド・キッチン(Kitchen 2007)は計画的志向を持った専門家が推し進めるべき要望や議論の焦点を明確に説明することの重要性を説いている。これは、衝突が起こった時にこそ、議論の透明性は担保されなければならないからである。以前、彼自身が経験してきたなかで最も難しい関係は、計画スタッフと彼らを雇っている政治家との関係だと語っていた(Kitchen 1991)。ロンドンのとある区の都市計画局長は、議論の過程における透明性が確保されることで、最終的に右寄りの政策のつよい議会議員と計画プロジェクトの価値を追求する計画局職員との間にも信頼関係を築きうるかを考察している（Crawley 1991）[16]。

それでは、プランナーを取り巻く政治的環境が、場所の質といった側面に全く関心を示さない状況でも、計画的志向を持った専門家が公共圏の問題を俎上に載せるため、戦い続けることは可能なのだろうか？　プランナーのアドバイスが蚊帳の外に置かれた場合に、その意見を訴え続けることは正しいやり方なのだろうか？　はたして、顧客にサービスを提供する専門家という立場と、計画プロジェクトの大切さを訴え続けることは両立するのだろうか？　内部にいる専門家として、物事を変革するような力になるには何が必要で、そのような行為は正しいことなのか？

計画という仕事における実践上の倫理

あらゆる社会的な出会いには、倫理という問題が関わる。人々と交われば、どう振る舞うか、相手が自分に何を期待しているかを考えずにはいられない。公共サービスの領域においては、それが公共団体の職員であろうが、契約者であろうが、あるいは専門家あるいはプロフェッショナルとしての立場から関わろうが、倫理上の問題を考慮すべき側面はより複雑に重なる。役割や立場が異なれば、期待されることも異なる。そこで、どう振る舞うべきかに関心が向けられることになる。こうした公共サービスに関わる際の道徳に加えて、私たちは本書で提示しているように、計画プロジェクトの価値を追い求めることの倫理的側面を考えなければならない。あらためて、計画プロジェクトが大切にすべき視点を確認しておこう。まず、場所の開発に際してはすべての人にとっての暮らしやすさ、そして持続可能性が高められること。また、現在の課題と同時に将来的な可能性という視点を持ち続けること、多様な暮らしのあり方を尊重すること。そして、行動を起こすための議論は可能なかぎり透明性を保つことが重要だと考える。これらの視点を維持するために、計画という仕事をどう実践するか、つまり実施の際の道徳に関心の目が向けられる（Forester 1999）。誰にも開かれたプロセスであるためには、関わる人々すべてへの尊敬の念と平等の扱いが必要だ。「異なる暮らしをしながら場所を共有する」という複雑な問題がオープンに議論され物事の決定がなされるような政治文化を育てるためには、プランナーは提案するプログラムの合理性や議論の土台を提供すること、また、ガバナンスのシステムの中での立場を的確に説明することが必要となる。プランナーは、舞台裏だけではなく、公衆の面前やミーティングの場で不満に満ちた住民に話をする場面でも、様々な関係者に対して、そして報告書や研究というかたちを通じて、これができなくてはならない。キッチンが示す通り（Kitchen 1991: 142）、そのような公共性の場で重要なのは、プランナーが何をするかではなく、彼らが何をしていると人々に「見られている」か、なのだ。

倫理についての二つの側面、つまり、実践の際の道徳と特定の価値観を貫くことは、あらゆる計画的志向を持つ場所のガバナンスの実践の場で持ち上がる問題である。一九七〇年代から二〇〇〇年代、バンクーバーの都市計画局職員らは、市民の関心を公共圏の質に引き寄せ続けること、そして貧困層の生活環境改善を意図した彼らの取り組みを下支えするような実践の文化を育ててきた。それによって、複雑で継続的な取り組みを実践し、時に衝突も交えながら最終的には近隣住区の開発ガイドラインをつくりだした。ダーバンのベスターズ・キャンプでは、占拠者の居住区の環境改善という困難な状況にあって、コミュニティ開発のスタッフは、住居改良に必要な資材が本当に必要とする人々のもとへ、透明性と信頼できる方法で届けられることを信じて、自らは静かにその場を去った。エリック・ファン・レインは異なる意見のバランスをとることの重要性を説いていたが、暮らしやすさという側面に対して空港関係者らがそれをないがしろにするような場面では、自らの意見を強く主張したという。テッド・キッチンは、計画当局で計画申請の手続きの際、蔑視されたと電話で抗議を寄せてきた申請者に対応した時のことをこう回想する。一瞬、彼はそのような事実は無いと取り繕うか、謝るべきか、躊躇したという。結局彼は後者、そのような問題が起こらないように見直すという方法をとった。そして、なぜ、どのようにして不満が生じたのかを探り、これから何がなされるべきかを明確にした（Healey 1992参照。テッド・キッチンは当時、主席プランナーとして都市計画局の副局長を務めていた）。

こうした倫理的なジレンマは、開発マネジメントの業務では日常様々なかたちで発生する。巨大開発プロジェクトでは、イデオロギーの違いから生じる衝突が起こる。巨匠建築家やプランナー間での抗争、巨大資本の利益対コミュニティ、あるいは未来の世代の利益との対立が起こりえる。学術界からの批判やメディアによる警告は、このような倫理的問題を構造化する（Diaz and Fainstein 2008）。しかし、6章で見てきたように、集団の利益そして公共圏にとって何が大切かの決定は、継続的に取り組まなくてはならない問題だ。一つのプロジェクトが実現する間に、状況は変化し関係者の出入りもある。そして、計画プロジェクトに関わる価値を守るという役割は、例えば、社会的責任への関心が強い民間開発業者が引き受ける場合もあろう。

空間戦略づくりの場では、倫理的な問題は戦略の内容（例えば、その地域の複数の社会的集団に十分な関心を向けているか、その地域内そしてそれを超えた領域に対しても影響力を及ぼすものか否か、時間を経ても人々に支持され続けるか？）に関して立ち現れるだけではない。そのような戦略がどのようにしてつくられてきたかという経過にも倫理的問題は問われるのだ。ポートランドの戦略をつくった人々は、市の空間的戦略が持つ価値を認識してもらう基盤をどうつくるべきか慎重に考えてきた（7章）。これは、計画理論における議論、プロセスの問題は具体的内容物、また、それがどう扱われるかという制度的文脈と連関していることをはっきりと示している（Forester 1999, Campbell 2006, Healey 2007）。

これらの経験から次の考察が導きだされよう。計画的志向を持った場所のガバナンスという取り組みは、特に計画事業に関心の高い人々にとっては、倫理面の地雷がまき散らされた制度世界を航海するようなものといえるかもしれない（Campbell and Marshall 2000, Campbell 2006）。公共サービスの提供を使命とする現場で、政治家が社会的責任を果たすことに殆ど関心を払わないような場合、計画的志向を持つことを叩き込まれてきたプランナーであっても、いとも簡単に優勢な状況に押し流されてしまう。このような事例は、急激に都市化する振興諸国で、地方自治体に権限が与えられず、人材を含めた資源が少ない状況で見られる。計画システムが持つ規制上の手法は、都市環境に最低限の質を提供せんとするが、都市化で土地の付加価値を最大化しようとする土地不動産資源を手にした権力との戦いの中で、優勢状況に流され乱用されている（UN-Habitat 2009）。

それ以外にも、計画的志向を持つ専門家は、様々な方向に引っ張られ異なる役割を果たしているだろう。異なる地域を担当する際、そこに対立が生じた場合はやっかいだ。米国の社会学者ハーバート・ガンズは、著書の中でこう述べている。プランナーはまず広く社会というものへの責任を果たすべきであり、それは特に社会的弱者へ向けられなくてはならないという。プランナーを雇用する相手への責任はその次にくるべきなのだ、と（Gans 1969）[17]。これが、先に触れた「トム」がなしたことである。マンチェスターのテッド・キッチンはこうした二項対立による公式化は、プランナーが関心を向けるべきクライアントあるいは顧客の位置づけを非常に狭いものに限定すると批判し、Box 8.3に示すような様々な立場にあるクライアント／顧客リストを示した。実践を通じて、キッチンはこれらすべてのクライアントの存在を強く意識すればこそ直面する倫理的な問題に十分気がついていたのだと言える（Kitchen 1997, 2007）。

計画的志向を持つ専門家が経験するこうした緊張関係を別の側面から見てみると、それは彼らの仕事の正当性はどこに依拠するかという問題にも関連する。Box 8.4に示したように、計画業務の根拠は多様であり、これは計画的な視点を重視する場所のガバナンスには、政治的かつ技術的専門性が必要であることを如実に反映している。計画作業の合法性はプランナーを雇用する側が掲げた目標に依拠することもあるだろう。多くのプランナーは、最低でも公共へのサービスという視点を持つような雇用者を常に求めている。しかし、ガンズが強調するように、雇用者がそういう視点を常に持つとは限らない。そのような状況で、ホックの研究に登場した「トム」は、地元政治家らが無視し続けるなかで、適正価格の住宅建設の課題に関心が向くよう地道に仕事を続けた。クリーブランドのノーム・クラムホルツは、彼が率いる計画局が社会正義や社会的弱者のニーズを十分汲んだ上で精力的な仕事ができるよう、より過激なやり方を採用した。トムやノームは、彼らの立場の根拠をプロフェッショナルの、そして個人的な使命として社会的な正義を掲げた倫理的な考え方に置いている。計画的志向を持つ専門家の中には、環境の持続可能性や歴史的価値の保全、あるいは都市デザインの質などに強い使命を抱く者もあるだろう。時に、計画的志向を有する専門家は彼ら

Box 8.3
英国自治体の計画サービスの「クライアント」「顧客」

1 計画申請者
2 計画申請に関わる地域に暮らす住民
3 地域の住民全体
4 企業
5 地域の中で活動する市民団体
6 開発プロセスに影響を及ぼす行為を行うその他の主体
7 自治体内の他の部署
8 市議会議員
9 自治体の公的な規制メカニズム
10 計画サービスの購入者
(Kitchen 2007: 105, 本書Box 5.1)

自身の将来を脅かすような試練に直面することもある。一九八〇年代後半のニューカッスルでは、当時タイン・アンド・ウエア都市開発公社（Tyne and Wear Urban Development Corporation）が、河岸地区に巨大ホテルの建設を検討していた。そのデザイン案は明らかにその後背地となる地区での開発の可能性を下げるものと考えられたが、都市デザインのコンサルタントが公社の意見に反対することは許されなかった（Davoudi and Healey 1990）。戦後復興の初期、ベルリンのロシア側地区では、計画案やデザイナーは「モダニスト」デザインを禁止され、そしてロシア指導者スターリンが推奨するような「社会主義リアリズム」を選択することを強いられた（Strobel 2003）。

しかし、問題の争点が明確になるのは稀である。なぜなら、「公共」という概念は何か、「公共の利益」や「公共圏」とは何を意味するかは、様々な捉え方がありそのこと自体が争いを招くもとになっているからである。計画は、そのような概念の構築と論争のまっただ中で取り組まれる仕事であり、多数の意見の複雑なバランスを反映させて、時代を超えて公共の利益を獲得しうるような場所の開発をかたちづけるための努力なのだ（Cambpell 2006）。しかしながら、高い能力と強い倫理的使命に支えられて仕事に取り組めば、多くの場合、結果は自ずとついてくるものだ。クラムホルツとフォレスターは次のように言う。

> 理想主義、プロフェッショナルとしての使命、そして様々な制約や贈賄のある市の政治状況の間に挟まって、クリーブランドのプランナーは様々な経験を積んでいった。激高、驚き、勝ったり負けたり。そういう中で、公共サービスとしての都市計画の実践における真の限界が、いやそれは真の可能性でもあるのだが、見えてくるのだ（Krumholz and Forester 1990: xxiii）。

別の方策として、「科学」や「証拠」を楯にすることがある。この戦略は体系化された知識や調査、いわゆる客観的知識を通じた正当性を求めるものだ。しかし、このような知識も常に批判に曝される。科学的研究者集団は、その主張や証拠について公で議論することを嫌う傾向がある。また、それぞれの集団には特定のバイアスがつきものだ。場所のマネジメントや開発に関する判断に対する確かな基盤を探し求めて、計画的志向を持つ専門家らは政府が提示する実施要綱や政策文書、あるいは法廷での判断やその解釈などに頼ろうとすることもあるだろう。しかし、正当性を高めるために闇雲にそれらを参照することは、プランナーの心理状況に悪い影響を及ぼしかねない。本来であれば、特定の状況に対して前向きな方向付けがなされるよう、反する意見の妥協点を見いだし、様々な領域の課題を統合することに創造的な取り組みをするべきところが、基準に従っているかの検査をするだけの事務屋になりさがってしまっては意味がない。

最終的に、技術の高い計画的志向を持った専門家が尊敬されるか否かは、彼ら自身が実践の場で下す判断の質、その場をまとめあげる能力によって判断されるのだ。彼らは複雑な「あいだ」をとりもつ作業に取り組む。それは地域環境を管理していく際の詳細に関してであれ、巨大開発事業に関する概念化から完成までのプロセスの中でも、地域性を形成していく様々な集団をどうまとめあげていくかといった戦

Box 8.4

計画業務を遂行する際の正当性の根拠

- 雇用者
- 市民（特に構造的に社会的弱者となっている人々への配慮）
- 公共圏
- 特定の倫理的理念
- プロフェッショナルとしての使命
- 学術的知識と「実証例」
- 上位レベルの政府
- 法的権限
- 特定の技術的専門性

略的な考えを想像する作業の中でもそうだ。そのような作業では、専門家は常にあらゆる類いの批判に曝され続ける。しかし、専門家たる者、そのような批判に耳を傾け、その中から学ぶことができなくてはならない。計画的志向を持つ専門家の中でも、同僚たちから尊敬を集める人というのは、問題解決の特殊解を知っているからではない。こうした特殊解は多くの人々による相互関係の結果である。また、彼らが尊敬されるのは、特別な発見をするからでもない。彼らが慕われる本当の理由は、人々の相互関係をうまく紡ぎだす能力、知識を得ようとする屈託ないアプローチ、計画プロジェクトの価値を見据えた彼らの判断の質にあるのだ。傲慢さを取り去った自信、つまり、知っている事実には限界があるという謙虚さを持ちつつ、彼らの知識に感心を持ってもらおうと努力すること。様々な人々や情報に耳を傾けそこから学ぶ態度、これらの材料を吟味して何が、誰が課題の中心となっているのかを特定する能力。大切にしている価値を守るためにいつでも立ち上がる用意をしているが、意見や立場が二極化する事態を避ける方策を常に模索すること。最終判断を用意しつつ、それが悪い方向へ流れるリスクも常に考えていること。正直で誠実に行動しつつ、不公平な批判であってもそれを受け入れる寛容さ。こういった能力が、専門家の重要性といえるだろう。

計画の仕事とガバナンス文化

この章では、計画プロジェクトを遂行するために必要な仕事について議論してきた。様々なタイプの知識への感度の高さに加えて、技術的な手腕、制度的な状況に対する洞察力、倫理的な行動の実践の重要性が浮かび上がった。また、プランナーには公共圏を創造することの価値を十分に理解するという態度が必要である。公共圏とは、人々が日常の生活や暮らしを実現させながら、社会の最も弱い立場の人々にも様々なチャンスが与えられるように、すべての人々の間で「共有」される施設や空間、その質や持続性に関心を寄せ続けることを求められるような場所なのである。このような場所をつくる仕事は複雑で、難しい課題を抱える局面も多く、個人的な貢献などは殆ど理解されないことも多い。それでもなお、実践家は地域を歩き、人々と話をする中に満足感を見いだすという。そして、「私たちのやったことは間違ってはいなかった」「その提案を却下するのは正しい判断だった、今ここに起こっている事態はもっとすばらしいものになっているのだから」「開発業者がここに群がるように集まってきている、我々が望んだ通りだ。戦略が機能している証拠だ」と語れるようになることに喜びを覚える。

計画という仕事は、物理的な社会基盤と公共空間における物質的環境や繋がり、可能性を管理し改良していくことで、場所の質を高めることに貢献するものと理解されてきた。社会基盤は、物質的な物を提供するだけではない。それは、審美的な喜びを与える物であり、それが場所に意味を与えることになり、社会的な雰囲気を醸し出すような土台となる。しかし、私が議論してきたもう一つの視点は、場所のガバナンスの実践のあり様が、都市地域全体のガバナンス文化の質に影響を及ぼすという事実であった。もし、都市デザインや都市のリモデルといったツールが、植民地支配を目的として利用されたり、野心的な独裁者が考えるグランドデザインとして利用されるとしたら、そのような場所のガバナンスの実践は、圧政的な文化を強化することを助長することにも繋がる。これは、本書で取り上げてきたような計画プロジェクトが意図するものではない。ここで取り上げた計画プロジェクトというのは、一つの場所に様々な人々が共存するような日常生活の舞台としての場所、その暮らしやすさと持続可能性を高めようとする行為なのだ。しかし、経験が豊富で技術も高く、知識豊富にして洞察力の高いプランナーであっても、計画プロジェクトという仕事を一人では成し遂げることはできない。プランナーは、その専門性を市民、政治家、様々な関係者の努力と混成するだけでなく、その場所に関わる政治的コミュニティの中で、場所に対する感性や計画的志向を育てるために発揮されなければならない。そのような志向性が生まれうる糸口が全く見いだせないという状況もあるだろう。そういう時には、種だけは蒔いておいて、それがいつの日か芽を出し育っていく近い将来を願い、別の場所に移動するか、その時をじっと待つしかない。しかし、殆どの場合、計画プロジェクトが賢く進められれば、計画的事業を通じて場所の質に関心が集まることの意義が正しく理解されるようになる。このようなやり方で、計画的志向を持った場所のガバナンスは公共圏に貢献することが可能となる。市民の関心をより集めるように問題を洗練させ、場所の現況や将来のあるべき姿に関する議論の場に積極的に市民を巻き込み、公共に仕えるとはどういうことかを具体性を持って示すのが重要な役割といえる（Forester 1999; Afterword, du Gay 2000, Sager 2009）。場所のガバナンスが公共圏の質を高めるためには、計画的志向を持って訓練を受けた者が覚悟を決めて、彼らを取り巻く政治文化の変化そのものをかたちづくる役割を引き受けることが必要だ。

とは言っても、政治的コミュニティが特定の専門家集団や特定の役割を持つ人に、ガバナンスのプロセスをすべて任すようなことがあってもいけない。計画的志向を持って場所のガバナンスの実践に取り組む人も、他の人々と同じ人間なのである。欠点もあれば、失敗もする。個人的価値観とプロフェッショナルとしての役割のバランスを欠くこともある。特定の課題に対して熱狂的になるあまり方向性を失うこともあろう。権力者に認められることの誘惑に負けて、別の可能性を模索する努力を怠ることもあるかもしれない。そしてまた、計画的志向を持った専門家が理想を追い求めすぎる傾向も強い。自分自身にとっての理想だけでなく、彼らが奉仕すべき政治的コミュニティにとっての理想まで押し付けてしまうのだ。開放的で多様性を保障するガバナンスの文化を持つ政治的コミュニティというのは、計画プロジェクトに共鳴する専門家との繋がりを維持しようとするものであり、専門家がその能力を発揮しやすいような環境をつくる。それゆえ計画的志向を持つ専門家として仕事をするのであれば、批判的な声に取り囲まれることに不平を漏らすべきではないのだ。こうした批判があることで、重要な問題に目をそらさず、関心を向け続けなくてはならない複数の課題を抱え続けられるのだから。また、その場しのぎや上からの強い意向で、争いごとを表面的にとり繕ったり、曖昧にしてしまうような姿勢には頑として抵抗するべきだ。「あいだ」としての立ち位置を受け入れながら、しかし場所の開発に対して「公共に仕える」使命を持つことこそが、計画的志向を持った専門家が実践すべき質の高い仕事だろう。プランナーが持つ技術や使命感は、時間をかけながら地域のガバナンス能力を高めていくことに影響を及ぼす。それはより大きな力をかたちづくり、地域の未来を創造することにも繋がっていく。

理解をより深めるための参考文献

- ショーンやサンダーロックの著作は広く読まれているが、それ以外は都市計画領域以外ではあまり知られていない。こうした都市を作る仕事に関しての文献は米国と英国の経験に即したものが多い。以下、出版年順に並べておく。

Schon, D. (1983) *The Reflective Practitioner*, Basic Books, New York. 邦訳＝ドナルド・ショーン著、佐藤学・秋田喜代美訳『専門家の知恵 反省的実践家は行為しながら考える』ゆみる出版、二〇〇一。

Krumholz, N. and Forester, J. (1990) *Making Equity Planning Work*, Temple University Press, Philadelphia.

Hoch, C. (1994) *What Planners Do*, Planners Press, Chicago.

Forester, J. (1999) *The Deliberative Practitioner: Encouraging Participatory Planning Processes*, MIT Press, London.

Campbell, H. and Marshall, R. (2000) Moral obligation, planning and the public interest: A commentary on current British practice, *Environment and Planning* B: Planning and Design, 27, 297–312.

Sandercock, L. (2003) *Mongrel Cities: Cosmopolis 11*, Continuum, London.

Kitchen, T. (2007) *Skills for Planning Practice*, Palgrave, Basingstoke.

9章 場所の質を問う
Making Better Places

より暮らしやすい、持続可能な場所を求めて

これまでの章で取り上げてきた、意図的な場所のマネジメントおよび開発事業の異なるタイプを通じて、私が「計画プロジェクト」と呼ぶところの核となる領域を読者の皆さんにたどってもらえたと思う。このプロジェクトは、これまで私が紹介してきたように、居住性や持続可能性を高めるという野心的な意図を持ち、また、都市の暮らしの中の公共圏をより豊かにするような場所の創造に取り組むものである。前章までに、そのような活動がいかにして達成しうるかを考察してきた。人々の生活の質の向上に大きく寄与したとして、後に価値のある場所として評価された事例を取り上げながら、事業に参画した人々が直面した課題や、その際に採用した技術や倫理的な価値観にも焦点を当ててきた。これらの事例は、計画志向性を持つ場所のガバナンスには、政治的行為、技術的専門性、倫理的感度が複雑に錯綜することを示している。都市には様々な住民が隣りあって暮らしている。だからこそ発生する課題に対峙する計画行為は、極めて政治的なものとなる。政治的行為の主体として、地域コミュニティは場所のマネジメントをどのように方向付けるかを決定しなくてはならない。また、誰の関心が優先されるべきかといった議論では、複数のグループ間で激しい争いが展開される場合も少なくない。これは、より広範囲に及ぶ経済や政治的、社会文化や環境問題に対する外圧が、深いレベルでの緊張状態

を引き起こすことに因る。場所のガバナンスは技術的専門性の動員が欠かせない。都市のダイナミクスは技術に関する知見、法律や公的な手続き、不動産市場や簡便な経理システムといった専門知識が不可欠である。この技術的専門性は政治的行為と一体的に発動されるため、「計画行為」という独立した領域に押し込むのは難しい。計画志向性を持つ場所のガバナンスに携わる人々は、常に何を行っているのかを公表し、あらゆる課題や反対意見にも回答を迫られるため、常に公の目に曝されているような気持ちになる。また、この政治的技術的行為に倫理的な問いも注ぎ込まれる。どんな行為が発生し、それがある政治的コミュニティ全体の利益を増幅しうるのか、またどの政治的コミュニティがその場に残るのかといった、倫理的な問題が投影される。

事例から考察してきたのは、場所のガバナンスとは、なすべきことを精査しそれを実施するといった単純な作業ではないということである。その直接的な成果物は、戦略、枠組みやマネジメント手法、開発事業、政策指針や制度規範といったものになるが、これらは相互に関係しており、また都市発展のダイナミクスと共に複雑に絡みあっている。こうした成果物を獲得するためには、単にデザインアイディアを物理的なかたちに翻訳する、あるいは科学的分析結果を政治的文脈や行動計画に変換すればよいわけではない。成果は行きつ戻りつを繰り返しながらの議論、実験、努力の結果として生みだされる。そのようなプロセスを経て、当事者や政治的コミュニティは、何が問題となっていて、何をなすべきかを学ぶのだ。バンクーバーでは、ある地区で起こった出来事が市全域にも影響を及ぼすことを市民や関係者が認識するに至った。神戸の市民活動は、身近な生活環境整備の目的として市民の声を聞きそのニーズに応えることを位置づけたことで、地方自治体のみならず中央政府にも訴える力を持った。空間の質、そして市民の関心が何であるかに関心を寄せることで、場所のガバナンスに関わる人々は、場所の質というものが単に物理的財産ではないと気づきはじめ、政治的そして倫理的な意義を理解するようになってくる。現場では、将来の方向性を決める重大な決断を迫られ、複数のプロジェクト間で予算をどう配分するかで悩み、上位政府からの規範や要請を受け入れるか疑義を唱えるかといった壁にぶち当たる。単に異なるグループからの複数の要望を調整すればよいわけではない。場所が変貌を遂げるに連れて、複数の異なる社会空間や関心領域が相互に関連し合うようになるといった理解が広がる。計画志向性を持った場所のガバナンスでは、人々がどのように空間を利用し価値付けるかが重要であるため、政治圏、社会文化圏、経済圏の繋がりを捉えること(2章参照)が必要である。が、それだけでは不十分だ。現在そして将来まで射程を広げて、社会、環境、経済的な関係がどのようにして暮らしやすく、持続的な場所でありえるかを考えなくてはならない。そのためには、包括的に全体を見通して想像すること、その「場所」での人々の生々しい体験を中心に据えることが重要である。

こうした任務の遂行はあまりにも困難なことに見えるため、時として、地方自治体に属する計画分野の職員らは、自らの活動の是非を権威ある外部組織に委ねることがある。この外部組織とは、上位の政府、外部コンサルタント、科学的な分析を行う大学などである。問題を簡略化する方法として、また、他の多くの問題を棚上げできそうな切り札として、ある一つの指標のみを取り上げることもあろう。例えば、公平性や二酸化炭素排出量の削減量、新規居住者数の増加数や新規ビジネス誘致数などである。あるいは、単純にこれまで通り要求される最小限の業務をこなすに留まるという選択肢もあろう。その場合、実施した際の過程やその結果がより広域な政治的コミュニティの利益を膨らませうるか、そして計画事業の価値を高めるかを考慮する姿勢すらなくなる。政治家、都市計画プランナー、行政職員に対するチェック機能が弱い組織では、結果として場所の質に関する関心が長期にわたって無視され、その結果、暮らしやすい持続的な住宅地、コミュニティ、都市の質に対する関心も低くなる。そのような状況では、公的な計画組織の評判は下がることになろう。

こうした無関心に挑戦するため、計画プロジェクトが持っている価値を、声を大にしてはっきりと叫ぶべきだというのが私の主張である。本書では、特に都市化する文脈の中での多様性、現世代および次世代に対する責務など（1章参照）、人々の暮らしの条件をよりよいものにすることを中心に据えた社会政治的なプロジェクトに、特に焦点を当てている。しかし、私たちが捉えるべき射程は、個人やある特定の社会集団、特定の場所、あるいは単に人類全体にとっての可能性や機会をつくりだそうというものだけではない。人間と住む世界を共有している生きとし生けるものすべてと私たち自身がどう繋がり合うべきか、また私たち人間をこの地球上に存在たらしめる大きな森羅万象との繋がりを問い直すことである。そのため、場所のマネジメントや開発に関して考え、行動を起こす際には、次の点を肝に命じておくべきだろう。それは、小さな行為の中からはより大きな視点に立った課題が見いだされるが、巨大な試みの中にはそれほど示唆するものがないということだ。前章までに、部分が全体に、また全体が部分に関与することを何度も示唆してきた。しかしながら、二十一世紀の都市環境の複雑さを示すには、これらの関係がいわゆる入れ籠状の階層性を持ったシステム、あらゆるものが他のものの上に位置しそれが地球、太陽系そして宇宙全体まで繋がっているようなシステムとして考えてはならない。階層ではなくて、システムは重複する「ゆるやかに繋がれた」関係の網の目として理解すべきなのである。今日の私たちの生活系においては特に、人類もその他の種も一年を通じて、あるいは一生の中で複数の場所に生息し、一生の中に複数のアイデンティティを同時に持つことすらありうる（2章参照）。人間であれば、現在住んでいる、あるいは働いている場所に加えて、近い場所、遠い場所ありとあらゆる場所に重要な繋がりを持っている。それゆえ、計画的志向を持った場所のガバナンスに関わる者は、全体性が複数存在することを想定しなくてはならない。人々はある特定の場所に関与する一方で、私たちが認知する「全体」は複数のアイデンティティを持つ個を結びつける。それゆえ、多元論的な感受性を持つこと、多元的なかたちで存在する政治的コミュニティを後押しすることが求められる（3章参照）。

場所を通じた経験から学ぶ

　本書で取り上げた事例は、ある特定の場所の質が高まったと評価されたもの、その中には都市全体、社会全体といったより広域な公共圏に寄与したものが取り上げられている。これらのプロジェクトに関わった人々は、これまで議論してきたように計画プロジェクトに関わる哲学を持った人々であった。彼らの不断の努力によって、多数の市民、現在のみならず次世代の人々にとっての良質の場所がつくられてきた。このような努力を続ける人々は世界中に沢山いるだろう。しかし、プロジェクトが置かれた文脈は千差万別だ。ある場所は、一つあるいはより広域な場所の中に位置づけられている。一つの近隣区や一都市それぞれに固有の結びつきがあり、固有の将来性を有している。この特殊性があるために、法制度や政治制度に国ごとの違いが見られ、政治、社会、経済領域をどのように扱うか、またより広範囲な環境要因をどう扱うかには文化的な違いが生じる。これらの差異は、場所の質に対して個人が抱く関心をどう表現し政治的行為に参画していくか、また、社会の関心ごとなのかある特権的な知識として表明するのか、に関わってくる。また、場所の固有性は、政治的、技術的、倫理的な行為を規定し、その結果、場所のマネジメントや開発行為として実践されるのである。

　これが意味するところは、他の地域の経験を学ぶ際は極めて注意を払う必要があるということである。明らかに「成功した」事例が、別の場所で雛型として扱われる様子が頻繁に見られる。ジェームズ・ラウスによるボストンやボルチモアのプロジェクト、バルセロナモデル（6章参照）や、ポルト・アレグレでの市民参加型予算決定のあり方など（3章参照）は、この最たる例である。バンクーバーは、質の高い空間開発を市民参加で実現したお手本扱いだ（4章参照）。しかしながら、成功したのはその地域が特殊な条件を持つからであって、それを複製するのは容易ではない。バンクーバーから学ぶべきは、近隣住区のマネジメントを市民参加で実施することは可能であり、しかしそれには市役所の独立性が前提となっていることである。バルセロナの事例では、独裁政権崩壊後の政治・行政組織の刷新や広範囲からの支援が重要な要因となっている。ポルト・アレグレでも、独裁政権崩壊後に労働者がつくった政党を通じて政治力が結成されたことが、市民参加型の予算策定手法を実現させる基盤をつくった。

とはいえ、歴史が将来を決定する、地域経済地理学者らが呼ぶところの「経路依存性」は方向性を変える可能性を否定するものではない（Briggs 2008）。好ましい前提条件が揃っていなくとも、地道な活動の積み重ねによって、いずれ変化を生みだすことは可能である。例えば、神戸における持続的な市民活動がその例である。地道な活動はあらゆるかたちを取りうるだろう。ボストンで見られたようなレジャーと保全をテーマとした商業モール計画といったデザインや開発の企画から、バンクーバーで採用されていた近隣住民を対象とした参加のプロセスデザインといった新しい手法の開発。ダーバンのベスターズ・キャンプ／INKプロジェクトで採用された簡易な会計システム（5章参照）、日本での区画整理事業といったツールの導入（4章参照）。とはいえ、これらの革新的な取り組みは、複雑な社会文化、政治的実践の中で生まれてきたものであることを忘れてはならない。

場所のガバナンスの実践の特性として、ある特定の空間と時間における有り様、状況性（文脈性）がある。しかし、これは他地域での経験から学ぶものがないという意味ではない。むしろ、特定の状況下において計画プロジェクトをつくりだすことの意義を探りたいのであれば、その事業実践が立ち上がる文脈にこそ細心の注意を払い関心を寄せるべきである。「お手本」として学ぶのではなく、その背後にある政治的、技術的、文化的な力を見つめながら、長期的な視点で場所の質を考察する必要がある。それは次世代の人々の便益にも関わることだからだ。このような視点を持てば、成功事例だけでなく、失敗事例からも多くの学びがある。そのような失敗事例は枚挙に遑がない。また、継続的に地域に寄り添った専門家が成功に導いた大なり小なりの成功事例も多くあるが、このような業績が脚光を浴びたり賞賛されることはあまり多くはない。しかし、私たちの関心が人々の日々の生活にあるかぎり、計画領域に明るく、何を見るべきかを理解している専門家であっても、見えないところで人々が暮らし、働き、訪れる場所の質に対して関心が寄せられていることを忘れてしまうこともある。3章の終わりに掲げた問題に立ち戻ってみよう。異なる文脈や状況がある中で、何が計画プロジェクトを成功に導くのか？　計画プロジェクトはどの程度、汎用性を持ちうるのだろうか？　物理的な状況、場所を捉える視座、政治的コミュニティの文化に影響をもたらすものか？

計画プロジェクトの真意を問う

本書では、明確な意図を持った場所のマネジメントおよび開発にまつわる広範囲にわたり出来事を扱ってきた。これらは多様な方法、異なる手法を組み合わせて実践されている。同様に、計画的志向を持つ場所のガバナンスにおいても、単一の手法、例えば公的な開発計画のみを用いて実践されることはない。また、複合都市の将来像をかたちづくる戦略の策定といった特定の作業の中だけで実施されることもない。計画的志向を持った作業は複数のモードを組み合わせたかたちで実践される（図3.2参照）。バルセロナではあるイデオロギーの求心性と計画センスの良さが組み合わせられていた。バンクーバーでは、土地利用規制を司る行政の透明性、また市全域で民族や文化の多様性を保障する態度が地区レベルでの精力的な市民参加と相乗効果を発揮していた。サウス・タインサイドでは、計画規制に関わる業務が人の顔が見える状況で行われていたこと、ベスターズ・キャンプでも同様に感度の高い対応が基盤にあって、透明性の高い資金配分の方法が実施できていた。複数のモードがいかにして相乗効果を発揮するかは、開発行為の内容、都市環境の変化を丁寧にマネジメントしようとする態度、新しく開発拠点あるいは拠点の再定義をなそうとしているか、あるいは市全域の開発枠組みを同時に提示しているかなどの条件に因る。

これらの行為が計画プロジェクトとしての位置づけを明確にしうるか否かは、様々な行為がいかに実施され、また互いに連関しているかに因る。ここに焦点を当てる姿勢を持つことは、将来へのインパクトや可能性に光を当て、多数の人々にとっての良好な住環境を育む条件、つまり人々と彼らを取り巻く世界との持続的な関係を模索することに繋がる。複数の次元を結ぶ相互依存性や相互関係性に着目すること。それには、集団として場所のガバナンスを進める知的思考力を育てること、そして開放的で透明性のあるガバナンスを実践することが必要である(1章参照)。しかし、8章でも議論したように計画的志向を持つ場所のガバナンスとは、特定の空間の特性が立ち現れてくる様々な有り様を統合しながら、場所の質や価値の獲得を目指すものである。つまり、ある場所で起ころうとしていることが、より大きなダイナミクスに対して、また日常生活のよりミクロな状況とどう関係を結んでいくかを模索することである。そのためにも、特定の場所および時間での選択肢や決断に影響を及ぼす複数の要望のバランス、複数グループや場所間の利益調整を行う不断の努力が必要となる。それゆえ、明確な意図を持った場所の開発およびマネジメントという作業は、ある想像上の型を具現化すること、つまり場所や空間の相互連関を「見いだし」、人々や空間が変化するに従って場所の質を経験するような、錯綜するダイナミクスを理解することだといえる。

このような計画行為は一般化された抽象的な知見やイデオロギー的原理原則で簡単に導かれるものではない。もちろん、社会的正義、公平性、環境の持続可能性、貧困の撲滅、居住性、持続可能性を達成したいと宣言することは、新たな思考の文化を育てることに繋がる。ここで、計画プロジェクトはその育成に貢献しうる。計画プロジェクトがその真意を発揮すべきは、例えば特定の近隣での経験や、工業/商業の撤退によって生まれた空きビルが多い地区、特定の都市や地域に配分される開発予算といった現実の課題と、こうした主義主張を関連づけることなのだ。また、まともな主義主張であれ強力な外圧によってもっともらしく聞こえる主張であれ、新たに脚光を浴びるようになった原則を、それ以外の原則と折り合わせること、つまり多様な主義主張のバランスを再び諮り、過去との整合性をつくり直す作業でもある。北西ヨーロッパの国々では、例えば、気候変動への関心が高まり、海抜上昇が引き起こす問題への対応、また頻繁に発生する豪雨によって、沿岸地域や河川システムの管理のみならず、開発を許可する地区や建築規制の見直しが進んでいる。こうした甚大な挑戦は、近年の資本主義金融システムの崩壊の被害を被った地域の再生と共に進んでいる。

計画的志向を持った場所のガバナンスは、「政策」から「実施」への滑らかな移行（Barrett and Fudge 1981）や、国会で政治家が施政方針演説を宣言しプログラムを実施するといった話で済むはずがない。場所のマネジメント行為が実践される場や、企画から竣工に至るまでの過程で成長する巨大開発プロジェクト、政策が特定のプログラムへと昇華され実施されていく、様々なアリーナで生じる継続的な試行錯誤を意味する。しかし、こうした現場では、計画プロジェクトの価値や、政治家、専門家、社会運動の価値が場所の質の向上を目指していたとしても、主要な主体の関与が弱い、あるいは、より大きな政治的課題への取り組みがなければ簡単に失速しうる。暮らしやすい持続的な場所づくりには、それゆえ、計画を推進する政治家や、官僚幹部にだけ計画プロジェクトの意義を吹き込むだけでは十分ではない。より広域な政治的コミュニティがプロセスの開放性や透明性を継続的に要求しないかぎり、善意ある政策主導も特定の既得権に絡めとられてしまう。計画プロジェクトが目指す場所のガバナンスは、特に一般市民が場所の質や空間の関係性に関心を持つよう促すこと、また物理的、政治的な資源としての公共圏の役割を育てることによって、よりよいものとなる。そのようなプロジェクトには、活動的な政治的コミュニティの参画が不可欠である。場所のマネジメントや開発が人々の共生を保障し、暮らしやすく持続性の高い場所へと昇華されることは、物質的な改良がなされるというだけでなく、その場所の質を包含するコミュニティを育てることに他ならない。しかし、そのような活動的な政治的コミュニティや社会的、政治的な推進力が存在しないようなところでは、場所の質を高めるような行為も無駄なのであろうか？　2章で見られたように、計画プロジェクトを成功させる条件は、その背後にある状況や推進力の再構築にかかっているのだろうか？

文脈の重要性

事例を通じて私が示したかったのは、いかに政治的、社会文化的、経済的そして環境的な要因が特有の状況をつくりだし、そこで起こることを規定するか、ということであった。バンクーバーでの近隣区のマネジメントの実践は、基礎自治体が自立して予算や法制度を管理できることによって成功を収めた。バルセロナでは、フランコ独裁政権の崩壊の後に登場した市行政が、市民の希望と信頼を背負って新しい民主的な将来へと舵を切ったことにその成功の秘訣があった。バーミンガムのブリンドレイプレイスの計画は不動産開発プロジェクトであったにもかかわらず、公共圏を生みだす余地が生まれた。それは、世界的な不動産価格変動や投資パターンの浮き沈みサイクルの中で、タイミングに恵まれたという理由もあるだろう。アムステルダムでは長い歴史の中で社会民主主義が育まれてきた。一方で、ダーバンや南アフリカでは不安定な政治によって、ベスターズ・キャンプの取り組みが持つインパクトが十分発揮されていない。また、サウス・タインサイドでは中央集権的な背景がその可能性を削いできたといえる。

このように、文脈は場所のガバナンスがいかに発展するかを規定し、計画プロジェクトの価値付けにも影響を及ぼす。ウォードは、二十世紀の都市計画は、米国や英国よりも、ヨーロッパ大陸の北西部の国々でその真価が最も発揮されたと論じている（Ward 2000）。また、二十世紀後半の西洋では、場所のマネジメントや開発事業が視野の狭い新自由主義によって翻弄され、多国籍資本主義企業が推進する世界戦略という文脈において、その場所の経済競争力のみが推進されるようになったと分析する研究者もいる。その結果、広い意味での福祉国家から、「起業家」国家への転換が起こった（3章参照）。このように、計画的志向を持つ場所のガバナンスは常に、社会、政治、経済の力関係の中で最も優位な力によってかたちづくられることがわかる。構造ダイナミクスの社会理論では、場所の意図的な開発やマネジメントのような行為は本質的に、優位な力の「産物」であると考えられている（2章参照）。

しかしながら、これまでの章で語られてきた事例が示すものはもっと豊かな状況である。それは、より大きなテーマを継続的に考え、集団的行動の焦点を変えていく試行錯誤の過程である。この様子は、グローバル経済の拠点として目前に国際空港を控える自治体ハーレマーメールに顕著に現れていた。バンクーバーやポートランドでは、一九六〇年代に巨大な公共事業に関心の強い政治家／民間企業らエリート集団との戦いがあった。バンクーバーでは、拡大する市街地に取り囲まれるようになった住環境を守るために注がれていた富裕層住民らによる運動の力をうまく方向付けた。ベスターズ・キャンプでは、最貧困層の人々が声を上げ、自らの環境を改善するための機会をつくりだすことに努力が注がれた。そこでは単に人種差別の歴史だけでなく、それを克服するために生まれた部族内の軍閥政治が引き起こした生き辛い環境があった。もちろん、文脈や批判的社会理論に関する一般化は構造のダイナミクスを理解し、具体的にどのような状況を観察すべきかを教えてくれるという意味で価値ある考え方であるが、具体の文脈が有する政治制度的なダイナミクスを詳細に分析する方法論にはなりえない。厳密に固定化した「文脈」は存在しないからだ。しかし、こうした分析を通じて、場所の質の改善を目指すような既存のガバナンスの実践の中にも既存の行動パターンの隙間を見いだしやすくはなる。そして、こうした隙間は計画事業が有する目的を前進させる大小様々な機会をもたらすと共に、視野の狭い目的やその推進力によって捕われた状況を救うことにもなる。バルセロナで見られたような、新たな政治体制が立ち上がるような大きな空白地帯が生じるのは非常にまれな例ではある。しかし、これは小さな制度上の隙間を広げていくような努力は無意味だということではない。変化を起こしうる行為は、新しい未来を実現する不断の努力——大きなものも小さなものも共に——を必要とするのである。

二十世紀の大半、西洋での課題は場所と人々の生活の質への関心を高め、維持すること、また、見境のない資本主義の氾濫に乗じた力に対抗すること、肥大化した政府がつくりだした利己的行政体制への抵抗であった。この試行錯誤を経て、自己主張できる政治的コミュニティがより大きな声を上げるようになってきている。そのようなコミュニティは、場所の質や場所の政治への関心がより重要になるような環境づくりに貢献してきた。豊かさや機会は不条理になりすぎない程度で拡散すべきであり、開発は現在そして未来の環境要件を極端に傷つけないように行うべきという考えが賛同されつつある。二〇〇〇年代後半の金融危機では、経済市場は集団的行動によって構造化されているという理解を深めつつも、足枷のない資本主義起業家の行動は、集団的大惨事を招きうることを露呈した。二十世紀中頃の市場至上主義者も、市場の動きには制度的な基本ルール、例えば不可侵の不動産特権や紛争解決の法制度、が必要であると訴えていた（Hayek 1944）。不動産開発者はバブルとその崩壊を起こしうる市場の不確定さや不安定さを低減しようと、計画戦略や開発規制をあてにする。物理的な都市開発が民間投資に依存する場合であっても、長期的な視点に立った場所の住みよさ、持続可能性の達成に寄与することを条件とするといった基本ルールをつくるなど、緻密に考えられた空間戦略や開発マネジメントの実践を通じて不動産市場の動向は方向付けしうる。金融政策が今、製造業、貿易や消費行為に必要だった資金の最流動化に向かっているように、計画プロジェクトも、より広い公共の目的を達成しうるような土地および不動産市場をいかに構成すべきかを考え社会に提示すべきである。このような取り組み自体が公共圏の資源となる。バンクーバーの事例が示すように、公共セクターがすべての役割を担うということではない。開発業者であっても、より広い目的を持った文脈の中で個々のプロジェクトや見通しを組み立てるという風土をつくりだすということである。計画的志向を持った場所のガバナンス、計画システムの手法や実践は土地および不動産開発市場を規制し、かたちづくる中で重要な役割を持つのである。

このような計画プロジェクトを遂行するチャンスは、それゆえ社会的構造のみによって規定されるものではない。その行為そのものが構造を能動的に変革していくのである。バンクーバー、ポートランド、アムステルダムに見られたように、時間を経て場所に立ち現れる実践は、その構造の変化として帰結する。人々が行動することによって、構造のダイナミクスは異なる未来へと呼び覚まされることになる。このことは、ややこしい現実の政治制度を無視した幻想の世界に浸る理想家の夢想ではない［1］。計画プロジェクトこそ、有効な力としてこうした複雑なプロセスに介入するのである。一九七〇年代の都市部で起こった社会運動のかたちがそうである。また、サウス・タインサイドの自治体職員が明確な意図を持って行動したことや、ベスターズ・キャンプのコミュニティ開発支援者が、あらゆる外圧のもとで、生活と場所の質に注力したこともそうである。バーミンガムの舞台裏では、市役所の中間管理職の職員と開発業者の努力によって、不動産市場の崩壊の危機があったにもかかわらず、開発の推進力を維持しその結果ブリンドレイプレイスの公共空間の質を維持することに成功したのである。

千年という時間をかけて、時の為政者や集団が都市の物理的な景観に変化をもたらしてきた。そこには新たな体制の価値を示し、地政学的な覇権を知らしめる意図があった。このような人々の意志と行為は新しい物理的景観として立ち現れ、その残像を今も私たちは見ている。このような事象は現代においても続いている。特に急激に都市化している新興国である中国の上海、アラブ首長国連合のドバイなどがその一例である。しかし、二十世紀の終わりに登場してきた計画プロジェクトは、こうした事象とは異なる趣がある。それは、日常やごく普通の人々の経験に寄り添い、人々が抱く日々の暮らしへの期待が少しでも達成されるようにすることを目指している。これは、一般市民の関心に責任ある回答ができることが政治的コミュニティの健全さの尺度になってきたという、政治的民度が成熟してきたことのあらわれといえよう。しかし、コミュニティ全体への公平性だけが考慮すべき点ではない。あるコミュニティに属する人々が他の地域、そしてより大きな地球環境の健全性にもたらす影響や責任も考慮しなくてはならない。このテーマは日常の生活空間と地球という環境全体の両方に当てはめられるべきなのである。今日、人間の行為の繰り返しによって、私たち自身の生活あるいは環境との関係を規定する諸条件を破壊する可能性があることに気がついている。そのため、二十世紀の終わりには壮大な物語性のあるもの、大掛かりなプロジェクトや野心的な言論への懐疑心を抱く人たちが多くなった。その一方で、政治的な要求はディテール、居住区レベルでの生活の質、複雑化する都市構造の中にあってもアクセスのしやすさを確保することへの関心が徐々に高まりを見せてきた。都市生活やガバナンスの過程に次第に明るくなってきた市民は今、どうすれば彼らの行動がより有効に作用するか、何を誰に対してどこで提供すれば良いのか、知りたがっているのである。今日、計画プロジェクトが応えるべきは、このような市民の関心をより広げ、その実現をあらゆる状況、場所の中で後押しし、より暮らしやすく持続可能な条件を高めることである。

意志ある人々の行為が変化を起こす

場所の質を改変すること、その変化を引き出す能力を高めていくには、多くの人々による積極的な関与が必須となる。社会理論家の多くが言うように、人々の思考と行動はより大きな力によって規定される一方で、その力も人々の思考と行動の帰結として常に変化する。この構造と行為者（エージェンシー）の相互作用（2章参照）が見えにくいのは、私たちが今経験している力（構造）をかたちづくった人々は時間、空間的に私たちとは遠いところに存在するからである。しかし、一九七〇年代、八〇年代にアムステルダムやポートランドで空間戦略をつくりあげた計画チームは、これらの都市での場所のマネジメントや開発が今なお継続し続けうるような政治的風土の醸成を促した。バンクーバーでは、市民、政治家、そして都市計画プランナーが協働し、市の重要な構造的要素であると感じられる開発文化と政治的コミュニティをつくりだしてきた。より大きな政治的コミュニティに何らかの影響を及ぼすことが難しいような状況にあっても、ベスターズ・キャンプ／INKのコミュニティ支援者は透明性が高く信頼できるガバナンスの仕組みをつくることに尽力してきた。それは、極貧の環境に置かれた人々が住む環境を改善する機会を与えるような仕組みであった。その結果、彼らの仕事はプロジェクトに対する願望や期待に繋がる小さな火種をつけることに成功したのである。

本書の中で見えてきたのは、計画プロジェクトを進めるにあたっては、その推進者の行動力、知識、技術そして何よりも献身的な態度が鍵となるということである。プロジェクトを進めるにあたって文脈的には非常に好ましくない状況、例えば政治的に視野の狭い状態や、中央集権化された制度や中央政府による介入があり、地元での活動が不自由である場合、あるいは公的な行政機構が利己的な汚職にまみれたエリートに牛耳られているような場合には、プロジェクトに関わり続けることは非常に難しい。英国のような国では、明らかに計画の伝統が強い。しかしながら、基礎自治体のいわゆる計画機能は一九八〇年代、九〇年代に狭められた結果、質よりスピードといった安易な指標で評価が決まる目標設定のレジームのもと、土地利用規制を通じた関与しかできなくなっており、「世界をよりよい場所につくり変える」と息巻いていた人々も、厳しい評価軸に従って仕事をせねばならず、その結果、士気の低下が否めない。同じポストに残っていた人々は、二〇〇〇年代中頃に起こった「仕事の風土を変えよ」という批判に突き上げられることになる[2]。プロジェクトに対する積極的な態度、それ自体はこれまで述べてきた通り計画プロジェクトの価値になりうるものであるが、一旦退行を経験してしまうと維持することは難しい。

　そのような状況はあるにせよ、二〇〇〇年代中頃に英国の中央政府レベルでの計画システムに対する改革は、計画プロジェクトにとっては制度的な発展を誘引しており、計画に対する比重の置き方、関わり方に変化が起こりつつある。これは、政治的情勢がより場所における生活の質への関心、公共圏の質への関心、環境のダイナミクスとその帰結へと向かってきていることと無関係ではない。二〇〇〇年代の終わりには厳しい経済危機を経験はしたが、こうした関心が減退することはなさそうだ。多くの圧力団体が今、積極的に場所の質の向上が果たす役割に着目し、社会福祉や環境の持続可能性を高めようと行動している。彼らの考え方は、政党のアジェンダの中にも積極的に取り込まれている。都市計画プランナーら専門家も計画プロジェクトの価値をそれぞれの解釈で精力的に推進しようとしている。このような文脈においては、個人の行動力、技術や覚悟が計画プロジェクトの価値を展開しうる範囲や推進力を拡大し、帝国主義時代から受け継いだ国家システムを形成し直そうと模索する人々との合流もありうるだろう。このように、場所の質に対する関心の大きな高まりを後押しするきっかけは、英国では二〇〇〇年代に起こっているのである。二〇一〇年代の課題は、経済後退の局面と公的財政が逼迫する中で、いかにこのチャンスを矮小化させないかにあるといえる。

　現代、そして未来を生きる多くの人々のより暮らしやすい環境、その持続性を保障するような知的かつ公平で透明性の高い場所のマネジメントや開発は、多くの個人的活動を単に足し合わせた結果ではない。また、秀でた都市計画プランナーのビジョンの結果だけでもない。一人の人間が、広範な専門性すべてを行使するには限界がある。計画的志向を持つ場所のガバナンスは常にチーム力が必要である。計画規制の現場でも計画担当者は多くの関係者間の調整なしには仕事は成り立たない。個人の行動力、技術、献身さは協働するチームの質、実施過程でのコミュニティの間に培われる文化によって発展（あるいは減退）するものである。5章で取り上げたサウス・タインサイドの事例のように、チームのリーダーやマネージャーには、グループの士気を維持するにあたって、メンバー個人の行動力や想像力を引き出すだけでなく、グループの相互作用を増幅させるよう、重要な責任がある。6章の事例が示しているのは、巨大開発事業を遂行するために組織の内外の人々の間で交わされた莫大なエネルギーである。それゆえ、計画領域において行為者の力が発せされるとすれば、それは個人がグループの中で協働する際、グループの行為として発現された時なのである。

このような作業に関わる人々は、都市計画の専門家として訓練を受けた人とは限らない。先に述べたように、プランナーとしての教育を受けた者であってもプロジェクトの流れから逸脱することもあれば、使命を見失うこともあるからである。場所の質や公共圏を大切にし、暮らしやすさや持続可能性を目指す人々の行動力、知識、技術やコミットメントは政治的コミュニティの中で伝播する。活動家グループや主要な関係者の中には、そういった気概を持った個人が必ずいるものだ。公共セクターの中や、非公式ネットワーク、あるいは政府、民間企業、市民セクターを横に繋ぐ連合帯の中にもいるだろう。多様な場所に分散して活動する彼らを繋ぎとめているのは、つまり計画プロジェクトの実現手段を模索することに対する関心の高さは、自己の評価を高める以上の何かを求める態度にあるようだ。ある人にとって重要なのは、社会や特定の自治体、場所、あるいは公共サービス一般に寄与するような広域なプロジェクトへのコミットメントである。また、ある人によっては、良質の仕事をすること、あるいは自己満足を与えるような職人技を発揮することかもしれない。いずれにせよ、そのようなコミットメントがあり、他者と共同して行動することに自然と引き寄せられるタイプの人々が、将来にわたって多くの人にとってよい場所の質をつくりだすことができる。

計画的志向を持った場所のガバナンスの実践を通じて登場するそのような行為者は、ある特定の組織や法制度、例えば都市計画局や具体的な計画システムの過程によって定義されるものではない。むしろ、ガバナンスの実践そのものは人々の行為の結果なのである。つまり、個人の理想やコミットメント、主体性といったものは、作業風土に影響し、またそこから影響を受けながら、そして様々な状況で他者と協働する経験を通じてかたちづくられるのである。今日では、中心的な立場にある人間は、行政内部の多数の部署間、また行政組織とそれ以外の社会、住民や圧力団体、企業団体、開発業者、非営利団体などの「あいだ」で働くことが多い。これらの独立した組織が探し求めているのは、「間組織的」な制度的空間であり、それをつくりだすことでそれぞれの組織が有するエネルギーが還流するのである。

こうした協働の場であっても常に危険はつきまとう。その場に参画するメンバーが何をどうなすべきかを判断する際、内向きになりがちだということである。これは行政内だけでなく、活動家やボランティアグループにもあてはまる。そこで、より広域な政治的コミュニティの風土が重要となるのである。継続して批判的な目を光らせておくことで、内向的になる傾向を軽減することはできる。新たなグループが、現在、場所のガバナンスを担っている旧グループに対して異議を申し立てるのは市民活動の伝統的なかたちだ。ポートランドやバンクーバーでもこのような動きが見られた。批判的な学術研究、調査に基づいた報道、成果に対する公式調査の依頼なども、場所のガバナンスや開発事業がいかに実施されているかを検証する重要な役割を果たす。更には、別の選択肢を提示すること、例えば夢物語を語ること、様々な方法で未来のシナリオを描くことも良いだろう。活発に批判的社会活動を進める政治的コミュニティは、時として不快感をもたらすことがあるにしても、計画プロジェクトを推し進める者にとって価値のある資源である。

しかし、変化をもたらす代替案もなく、計画事業のデリケートなバランスや構成の難しさを理解することなく、批判するだけの行為はこれまでに培ってきた思考や行動のあり方を傷つけてしまうだろう。それによって亀裂が深まり、別の可能性をつくりだすかもしれない。そうした批判は、亀裂を乗り越え新たな目標や実践を進めようとする人にとって、有益な資源とはならない。8章で述べたように、広く政治的コミュニティが批判するだけでなく、場所のガバナンスを促すものへの理解と敬意を育むことだけが、将来のための真の公共資源となる。

計画プロジェクトとその使命

二十世紀、都市化が進み、市民がますます生活の質や機会の充実を所望するようになってきている社会で、計画プロジェクトは政治的課題を表明しながら進化してきた。一世紀前の西洋世界、また発展途上国の多くでは今なお、基本的な食料、住居、治安の供給が大きな課題である。今日、ますます多くの人々が都市環境に暮らしながら飢餓状態を脱しつつある状況では、日々の生活環境に対する要求がより高くなる。そこでは、私たち世代だけでなく、子ども世代にとっての将来の可能性が模索されはじめている。場所の開発やマネジメントの実践はこうした時勢のもと、ニーズの拡大を理解し、行き過ぎた資本主義の蔓延を抑制し、期待や社会文化的価値観の異なる人々が共生しうるルールづくりに関わってきた。計画プロジェクトを推進する人々はその実践に寄与するような技術や知識を蓄積してきた。それは場所と人々の生活の質を無視するような外圧に抵抗しようと言う倫理的責務から来るものでもある。

二十一世紀は、自然環境が引き起こす惨事を減らしながら、都市生活の問題が政治的主題となってくるような、人類発展の時代になるといえそうだ。長い都市化の歴史がある成熟社会では、都市部は生活スタイルや技術、経済の関係が変化するため、継続的な制度の再設計やメンテナンスが必要となる。発展途上国では、急激に生みだされた巨大な都市コンプレックスをより住みやすく持続可能なものにするための膨大な量のなすべき課題が存在する。どちらも、市民の要求は高く、以前に比べて広い知識を持つようになる。誰が何を得るかを左右するのは、ガバナンスの力にかかっている。場所のマネジメントや開発に関わるガバナンスの実践を立ち上げ、維持していく際に、そのやり方が信頼を基礎にした透明性の高いものであるか、また、公益に資するものであるかが問われなくてはならない。これは、世界中の政治的コミュニティのガバナンス能力を計る厳しいテストとなろう。

本書が光を当ててきた計画プロジェクトは、それゆえ、新世紀の世界では捨て去られるべき二十世紀の現象と見なすべきではない。計画プロジェクトの知識を用いて場所のガバナンスを実践することは、次第に価値を見いだされ、求められることになるだろう。しかしながら、そのようなプロジェクトを実現することは容易なことではない。そこには知識、技術、そしてコミットメントが求められる。二十世紀にはそう思われてきたような、単純によい計画や技術者集団を提供すればよいわけではない（Ward 2002）。政治家、行政職員、様々な分野の専門家、空間の質に関与する利害関係者すべてに、場所の質の重要性が認められなくてはならない。また、場所の質は関心の一面であり、人々が住まい、移動し、価値付けする住環境に影響を及ぼす、あらゆる側面の相互関係を発見し統合することの重要性を十分理解しなくてはならない。また、ガバナンスが最もよく作用するのは、それが支配する者と支配される者という一方通行に陥らない時であることを理解しなくてはならない。より、知恵のある方法論、具体の事例への感度を高くすること、どのように運営されるかというディテールと、全体のデザインの両方において市民とガバナンスによる関与が建設的な相互作用をもたらすことが求められる。複雑であるが挑戦しがいのある都市環境において、持続可能なやり方で人類が発展するには、その価値を唱える責任ある立場にある者だけが関与していては計画プロジェクトは実現できない。プロジェクトの目指す方向が広い政治的コミュニティに支持され、共有されることが必要である。それがないと、場所のガバナンスは支配的な勢力や既存エリートらに簡単に占拠されることになる。ただ、広く社会が支持するといっても、ある特定の安定したコンセンサスを得る必要は全くない。唯一必要なことは、場所とその質への関心である。それ以上のことについては、政治的コミュニティ内における議論、経過観察、批判があってしかるべきであり、それこそが場所のガバナンスの実践を継続していくことを保障するだろう。

この計画プロジェクトは二十世紀を通じて発展してきたものである。それは場所の運命を突き詰めていくような作業ではない。それは、日々共存していることを確かめるために人々が場所に関与するための杭を打ち付け、状況や文脈、物質的なダイナミクス、暮らし方や場所の質に関する価値にありとあらゆる変化を促し、それを乗り越えるための方法を導きだす作業である。計画的志向を持つ場所のガバナンスは、場所の未来に影響を及ぼす様々な力について十分に知る必要があり、将来の代替案やインパクト評価によっても刺激を受ける。時には状況分析や問題、課題、矛盾を切り離して考えること、何が関与しているのか、因果関係に関与する仮説を突き止めることも重要になるだろう。しかし、より重要なのは、場所とその質が浮かび上がってくる中で、いかに異なる問題や価値が相互連関しているかを利害関係者に考えさせることである。それは、創造的な推論といってよい。計画的志向性に触発された場所のガバナンスは分析力に加えて創造的な作業を必要とする。それはディテールの多様性に真価を認めつつ、場所にまつわる包括的な視座を見いだすことである。事実や議論を戦わせる中で見いだされた判断、そしてその結果が分からなくとも選択しなければならないという覚悟を必要とする。そこには、当然リスクを負う覚悟がいる。場所と人々の生活の質に関心を寄せること、開かれた方法でその質を高める方法論、現在と将来の人々に思いを馳せることには価値があるという考えを信じられるかどうかにかかっている。

そのような計画プロジェクトは、人々の生活の物理的な状態を改善する可能性を秘めており、人間の行為が自然環境に及ぼす悪影響を低減することにも寄与する。加えて、政治的コミュニティが場所を考え、どう自分たちと繋がっているかを考察することを促す可能性がある。この変化は、社会文化的なダイナミクス、経済上の選択肢、地域およびグローバルな環境の持続可能性、政治的コミュニティの姿勢や実践に、より大きな影響を持つようになるだろう。こうしたインパクトは気づかれにくいか、あるいは達成されることもなく置き去りにされる傾向にあるが、これは場所の開発やマネジメントの実践の中で模索しなくともよい、というわけではない。常にチャンスがあることを肝に銘じておこう。隙間に風穴を通すだけでもよい。基盤をつくりそこからのちのち想像もしなかった可能性が生まれることもある。計画プロジェクトはそれゆえ、政治的プロジェクトである。もちろん政治的ゲームという意味ではなく、都市化された社会で集合的な暮らしを積極的に創造しようとする意味で政治的な行為である。どのようなプロジェクトであっても、自然発生的に起こることはまずない。常に何かしらの意志が働き、立ち上がるのだ。本書を通じて伝えたかったことは、あらゆる状況や文脈において、計画プロジェクトを進める際に原動力となるもの、つまり場所の質を問うことである。それによって、環境の持続可能性と人間の発展に貢献する方法が見いだされることを期待して。

理解をより深めるための参考文献

- 現代の都市環境においてよりよい場所をつくるための議論として、他にも以下のような参考研究がある。

Amin, A., Massey, D. and Thrift, N. (2000) *Cities for the Many not the Few*, Policy Press, Bristol.

Amin, A. (2006) The good city, *Urban Studies*, 43, 1009–23.

Fainstein, S. (2005) Cities and diversity: Should we plan for it? Can we plan for it? *Urban Affairs Review*, 41, 3–19.

Friedmann, J. (2002) *The Prospect of Cities*, University of Minnesota Press, Minneapolis.

Sandercock, L. (2003) *Mongrel Cities: Cosmopolis 11*, Continuum, London.

註 | Notes

原註

はじめに

［1］「前向き（positive）」というのは「否定的（negative）」な態度の逆として使っている。哲学でいう「（positivism）実証主義」とは異なる。

［2］社会科学の分野におけるケーススタディの役割についての議論は、Flyvbjerg 2001を参照。また「深い描写（thick description）」についてはYanow and Schwartz-Shea 2006を参照。

1章

［1］二〇〇七年一月に五話のドキュメンタリー番組としてBBCで放送された“A Very English Village”から話題を抽出した。本番組のディレクターは、ディッチリング在住のプロデューサーのルーク・ホランド氏。

［2］第二次世界大戦時に有名になった英国人歌手。

［3］英国の計画システムでは、開発申請者だけがその結果に対する再検討の請求権を持つ。「第三者」が介入できないこの仕組みに多くの団体（特に環境保護団体など）が不利益を被ると感じている（Ellis 2002参照）。

［4］米国での公式な「貧困」の定義に属する指標。

［5］‘well-being’（満足）ではなく‘human flourishing’（人間としての幸福）という単語を用いるのは、私たち人間は単に基本的なニーズが満たされるだけで充実感を得られるわけではないことを強調したかったからである。英語の‘flourishing’はギリシャ語のeudaimonia〔向上心や目的意識を持って生きている自分に生きがいを感じている時の幸せの意〕を訳したものである。Nussabaum 2001:31, fn23参照。

［6］こうした分析結果は、米国の都市部を中心とした政治状況にも見られる。Fainstein and Fainstein 1986, Logan and Molotch 1987を参照。

［7］www.UN-Habitat.org参照。Regional Overview of the Status of Urban Planning and Planning Practice in Anglophone (Sub-Saharan) African Countries。この報告書は、UN-Habitat 2009の背景となる文書である。

2章

［1］*Wonen in Amsterdam 2007: Leefbaarheid* 参照。アムステルダム

市のＨＰ（www.iamsterdam.com）から検索できる。

［2］この住宅地のデザイナーはファン・エーステレン自身ではなく、彼の同僚のマルダー氏。彼は一般的な家族世帯にとって暮らしやすい環境を求めて、より細やかな配慮をデザインに反映している。

［3］こうした配置はその後の変化にも対応しうる。例えば、「緑地」の一部は後に集合住宅が建設され、複合商業施設は新たな買い物のパターンや空間利用を生み出した。

［4］計画の原則に関わるものではないが、もう一つ重要な点として、最初の居住者が入居した際に設けた政策があげられる。この住宅地の賃料や分譲価格は周辺の地域と比較すると若干高めに設定されていた。後に周辺地域の経済状況が悪化した際も、この住宅地に住む人々は経済的な余裕が多少あったため、貧困がもたらす社会的問題が顕在する事も少なかったと見られる。

［5］こうした議論にも大きく二つの考え方がある。一つは、この世界は人間の経験を超越した自然法と言うべき超越的原理があり、この原理こそが人間の振る舞いを導くと考える立場がある〔カント哲学など〕。もう一方は、人間がもちうる原理とは、特定の時間と場所の中での経験を通じて選び取った理念そのものだと考える立場がある〔プラグマティズムなど〕。前者の立場に立てば、自ずと哲学や自然法といった人間の経験の外に関心が向けられる。後者の立場に立てば、その関心は自ずと歴史や他者が住む社会の経験に関心が向けられ、その差異や進化する「文化的世界像」は現在という時空において共存すると考える。この場合も、その二重性を克服しようと努力はなされる。私の考え方は、後者の立場に共鳴する。

［6］計画領域におけるこうした議論には、Young (1990), Castells (1997)の研究が強い影響を与えている。

［7］都市計画であつかう「space/spatiality」や「place/place quality」〔日本語訳として「空間・場所／場所性」をあてている〕という言葉は慎重に用いる必要がある。地理用語の「space」「territory」など、学問領域によって言葉の使い方には独自の伝統があり、その定義に関しても差異があるからだ。私は「spatiality」という言葉を、物事や関係が発生する「whereness〔位置あるいは場所〕」、また、その物事や関係そのものが結びつき共時的に発生したことによる結果という意味で使っている。詳しくは、Madanipour 2003, Healey 2004b, Massey 2005, Castells 1996を参照。

［8］著者あてに送られたテキストを編集した〔二〇〇八年八月一五日付〕。

3章

［1］もちろん権力にも様々な状況があった。十七世紀のイングランドでは議会が既に国王以上の権力を持つようになっていた。とはいえ、一六六六年のロンドン大火を受けてロンドンを復興さ

せる際、クリストファー・レンによる都市デザイン案を実施する権力は国王にも議会にもなかった。結果として、ロンドンの復興は土地や不動産所有者らによってそれぞれの場所で立て直しが行われた。それとは対照的に、十九世紀中頃のパリでは、ジョルジュ＝ウジェーヌ・オスマン男爵の助言を受けた君主や国家政府が巨体再開発を実施することが可能であり、不動産所有者や賃貸人らに立ち退きを要請した上で、今日のパリ市街の骨格となる大通りをつくりあげた。詳しくはHarvey 1989, Porter 2000, Madanipour 2007を参照。

[2] 公的政府の領域は「国家（state）」を意味することもある。政府と国家という用語の使い分けは学派によって異なる。本書では、「国家」を市民権を保障する母体となる組織化された政治形態という意味で使用している。それは国民国家の形態や、連邦制のリージョン（州）を意味する。

[3] 計画領域におけるこうした動きはPennington 2002を参照。国家理論の一つ、レギュレーション理論では「（経済的）蓄積のモード」に変化をもたらすには「規制のモード」が必要、つまりいかに統治するかが重要になると考える（Harvey 1989）。ボブ・ジェソップはこの考えを発展させ、社会民主主義的な「福祉（welfare）」国家から、新自由主義的な「労働市場による（work-fare）福祉」制度への政策転換を唱えている（Jessop 1995）。新自由主義の開発戦略についての議論は、Leitner et al. 2007を参照。

[4] Abers 1998, Petersen 2008, Crot 2009を参照。Baiocchi 2003はより批判的な議論を展開している。

[5] これは「メンタリティ」と呼ばれるものである。フーコーはこの概念を政府組織に応用し「ガバメンタリティ（governmentality）」という造語を使用している（Dean 1999）。

[6] Briggsの概念は政策科学の研究者Clarence Stone（2005）から着想を得ている。本書では、こうした概念にガバナンスの文化（governance culture）、制度的能力（institutional capacity）という用語をあてている。こうしたガバナンスの文化の概念はパットナム（Putnam 1993）の社会関係資本に近い現象を捉えているが、より広範囲で複雑な状況を取り扱う。

[7] 舞台、劇場、表／裏舞台といった比喩は政策分析学の領域で多用されている（Majone 1987, Hajer 1995）。

[8] 異なる政治ゲームのルールを分析した研究はFlyvbjerg 1998, Watson 2003を参照。

[9] こうした法規制は特定の方法による開発に許可を与えるだけではなかった。例えばドイツでは、不動産価値を査定する際の基準にもなった。詳しくはSutcliffe 1981, Davies et al. 1989参照。

[10] 「利益誘導型」のガバナンスに特徴づけられる政治形態は、都市計画の実践には厄介な状況となることもある。二十世紀後半のイタリアがその典型といえる。

[11] 都市計画領域とガバナンスのかたちについての議論は、Forester

1999, Rydin 2003, Healey 2006, Innes and Booher 2010を参照。

[12] 具体的な事例についてはCrot 2009参照。

[13] その理由は多数考えられる。中央政府レベルでの機能負担増による制度疲労、非政府団体が担う役割の強化、民主主義の強化を目的とした市民による直接参加の需要など。脱中央集権化の動きの中心的な柱は、地域が主体的に管理する場所の開発のあり方を模索することにある。その主要なアリーナは基礎自治体や、広域都市圏といった領域である。

[14] ガバナンスの制度設計の難しさについては、Graham and Marvin 2001を参照。

[15] 構造と行為者（エージェンシー）間の関係性については社会学に多くの研究がある（Seidman 1998参照）。都市計画および土地利用政策との関連についてはHealey 1998を参照。

[16] 「チャンスの時」という概念は、社会運動に関する文献からの引用（Tarrow 1994参照）。

[17] 二十一世紀の地政学的な複雑性を十分反映しているわけではないが、ここでは国連ハビタット（UN-Habitat 2009）が採用する用語（新興国、先進国）を使用している。

[18] 主要な事例は既存の報告や評価を基礎に、可能なかぎり著者自身の独自調査を踏まえて考察している。また、著者の見解に誤解がないか、その評価についても「地元」専門家に意見を求めた。事例の出典は各箇所に記載する。

4章

[1] Punter 2003を主な参照資料として、Sndercock 2005、Attili and Sandercock 2007、Grant 2009、ブリティッシュ・コロンビア大学でのバンクーバ市都市計画局長ラリー・ビーズリの講演、元同都市計画局担当官ネィサン・エーデルソンによる地区案内（二〇〇九年六月七日）から情報を提供してもらった。また、アンドレ・ソーレンセンにも内容の確認を依頼した。

[2] 場所のガバナンスのツールの一つとなるゾーニング規制については、表3.1を参照。

[3] 主な参照資料は、Sorensen and Funck 2007, Hirayama 2000, Sorensen 2002, Ishida 2007, 神戸市役所（www.city.kobe.jp）。また、村上佳代、笠真希、Carolyn Funck、André Sorensen、渡辺俊一、各氏に意見を求めた。UN-Habitat 2009にも報告書を掲載しているので参照のこと。

[4] 「まちづくり」という用語に関する定義は日本国内でも定まっていないが、英訳として最もふさわしいと考えるのはcommunity makingと考える（Sorensen and Funck 2007参照）。

[5] 公営住宅（social housing）とは低所得者向けの賃貸住宅を意味する。

[6] 用途地域は住宅地、商業地、工業地に区分される。これらの混在も実際には許容されている。

[7]「地区計画」導入に先立って、日本では区画整理や再開発事業といった都市開発手法が実践されてきた。こうした仕組みでは、土地や不動産所有者の合意が必要となる。また、都市計画や都市マネジメントの領域での市民参加が強く求められるようになった背景には、一九七〇年代の市民運動があった（Sorensen 2002）。

[8]最下位に位置づけられる自治組織として町会などの近隣住民組織があり、国レベルの政策を末端の国民に伝達し、事業に動員させる役割を果たしている。世帯主（主に男性）によって構成される町会は、ほぼ都市部全域をカバーするように組織された。

[9]一九八〇年代終わりの不動産投資市場の崩壊以降、日本経済は十年以上に渡る停滞を続けている。

[10]ゾーニング条例は、都市の無秩序な拡大をコントロールする手段としてヨーロッパや米国で導入されて以降、世界中に広がってきた。ゾーニングの手法は特定の開発が予定される限定された地区にのみかけられることも多いが、その多くは地域全体を網羅する総合計画の中に盛り込まれている（イタリア、スペイン、ブラジルなど）。発展途上国ではゾーニング条例そのものが「マスタープラン」と呼ばれることも多い。

5章

[1]英国では基礎自治体はlocal authority（地方当局）と呼ばれる。イングランド、ウェールズ、スコットランド（将来的には北アイルランド）の都市計画システムでは、基礎自治体に「地方計画局（local planning authority）」が置かれる。単独の都市計画局を置く自治体もあれば、より大きな局の一部署として存在することもある。

[2]南アフリカ、ケープタウンの事例はBriggs 2008を参照。事例の内容については、担当者とEメールを通じて意見交換した。

[3]参照資料として、サウス・タインサイド市役所の公的文書、特にLocal Development Framework（June 2007）およびAnnual Review of the Area Planning Group for April 2006-March 2007（www.southtyneside.gov.uk）を取り上げた。また、行政職員との意見交換に加え、二十年以上に渡る英国都市計画システムとその実践に関する私の知識がもとになっている。Booth 1996、Kitchen 1997も参照。

[4]縦割り行政を揶揄して、窓が無く周りが見えない「サイロ」（穀物やガスを貯蔵するための塔状建築物）とよぶことがある。英国においても、国レベル、地方自治体レベルの行政内において部署間の連携がとれていないことが多い。

[5]「サービス受益者」という用語は一九八〇年代に登場した。当時、公的セクターにも民間企業的な思考が求められるようになったことが背景にある。それ以前には、市民あるいは住民という用語が用いられていた。

[6]STMDC Annual Report 2006/7参照。

[7]イングランドでは、一般選挙で選ばれた市長が行政をまとめる

ケースは少ない。主導役を担うのは議会リーダー（与党のトップ）であり市長は儀式的役割を担う名誉職である。

[8] STUDC Annual Report 2006/7参照。数字はその年のものである。

[9] 英国では、建物のわずかな変更であっても、建築資材やデザインに詳しい「代理人」を通じて開発許可申請の提出が求められる。それゆえ、この代理人（個人事務所から大規模な国際コンサルタントまで）は都市計画システムにおいては極めて重要な主体になる。

[10] 全国的には開発申請許可の「スピード」以上に「質」に関する議論が盛んに行われたことも記しておく。Cullingworth and Nadin 2001、Rydin 2003参照。

[11] 参照資料は、van Horen 2000、www.durban.gov.za、eThekwini Municipality Integrated Development Plan July 2006、Community Participation Policy Statement June 2006。加えて、Crolyn Keer, Theresa SubbanおよびMike Brerley（eThekwini自治体）、Phil Martin, Adrian Masson, Alison Todes, Nancy Odendaalら各氏とのEメールでの意見交換から情報を得た。

[12] 人々に恐怖と暴力を与えることで権力を維持しようとする政治的集団として「軍閥（warlords）」という用語を用いている。

[13] このプロジェクトに参加し、後に研究対象として関わることになったvan Horenによると、一九九〇年代の南アフリカの民主化運動の初動期、この地区ではインカタ自由党、ズールー族による運動、国民党の間で覇権争いがあったという。

[14] Roy（2005）の研究では、多くの国では法的規制を導入することで不法占拠地区にも公の土地・不動産市場をつくろうとする動きが慈善団体によって広まったが、貧困や治安の悪さが根強い地区では良好な不動産市場が生まれることは極めて困難という。

[15] 非公式なプロセスに寛容になることに加えて、資源が不足する地域（世界中のあらゆる貧困地域）では、少ない額であっても現金の流動性を高めることは非常に重要である。今日の食料確保が最優先される人々に助成金の支払いを待つ余裕はない。しかし、助成金があることで、開発目的で使用されるべき資金が、それ以外の様々な目的に流用される恐れも発生する。

[16] Phil Martinからの情報提供による（二〇一一年一一月七日付Eメール）。

[17] この時点で、南アフリカ政府の住宅政策では、居住地サービス事業では三十平米の住宅を提供すべきだと明記されていた。

[18] ダーバン市の総合開発計画（Integrated Development Plan）（July 2006）のp.9を参照。

[19] この見解は広く共有されている（Roy 2005参照）。しかし、こうした不安定さこそが、新しいガバナンスのかたちを将来的に生みだす政治的なエネルギーとなると考察する者もいる（Pieterse 2006）。

6章

［1］「ジェントリフィケーション（高級化）」という概念は、ある地区における改良事業が進んだ結果、低所得者が多く暮らす住宅地区にも富裕層が流入する過程を意味する。「gentry」とは古いことばで社会の中の「中流層」や「中産階級」を指す。

［2］海岸沿いの都市に住む人が皆、どこまでも続く海のイメージを持つわけでない。詳しくはHarvey 1973による都市空間の可能性に関する不平等性についての議論を参照。

［3］各事例は歴史的な見解や技術報告書、また各事業の関係者あるいは研究者からのコメントを参照した。事例の選択は、開発が賞賛され、多くの人がその場を訪れるようになったなど、その事業によって新たな場所性がうみだされたかを判断材料とした。

［4］Frieden and Sagalyn 1999, O'Connor 1993, Altshuler and Luberoff 2003, Keifer 2006, Murray 2006の論文を参照した。またStan Majoorからのコメントを参考にした。

［5］このボストン再開発公社は、過去に比べれば影響力の減退はあったものの、二〇〇〇年代半ばまで存続していた。

［6］対象地区は二万六千三百平米ほどの小さい空間。

［7］しかし、こうした目配りは事業の複雑性もあって高いコストを支払うことになった。特に、清掃および治安維持に関するコストは、郊外型モールのそれに比べて高くなり、テナント賃料に上乗せされることになった。一時は、その支払いに反対するテナント側が裁判所へ訴えを起す事態となったが、最終的には双方の合意を得てうまく納まった。

［8］Busquets 2004, Marshall 2004, Benedito and Carrasco 2007, Font 2007, Majoor 2008の参考文献に加え、Tim Marshall、Stan Majoor、Antonio Font各氏からの追加資料およびコメントを参照した。

［9］バルセロナ市および近隣自治体を含む地域を対象としたPlan Comarcal（一九五三年に策定）。スペインやイタリアで用いられることの多いこの計画案は、市域全体のゾーニングを基本に、土地利用及び建築基準を規定する。しかし、都市拡大の圧力や特別な開発のための「部分計画」の策定などによって形骸化したものとなった（Calavita and Ferrer 2004, Font 2007）。

［10］中心市街地に残された低所得者向け住宅は、二〇〇〇年代に入るとスペイン国外からの移民によって占められる傾向が強くなっており、中心市街地の人口構成に変化が生まれている。

［11］Newton 1976, Loftman and Nevin 1994, Smyth 1994, Newman and Thornley 1996, Latham and Swenarton 1999, Barber 2007の研究論文に加え、Tim Marshall、Geoff Wright各氏のコメントを参照した。

［12］二〇〇一年時点で、バーミンガム市人口の三十パーセントはいわゆる「エスニック・マイノリティー」で、貧困状況で暮らす人も少なくなかった。

[13] 事業予算には、EUおよび英国政府からの補助金に加えて市行政独自の予算が充てられた。

[14] ハイバリー・イニシアティブは、米国の都市、例えばボストンやバルチモアなどで設立されたアーバン・デベロップメント・アクション・チーム(UDATs)をモデルとしている。英国中央政府は当時、米国での実戦に強い関心を寄せていた。Geoff Wrightからのメールによるコメント(二〇〇八年一二月一二日付)。

[15] 一九九〇年代までは、ロンドンを除くイングランドの他都市では中心市街地の昼間人口はかなり減少していた。こうした状況を憂い、コミュニティ計画を推進するグループ「Birmingham for People」は、オフィススペースではなく公共スペースを多く設けることなどを含む混在型の市街地再生を提案していた(Latham and Swenarton 1999)。

[16] アージェントはエジンバラでは小規模の事業を手がけたことがあった。

[17] イベント誘致型の開発事業では、建設材料および労働者調達に急激な需要が生じると共に、竣工後は突然の解雇が生じる。また、期限内に事業が完了しなければ恥をかく事業主体の足下を見て、追加予算を請求するといった事態を招くことも少なくない(Leonardson 2007参照)。

[18] ローズホウのアラン・チャットウィンは、別の企業に移動した後もバーミンガムのメイルボックス事業に参加していた。バルセロナ市役所の都市計画局から独立コンサルタントに転じたオリオル・ボイーガスも、オリンピック関連や市のその他の事業に継続して関わっていた。

7章

[1] 二十世紀後半、ヨーロッパおよび国際的開発組織の間では、補助金を受ける事業に対して「戦略」を策定することが要件とされることが多くなった。事業内容の正当性を判断するためである。しかし、多くの戦略は事業の正当性を明示するに留まり、ひどい場合には投資需要や開発要件に対して標準的な作文で済ませる場合もあった。

[2] ヨーロッパでは、オランダやスイスが該当する。

[3] 一九八〇–九〇年代に主要な戦略的事業の実施や市全体の戦略づくりを通じて、都市再生を促す方法論が多く議論されているので、そちらも参照のこと(Secchi 1986, Healey et al. 1997)。

[4] Faludi and Van der Valk 1994, Fainstein 1997, 2001b, Musterd and Salet 2003, Healey 2007: Chapter 3を参照した。

[5] オランダ名はVROM、あるいはMinisterie van Volkhuisvesting, Ruimtelijke Ordening en Milieu。

[6] オランダでは、その平坦な地形により自転車が公共バスと同様に広く利用されている。自転車専用道の敷設は、すでに二十世紀中頃以降から新たな開発計画の中に盛り込まれている。

[7] アムステルダム市役所は、市内の複数の大学研究者らとの間に批判的かつ建設的なよい関係を有していた(Healey 2008)。

[8] Abbott 2001, Ozawa 2004, Abbott and Marghein 2008を参照。www.portlandonline.com/planningも参照。Carl Abbott、Sy Adler両氏からのコメントも受けた。

[9] アーバニスト、ジェーン・ジェイコブスも賞賛するポートランドは「ニュー・アーバニスト」運動の好例といえる（Duany et al. 2000）。

[10] この境界設定には異論も多く、市民活動家の中には非都市部の土地が多く含まれすぎていると批判する者も多い（Sy Adlerからの二〇〇八年九月二四日付メール）。

[11] オレゴン州が構築した計画システムでは、農村および都市空間は同時に扱われた。これは、一九五〇年代につくられたイングランドの計画システム（グリーンベルトの設定、開発を最小限に抑えること、農村の保全を目指した）とは大きく異なる点である。また、イングランドのシステムは、米国ではカリフォルニア州に匹敵するサイズを管轄する中央政府が掌握しており、地元に低価格の住宅建設の需要があっても、基礎自治体には実行する権限が与えられていなかった。

[12] 二〇〇七年時点におけるポートランド市の計画は、www.palgrave.com/builtenvironment/healeyに掲載している。近隣住区のほぼすべてに加えて、オープンスペースおよび緑地の計画が示されている。ポートランド市の都市計画についてはwww.portlandonline.com/planningを参照。

[13] www.portlandonline.com/planningを参照。

[14] こうした状況はイングランドでも見られた（Vigar et al. 2000）。

[15] 二〇〇〇年代にはメトロの政策に対する批判が増えた。

[16] これは、民主主義が存在しない国家においても当てはまる。

8章

[1] ここでいう「多元主義」とは「一元論者」に対する概念として用いている。Connolly 2005、本書3章を参照。

[2] この概念はGeerts（1983）から借りた。Sandercock 2003も参照のこと。またCorburn（2005: 201）はこうした知識はそれ自体が専門性を有していると考えている。

[3] 英国のPlanning Aid制度は、中央政府からの補助金を受けて王立都市計画家協会（the RTPI）が運用し、計画専門家を必要とする地域に無償で派遣している。詳細はwww.planningaid.rtpi.org.uk

[4] Churchman 1979参照。経済学では「マクロ」と「ミクロ」との関係性が、社会学では「主体」世界と「構造力」の場との関係が議論されている（二章も参照）。

[5] UN-Habitat 2009: Chapter 10の中で世界的な動きとして最新の計画教育が報告されている。

[6] 「匠の技」を探るため、フォレスターやホックらはプランナーたちが仕事について語ることばや、その実践方法について研究を行っている。Krumholz and Forester 1990, Kitchen 1997, Albrechts 1998, 2001も参照。

[7] このコラムは、本章の初稿に対してLouis Albrechtsから寄せられたコメントである（二〇〇八年二月）。氏がプランナーとしてフランダースやベルギーの計画業務に関わった様子は、Albrechts 1998, 2001参照。

[8] フォーラム、アリーナ、法廷型という区分はBryson and Crosby 1992を参照している。「意味のコミュニケーションとなるような社会実践をフォーラム（the design and use of forums）、政策づくりやその実施に関する社会実践をアリーナ（the design and use of arenas）、規範的なルールの適応に関する社会実践を法廷（the design and use of courts）と呼ぶ」（Bryson and Crosby 1992: 90）。ブライソンとクロスビーの概念は社会学者アンソニー・ギデンズの構造化理論（Giddens 1984）の影響を強く受けている。

[9] しかし、この改訂は、戦略をつくる作業において初期段階から関係者を巻き込む一方で、そのプロセスのスピードアップが要求されているといった矛盾が指摘されている（Nadin 2007）。この改訂における問題は、場所の開発における意見の衝突は回避できるという仮説に基づいている点である。意見の衝突には、プロセスの抑制と均衡を保つという重要な機能があることが理解されていない。

[10] 法に訴える権利を有することは、実際に提訴することは無くてもそれ自体が抑制効果を持つ。しかし、米国などいくつかの国では、法廷が重要な役割を果たす政策立案者たる立場に位置づけられていることもある（Cullingworth and Caves 2003）。

[11] 特別に設置されたアリーナが増加する今日、こうした組織の公式なアカウンタビリティに関する疑義が広がっている。裁判所は行政法およびその解釈、また各国の司法システム上重要な諸法に基づいてこれらの組織の正当性を認めることになる。英国の法律では、例えば、裁判官の解釈次第で、行政法上の慣例、公平性、合理性の原則などが改訂されうる。各国の法体系は多様であり、「計画法」との関係については今後の研究が期待される（Glenn 2007, Alterman 1988を参照）。

[12] ジェフ・ライトからのEメール（二〇〇八年七月一七日）。

[13] 二〇〇八年九月から二〇〇九年四月にかけてBBCで放送された八話からなるドキュメンタリーシリーズ。番組の詳細はwww.bbc.co.ukを参照のこと。

[14] エリック・ファン・レインからのEメール（二〇〇八年八月一五日）。

[15] 計画領域における「アゴニズム（agonism）」の考え方については、Hillier 2002: 14-15を参照。Hillierはベルギーの政治理論家Chantal Moufféが提唱するradical and agonistic democracyの研究を応用している。

[16] 都市計画家と政治家との関係性についての議論は、Campbell 2001を参照。

[17] ガンズは、プランナーにとっての「直接的なクライアント」が雇い主であるとすれば、社会的弱者こそは「間接的なクライアン

ト」だという。

9章

〔1〕資本主義社会におけるガバナンス行為は、その社会で主流となっている政治や経済システムによって「構造化」されることを免れないとする立場は、人々のささやかな行為であっても変化をもたらすという立場を、「現実」離れしたナイーブな理想主義論と批判することが多い。ここでの私の立場は、主体の行為と広範囲な構造化のプロセス（構造そのものは主体の行為を規定しつつ、またその行為によってつくりかえられていく）の間に生じる継続的な相互行為こそが「現実」であるという立場をとる。

〔2〕計画システムの改革に対する批判は、Nadin 2007およびwww.rtpi.org.uk参照。

訳註

1章

〔1〕米国のプラグマティズムの思想家。「経験」とは人々が他者と共に、その行動によって世界と関わっていくプロセスであると論じた。西田幾多郎の「純粋経験論」に示唆を与えるなど、日本の近代哲学の発展にも影響を及ぼした。

2章

〔1〕一九世紀終わりから二〇世紀初頭にかけての時代、ロンドン、パリ、ベルリン、ニューヨークなどスラム化した都市を称して。

〔2〕ヨーロッパ各国の歴史で多少の違いはあるが、基本「公設民営」の組織と考えて良い。

〔3〕アルフレッド・シュッツ（Alfred Schütz）は『社会的世界の意味構成』（木鐸社）の中で、「社会的世界」に自我と他者との相互行為におけるふれあいをつうじて形成していく、複数個人によって共有された意識の世界との意味を与えている。

〔4〕共同社会の象徴として現れてくる景観。

〔5〕例えば国土交通省東北地方整備局では、東北の地方都市における「コンパクトシティ研究会」を二〇〇四年から開催している。

3章

〔1〕ルイ・アルチュセールが『イデオロギーと国家のイデオロギー装置』の中で、再生産論を展開する際に用いられた概念。相

対的自律性とは、自律しているがその度合いは相対的である、つまり実は何かに従属しているという意味を持つ。「なにが」「なにから」自律し従属しているのかという議論は多岐にわたる（ルイ・アルチュセール、西川長夫他訳『再生産について――イデオロギーと国家のイデオロギー諸装置』平凡社、二〇〇五）。

2 Michel Foucault (1969) *L'archéologie du savoir*, Gallimard: Paris. The Archaeology of Knowledge (1972) Harper and Row: New York. 邦訳＝ミシェル・フーコー、慎改康之訳『知の考古学』河出書房新社、二〇一二。

3 Science, Technology and Society（科学技術社会論）またはScience and Technology Studies（科学技術論）と呼ばれる学際的研究。近代以降の「客観主義科学論」に対し、歴史や政治・文化に拘束されたものとして「相対主義的科学論」の立場をとる。

4 原著では「ポーク・バレル（pork barrel）」。

訳者解説｜Comentary

本書は、Patsy Healey, *Making Better Places: The Planning Project in the Twenty-First Century*（Palgrave Macmillan, 2010）の全訳である。著者パッツィ・ヒーリーは、二〇〇三年に英国ニューカッスル大学のSchool of Architecture, Planning and Landscape（建築・都市計画・ランドスケープ学部、以下APL）を退職した後も、名誉教授として精力的な研究、執筆活動を続ける都市計画理論家そして実践家である。*Connections*（コネクションズ——パッツィ・ヒーリーと探求する現代の都市計画理論と実践［Hillier and Metzger, 2015］）と題した書籍が出版されるほど、ヒーリーの論文や著作は欧米の都市計画分野では広く読まれているが、日本語での著作出版は本書『メイキング・ベター・プレイス——場所の質を問う』が初となる。「場所」という言葉は聞き慣れないものではない。

しかし、本書が扱う「場所」は、都市計画やまちづくりの領域で対象とされてきたいわゆる「器としての空間」とは全く異なる概念であることを最初に強調しておきたい。人類学者のティム・インゴルドは、現代の「場所」についてこう指摘する。

> かつて運動と成長が多様に織り合わされた撚り糸でできた結び目であった場所は、今や連結器による静的なネットワークの結節点になった。現代の大都市社会に住む人々は、さまざまに連結された要素が組み立てられてできている環境に自分たちがいることをはっきりと自覚している。しかし実のところ人々はそうした環境のなかでも自らの道を縫う《スレッド》ように歩み続け、歩みながら小道を辿る《トレース》のだ（インゴルド、2014: 123）。

「暮らしの中の場所」の小見出しで始まる本書の冒頭、ヒーリーは、親しみある小道、怪しげな気配を察して別ルートを辿ろうとする私たちの様子を綴っている。そして「私たちは、空間を媒介として他者と出会う。それによって、自己とその拠って立つ社会環境、つまりアイデンティティや連帯、個人の自由や社会的責任を確立し、また探し続けるのだ」と、少々哲学的なテーゼを記している。本書の中で用いられる「場所」という言葉は、様々な意味での「結び目」の役割を果たす。本書『メイキング・ベター・プレイス』は、複雑に絡み合った現代の都市のなかで、「結ぶ」ものとしての都市計画、「結ぶ」人としてのプランナー・研究者という眼差しによって、都市計画がたどる軌跡を多様に描き出そうとする。

ヒーリーの都市計画理論を一言で表すならば、「計画的志向を持つ場所のガバナンス」（本書1章）となろう。本書を通じて繰り返される「計画的志向」という言葉は、「場所の質」を問い続ける姿勢と言い換えることができる。「ガバナンス」は本書3章に詳しく述べられるので改めて解説する必要はないが、広義の意味で「人々が関わるあらゆる公共的な行為」と理解しておけばよいだろう。いずれにせよ、本書を読み進める際、「場所の質」という概念を常に意識しておく必要がある。日本語版への序文にはこの「場所の質」に関して極めて重要な定義が二つ示されている。一つは、場所の質とは「私たちを存在たらしめる」ものであること。もう一つは、場所の質は「複数の関係性がある特定の時空間で束ねられた結果として生じる」ものであること。しかし、これらの定義を十分咀嚼するには、いくつかの補助線があったほうがよいだろう。ヒーリーの計画理論はこれまでに単著・共著を含めて複数刊行されているが、二〇一〇年に出版された原著*Making Better Places*に先立つ重要な二冊として*Collaborative Planning: Shaping places in fragmented societies*（Healey 1996/2006）と*Urban Complexity and Spatial Strategies: Towards a relational planning for our times*（Healey 2007）を挙げておこう。実は、これら二冊の間、また本書に至る過程で、ヒーリーの中でも「場所」の概念は大きく転換してきている。ここでは、訳者解説として、著者の経歴を簡単に紹介しながら[1]、様々な社会科学分野の理論との関連から「場所」をめぐる観念の進化、その過程で浮かび上がるヒーリーの「計画学」としての哲学と思想を考察してみたい。

「インターフェイス」としての都市計画

一九四〇年、イングランド中部のレスタシャー県、ラフバラに生まれたヒーリーは、ロンドン大学で地理学（一九五九―六一）を学び、当時としては数少ない女性の社会人類学者メアリー・ダグラス[2]の影響を受けている。学部卒業後、さらに教育学でのディプロマを修め、高等学校へ地理学講師として赴任する。しかし、当時政権党であった労働党が英国教育改革を推し進める中、その余波が教育の現場を混乱させていたこともあり、ヒーリーは教職を辞し、職員を募集していたロンドン南東部に位置するルイシャム区役所の都市計画局でプランナーとしての職につく（一九六五―一九六八）。しかし、都市計画は人々の暮らしをよくする行政行為であるという考えとは裏腹に、「現場の作業は地区計画のための調査だけ[3]」であることを目の当たりにして驚きを隠せなかったという。その後大ロンドン市に転じるが（一九六八―一九六九）、都市計画を実践の視点から批判的に分析する研究が皆無であることを直感し、学問として都市計画に向かうことになった。市の都市計画局での仕事の傍ら、リージェント・ストリート・ポリテクニック（現ウェストミンスター大学）にてパートタイムの学生として都市計画のディプロマを修了後、ロンドン・スクール・オブ・エコノミクス（LSE）にて博士学位を取得した（一九六九―一九七三）。ヒーリーの博士論文は、ベネズエラとコロンビアを事例とした「急激な都市の発展下における都市計画」の有り様を探求するものであった。南アメリカでの研究を通じて、様々な都市計画理論や手法が国境を越えて伝播するが、その実践には地域や時代の社会的状況（政治、文化）や経済的状況が強い影響を及ぼすことを体感し、科学主義的な予測によって合理的計画を導き出すといった当時の計画的態度を批判的に捉えるようになる。しかし、都市計画の実践が人間社会に重大な影響を及ぼす「インターフェイス」であることも直感していた。また、研究者の視点は対象となる場所に根ざすべきであり、そうした視点から初めて意義ある観察・分析が可能となるという信念は、このころから一貫している。その後、キングストン・ポリテクニック（現キングストン大学）、オックスフォード・ポリテクニック（現オックスフォード・ブルックス大学）に在職した（一九七四―一九八七）。当時の学術界に洪水のように溢れてきた新マルクス学派（ラディカル政治経済学）、中でも歴史社会学者アンドレ・グンダー・フランクによるラテン・アメリカ研究[4]、地理学者デヴィッド・ハーヴェイの批判地理学[5]に多大な影響を受けたという。

「ガバナンス論」として都市計画論を構築する

一九八〇年代初頭、英国の都市計画は実践の現場、学術界ともに暗雲が垂れ込めていた。サッチャー政権に始まった新自由主義が政治経済の中心を占め、都市計画の地位は貶められていた。都市計画の前線となる地方自治体では、中央政府による極端な方針転換や大企業による投機的開発圧力にプランナーたちは翻弄され[6]、学術界においても、既存の都市計画が前提としていた発展という「大きな物語」の虚像をポストモダン理論が暴いていた。こうした時代にあって、一九八八年、ヒーリーは都市計画学教授としてニューカッスル大学に招かれる。ロンドンを中心とした英国の政治経済では周縁に位置付けられてきた北東イングランド、その中心都市ニューカッスルに着任したヒーリーは市の不動産開発や都市再生事業の現場を丹念に調査している（Healey 2003: 102。本書の2章、6章も参照）。こうした英国社会そして思想界における地殻変動の只中にあって、都市計画の意義を実践の場から再考し、「人々が関わるあらゆる公共的な行為＝ガバナンス」として都市計画理論をまとめた研究が、一九九六年に出版された*Collaborative Planning*である。都市計画学史上、これまでに最も多く引用された単著である[7]。近代都市計画の歴史を振り返りつつ、社会学者アンソニー・ギデンズの構造化理論[8]を足がかりとした新制度派（Institutionalist）アプローチを採用し、都市計画というシステムを理解するだけでなく、システム自体を再構築する手段を提示した。米国の都市計画理論家ジョン・フォレスター（Forester 1985[9], 1989[10]）の研究に刺激され、エスノグラフィーの手法を用いて現場のプランナーとの対話をさらに深めたヒーリーは、都市計画局やプランナーの中に、システムを支配しようとする経済的力に対抗するような「生活世界をつくろうとする力」の存在を直感し、「都市計画の真骨頂はコミュニケーション的行為にある」と考察する。政治哲学者ユルゲン・ハーバーマスが提唱した対話による合意形成論[11]や公共圏論[12]を援用していることから、日本においては「対話型」「協働型」「討議型」都市計画理論[13]として紹介され、七〇年代以降の「市民参加のまちづくり」の実践と理論化にも影響を及ぼしてきた。しかし、*Collaborative Planning*が広く読まれるにつれ、協働型都市計画論といった側面だけが強調されたり、多様な価値観を保障する一方で「目指すべきゴール」や「正しい答え」を導かないといった批判も受けるようになる。こうした批判に対し、ヒーリーは「市民参加の原則や協働型プロセスのガバナンスが現代社会のなかで最良であるとは限らない」(Healey 2003: 115)と改めて強調し、都市計画が問うべき問題は別のところにあると答えている。既に、*Collaborative Planning*の一章で「知識や価値は外的世界に単に客観的に実在して科学的探求によって発見されるのではなく、社会的な相互作用の過程の中で積極的に構成される」(Healey 1996: 29)と述べるように、ヒーリーの関心は、この「生きた経験の相互作用の結果生まれるもの」にあった。私たちは、日々、様々な空間を行き交い、人々と交わりながら暮らしている。そして、生活の中で経験される空間に様々な意味(想像的解釈)を見いだしている。この空間に与えられた意味、ヒーリーはそれを「場所の質」と呼ぶ(本書2章)。ある場所に人間が「共存」する(他者/自然とともに)ことによって、様々な「場所の質」が錯綜し諸処の問題が引き起こされる。ヒーリーは、社会に生じる絡まりやほころびを、ほどき、繕う役割を担う都市計画として、ガバナンス論を展開してきた。その眼差しは、この多様な「場所の質」が計画システムの中で、実際にはどのように「解釈」され「価値」づけられるかという問題に向けられていた。しかし、こうした視点が十分伝わらなかったのは、この「場所の質」に対する定義が十分でなかったからだろう。実際、*Collaborative Planning*の中では「場所(Place)」という言葉はまだ登場していない。ここで扱われている「空間(Space)」は、「土地利用計画(Land Use Planning)」といった既存の都市計画システムや用語に明らかに囚われている。後により精緻に描かれる「関係性としての空間」の萌芽(例えば、spatial planning as managing spatial organizationあるいはas a social processといった表現)は見られるものの、物理的な絶対空間の概念から完全に自由になっていたわけではない。

関係性の時空間＝「場所論」から
都市計画論を再構築する

一九九〇年代後半から、ヒーリーの理論は都市計画領域の対象である「空間」への批判的考察を集中的に展開するようになる(Graham and Healey 1999)。*Collaborative Planning*を執筆する過程で、「場所」は社会的プロセスの結果として生まれるというアイディアを確信していたことは先に述べた。こうした直感を確信へと導き、ヒーリーに計画理論発展の機会を与えたのは、当時、複数の社会科学領域から湧き上がっていた、近代の思考の枠組みを乗り越えようとする動きである。一九五〇－六〇年代の都市社会学、さらに都市計画の領域では、「都市を一元的な場所」とする見方が常識であった。空間は人々の活動を載せる器、時間は世界共通の唯一無二の枠であり、人々の活動は一つの時間軸上に不可逆的に起こると考えられていたからだ。これは、いわゆるニュートン・ユークリッド学的絶対空間と絶対時間の概念を前提とした「仮説」である。しかし、こうした認識に対する批判が地理学や社会学の分野で急速に広まる。

空間論的転回[14]の論者の一人、地理学者エドワード・ソジャ[15]は、「空間を、死んだもの、硬直したもの、非弁証法的で静止したもの、受身的に測量の対象となるような世界として扱う」伝統的な地理学や計画学のアプローチを痛烈に批判する。また、デヴィッド・ハーヴェイ[16]は、多様な都市の有り様に対してある一つの地図作成法を当てはめて描写することで、特定の権力拡大がシステム化され、その結果、地理的条件が政治経済状況の差異、つまりは優劣に変換される構造を生じさせると指摘する。経済学の領域においても、「関係性の時空間」に依拠した理論が展開されていた。社会学者マニュエル・カステルが提唱した「ネットワーク社会」[17]など、これまでのような階層を持った空間の構造が、高速・大量の流通や交通網さらに通信手段を介することで、ある特定の都市経済同士が強く結びつき、「ハブ」「スポーク」として再構成されるようになった都市の姿を描く。また、社会学者サスキア・サッセンの「グローバル・シティ」[18]は、国境を越えた人・物・情報の流れとともに、特定の大都市が世界経済の新しい秩序をつくり出し、その影響は国内の経済や社会文化の変化に及ぶ様子を論じている。

当時のヨーロッパおよび英国の社会状況も簡単に整理しておこう。一九九〇年代以降のヨーロッパではEUの拡大に加えて、グローバル化する経済活動への対応、地域アイデンティティを梃にした経済復興等、社会・経済分析の基礎的な空間単位として「アーバン・リージョン」[19]が重要な意味を持つようになってきていた。この新たな空間領域に対するEUレベルでの「スペーシャル・ストラテジー」の必要性が謳われ、一九九九年にEUは「欧州空間開発の展望」[20]を発表している。EUレベルでのこうした動きに呼応して、英国でも九十年代後半に、都市・農村計画の改革が「リージョン」[21]を舞台に進められていた。この新たな空間概念は、一九九七年に誕生したブレア率いるニュー・レイバーの目玉政策「地方分権」の実践の場として位置づけられ、リージョナル・スペーシャル・プランニング／ガバナンス（Regional Spatial Planning / Regional Governance）として、英国の都市・農村計画および、中央／地方自治に大きな地殻変動をもたらしてきた。ヒーリーは、こうしたヨーロッパ各国で台頭する政治的動向をタイムリーに捉え、関係性の時空間を取り扱いうる新たな都市計画論として、二〇〇七年に*Urban Complexity and Spatial Strategies: Towards a relational planning for our times*（Healey 2007）を発表する。主に、先に示した人文地理学における「空間論的転換」やドリーン・マッシィ[22]の研究に刺激を受け、「アーバン・リージョン」「リージョン」といった「フレーム化」を通じて空間戦略がつくられるプロセスを明晰に分析し、そこに立ち現れる「関係性の時空間」の意味を場所のガバナンスの視点から問うている。

本書にも通底する「場所論」として「関係性の時空間」の鍵概念について、もう少し説明が必要だろう。まず、「時空間は複数存在する」ことについて。デヴィッド・ハーヴェイは「世界には複数のプロセスが同時進行し、互いに影響を及ぼしあいながら、多面的な時空間システムの中で、ある一定の状態が構成される」[23]と考える。また、時間地理学を発展させたナイジェル・スリフトは「時間とは複数の現象である。複数の時間の流れが互いに影響を及ぼしながら共存している」[24]という。このように、空間に影響を及ぼす重要な関係性が多様な方向に広がりながら繋がっているとすれば、そして、時間が単線的でなく複数存在するのであれば、社会的行為の結果として現れる「場所」も多様で動的なものとなる。

ある場所（Place）とは、社会的関係のネットワークの中で、ある「結び目」として存在する瞬間と理解できる。そして、こうした複数の場所たち（Places）が無数に存在し、消えたり、別の場所と結び合ったりする世界をヒーリーは「暮らしの中の場所（Places in our lives）」と呼んでいるのだ。「場所は、私たち人間や、人間の暮らしそして私たちの住む世界同様に無常な存在である」（本書2章）といった捉え方は、西洋「近代」の思考の枠組、その中で制度化されてきた都市計画システムにおいては、きわめて衝撃的な発見だったはずだ。しかし、こうした感覚は、日本人の読者には抵抗なく受け入れられるのではないだろうか。「ゆく河の流れは絶えずして、しかももとの水にあらず」から始まる『方丈記』。それに続く一節「よどみにうかぶうたかたはかつ消えかつ結びて、久しくとどまりたるためしなし。世の中にある人とすみかとまたかくのごとし」には、ヒーリー特有の「場所」のエッセンスが簡潔に述べられている。

「場所の質」

ヒーリーは、本書の中で取り上げる様々な事例を通じて、無限に広がる関係の網の目に消えては結ぶリアルな暮らしの場所の様子を丁寧に分析し「場所の質」という概念を発展させようと試みている。ここからは、いよいよ本書の核心である「場所の質」に関する考え方を見ていこう。私たちは「場所」のレイヤーが無限に折り重なる世界に生きている。しかし、すべてのレイヤーが私にとって意味を持つとは限らない。日常の生活は、私たちが場所を介して「経験」する身近な人々とのやり取りや、慣れ親しんだ習慣で成り立っている。こうした「経験」は、一方で、個人のアイデンティティの基盤となる社会的通念や様々なルールといった「システム」、さらには他者との関係性における時空間の距離（物理的距離の近さや遠さ、歴史的影響）に左右されている。人々の経験を下支えするこうした構造は、それぞれのリズムや時間単位で変化するため、同じ場所での経験であっても人々の「解釈」は様々なものになる。「場所」は人々による経験、そして解釈というプロセスを経て、ある特定の意味や価値を持った「場所の質」を生む。一つの場所をめぐって衝突や対立が起こるのは、それぞれの人が見出す「場所の質」が千差万別だからだ。しかし、この「場所の質」の多義性ゆえに、私たちはある「場所」に様々な可能性や潜在力を想像し、計画によってよりよい未来を実現しようとするのだ。

　こうした「場所の質の多義性（qualities of places）」をめぐって、都市計画には大きく二つの課題が与えられる。第一に、時空間に対する多義的な概念化とその表現をどうするか。関係性としての時空間のパラダイムでは、物理的な距離そのものが、物事の関係性の強弱を示すわけではない。また、一人の人間が、一日に、週単位で、年単位で、一生の中で行動する範囲は変化する。様々な種の連関といったエコシステムの時空間は、ミクロレベルから地球規模のマクロレベルまでを想定しなくてはならない。こうした、様々な要素の時空間上のつながりの交差点としてその場所がどうつくられ、いかなる価値を持ちうるかが問われなくてはならない。こうした作業に際して、境界のはっきりした都市「全体」や「器としての空間」を扱う限り成果は何も得られない。なぜなら、こうした場所で起こっていることは、様々なかたちでより広い世界の動きと連動しているからだ。ヨーロッパでは、固有のつながりをもった関係性の結果として現れる資源や資産、そのレイヤーの重なりから、その場所独特の「権力の幾何学」[25]を表現しようとする試みがある（本書7章）。その際、ヒーリーが場所の表現にあたって重要視するのは、対象や形ではなく、関係とプロセスである。場所の質が持つ多義性を伝えるイメージをつくりだすことは容易ではない。しかし、様々な表現方法を試みる学習プロセスを繰り返すことで、イメージ自体の強みや妥当性が獲得され、未来に何が起こるかを理解するようになるという。

　第二の課題は、多義的な価値が交錯する「場所」にどう向き合うか、という規範的な問題である。例えば、ポスト・モダニティの語を広めた建築理論家チャールズ・ジェンクス[26]は「都市に関するあらゆる理論は正しいと言ってよい。矛盾する理論であってもそれぞれが正しい」という。ここで参照すべきは、ヒーリーが*Collaborative Planning*の中で論じた「コミュニケーション的行為としての都市計画」のあり方だ。様々なレイヤー上、あるいはレイヤー間の関係性は時事刻々と変化する。この変化を生み出すのは、コミュニケーションや翻訳といった行為主体の能力にかかっている。争いが生じた際の調停、コンセンサスづくりの中で培われたプランナーの能力は、関係性の空間として場所を取り扱うガバナンスでも効果を発揮するだろう。その都度、適切なタイミングとスケールを掴み、異なる人々やテーマを「結んだ」新たな関係性のレイヤーをつくればよいとヒーリーは言う。絶対的空間という器の上では多様な価値観は紛争の火種にすぎなかったが、関係性の空間として「場所の質」を取り扱う場所のガバナンスでは、多様性が拡大することはそのシステム全体の持続に寄与するからである。

「場所の質」へ関心を寄せる

多様性をありのまま認め、拡大しようとするこうした態度は、多元主義の立場に立つプラグマティズムと共鳴する（Healey 2009）。プラグマティズムは、絶対的真理や知識を求めるような思考のあり方に疑問を呈し、身近な経験や実践に対する哲学的思考として二十世紀初頭のアメリカで登場した。初期プラグマティストの一人であるジョン・デューイは『論理学 —— 探求の理論』[27]の中で人間のあらゆる探求・認識行為についての一般的原理を示している。とりわけ、日常の経験や暮らしの場所にあって、そこに生ずる具体的な諸問題を解決するための「探求」行為が存在するとして、それを「常識的探求（common sense inquiry）」と呼んだ。科学が実在そのものの究極的原理や法則を探求する「理論的関心」を持って営まれるのに対し、常識は、私たちの日常生活におけるもっと直接的な状況や現状的実際的な関心から生じる、日常生活のためのいわば「実践の知」である。ちなみに、「関心」を意味するinterestはinter（間に）est=is（在る）からなり、「間にあるもの」という意味である。関心とは、私たちと暮らしの場所との間にあって、いわば両者を結ぶ紐として作用する。都市計画では、様々な計画案の是非や、完成したプロジェクトの成否を「公共性」という視点から問うことが少なくない。ヒーリーは、公共性という価値観を生み出す「公共圏とは、人々が日常の生活や暮らしを実現させながら、社会の最も弱い立場の人々にもチャンスが与えられるように、全ての人々の間で共有される施設や空間、その質や持続性に関心を寄せ続けることを求められるような場所」と考える（本書8章）。本書の中で「場所の質」への関心を維持し続けることを繰り返し述べているのは、それこそが公共政策である都市計画の意義だと信じているからだ。

都市計画と「私という存在」

こうした場所の質を問うことは、関係の網の目に生きる私たちのアイデンティティを自覚させることにもつながる。ヒーリーは、時空間が複数存在するように、私という存在も複数のアイデンティティを持つと考えている。少々長くなるが、近年の論文から引用しよう。

> 私たちは複数の「システム（関係の網の目）」が折り重なる世界に生きている。それぞれのシステムには固有の時空間の広がりがあるため、場所や空間というものを物理的あるいは心理的にどう把握するかは一様にはならない。また、こうしたシステムがつくり、つくり変えられることを理解するようになっている。こうした世界において、私という存在は何か。システムが折り重なる世界において、ヒューマンそしてノンヒューマンという、かりそめの存在（エージェント）として存在する。こうした世界における私という存在は、唯一のアイデンティティを持った「個人」ではあり得ない。私という存在は、複数のアイデンティティを持ち、それは私を取り囲む社会的環境的な文脈との相互関係の結果として立ち現れてくるものだから。アイデンティティやそれが意味するところのものは、時空間を超えて流れる大きな「生命」の中で他者との関係性の中で相対的に生まれるものなのだ。こうした関係の網の目、そこに立ち現れるアイデンティティを通じて、過去という時空間も未来へとつながっている。また、エージェントとしてのかりそめの存在である私たちは、その拠り所となるシステムの影響を受けながらも、システムそのものをつくりかえていく。それゆえ、独立して存在するような「システム」、統合と均衡をもたらそうとするような「システム」を想定すべきではない。「シス

テム」とはありとあらゆる方法で、重なり合い衝突を起こすような状況なのだ。こうした状況の中に私を存在足らしめるために、個人や社会的なグループは、主体的に自らの存在をつくり出していかねばならない（Healey 2013: 1514）。

ヒーリーは、計画という概念の中で唯一変わらぬ考えは、将来像に向けて今行動すべきであるということだけだと指摘する。計画行為にはこの「意志」が不可欠なのだ。哲学者ハンナ・アーレントは、「思考」が「現に考えている私」の視点から、「私」自身と、「私」が属する世界の現在の在り方を把握しようとする営みであるとすれば、「意志」とは現在とはなにがしか異なった状態を「未来」においてもたらそうとする営みであるという[28]。ヒーリーが「人間は他者、人間も非人間も含めたものとの相互関係の網に生じたある具体的な状況に生きており、それゆえ人間の居住環境をより良くすることは努力に値する、という信念」（本書1章）に従って、私たちを都市計画の世界へと招くのは、場所のガバナンスに「意志」を持って関わることが「私という存在」をつくりだしていくための行為だと見通しているからに他ならない。

「知の源泉」に触れるための都市計画へ

また、未来は人々の「意志」の結果として現れるというプラグマティックな信念に基づいて、ヒーリーが関係性の時空間としての場所、その質を問い続けるのは、それによって「知の源泉」に触れることが可能だと考えているからである。科学の知は、抽象的な普遍性を仮想して、分析的に因果律に従う現実にかかわりそれを操作的に対象化する。それに対して、「実践の知」は、固有の場所や時間というシチュエーションのうちに真相の現実と関わり、世界や他者がわれわれに示す意味を相互行為のうちにとらえる働きをさす[29]。このような「実践の知」は、科学の知が主として仮説と演繹的推論、実験の反復から成り立っているのとは対象的に、直感と経験と類推の積み重ねから成り立っている。ここでは、とくに経験、とりわけ実践が重要な意味を持ってくる。実践とは、従来しばしば一般的にそうみなされてきたように、主体が機械的、一方的に対象に働きかけてそれを変えていくことでも、また、多くの弁証法的思考が強調したように、自己と他者や世界との、また理論と実践との形式的な相互性からなるものではない。実践とは、ある限定された空間と時間のなかで行われる、各人が身を以てする解釈、そして決断と選択をとおして、隠された現実の諸相を引き出すことである。ヒーリーが「場所とその質が浮かび上がってくる中で、いかに異なる問題や価値が相互連関しているかを利害関係者に考えさせること」を繰り返し説くのは、こうした未知の諸相、つまり「知の源泉」に触れることを可能にするためでもある。

最後に原著のタイトルについて触れておこう。Making Better Placesは直訳すれば「よりよい場所をつくる」となる。ここには二重の意味がある。一つは、今よりも「より良い」場所につくり変える。もう一つは、場所を「より善い方法で」つくる。無論、何を持って「良い」とするのか、誰にとって「良い」のかは多元的な解釈があってしかるべきというのがヒーリーの立場である。とすれば、後者の「より善い方法」の意味の中にこそ、ヒーリーの哲学が込められているはずで、その表現として、場所の質を問い続けるためのガバナンスが主題となるのだ。

これは、例えば、哲学者西田幾多郎の「善の研究」〔30〕に通ずるものと言える。

> 善とは、一言で言えば人格の実現である。これを内より見れば、真摯なる要求の満足、即ち意識統一であって、その極は自他相忘れ、主客相没するという所に到らねばならぬ（西田、1950: 202）。

西田の純粋経験の理論もプラグマティズムの影響を受けており、その後、絶対無の自己限定から相互に関係し合う個物が出てくる基盤として「場所」を定義している。ヒーリーの場所論では、結び目としてのPlace（場所）を介して、意志をもった人々の「つくる」という行為が知の源泉（西田的「無の場所」）に触れるプロセスを描こうとしている。これとの関連で、副題のThe Planning Projectについても触れておこう。「はじめに」でも述べているように、これにも二つの意味が込められている。一つは、いわゆる都市計画行為としてのPlanning Projectであり、ヒーリーの場所のガバナンス論に従えば、社会的な学習プロセスを経て「計画（意志）を表現」し、その考え方を実践することと理解できる。もう一つは、The 'Project' of 'Planning'「計画をプロジェクトする」ことの意味だ。ヴィレム・フルッサーは『デザインの小さな哲学』の「都市計画」という章の中で「プロジェクトとは、状況を変えるために知性がそこへ投じる網のようなものだ」[31]と述べている。本書には、場所のガバナンスの実践を下支えする知性の探求、それによってシステムを再創造することを目指すという意図が含まれている。最後に、ヒーリーは、Makingに込められた意味について記しておこう。ヒーリーは、都市計画に最初に抱いた違和感――理論と実践の解離――を乗り越えるべく、自然科学・社会科学の領域を横切る実践の学問として計画学に向き合ってきた。緻密な理論を展開してきた前二作から本書へ至る軌跡には、「思考して場所をつくる」から「場所をつくることによって、私の存在を、知の源泉とは何かを思考する」という「都市計画学的転回」が読み取れる。本書の根底に脈打つのは、優れた芸術家や職人が手や身体の感覚を研ぎ澄ませてモノを「つくる」ように、私たちは改めて「よりよい場所をつくる」という精神と身体性をそなえた行為に立ち戻らねばならないという強い信念だ。「つくる」ことは、世界のありようを「問う」こと、そして「生きる」ことでもある。

先に触れた『方丈記』が執筆されたのは建暦二(一二一二)年。文学者・小林一彦[32]は、末世といわれた無常感漂う時代に発表されたこの作品は、平安京を襲った五大厄災を自らの経験を通して克明に綴った日本初の「災害文学」であり、また徹頭徹尾一人語りの形式で自分について書いた「自分史」だと解説する。二〇一一年の東日本大震災以降、『方丈記』は再び人々の間で読み返されているという。「人災」も含めた突然の出来事で、多くの人々が暮らしの場所を失った。先の見えない中で心だけは失いたくないという思いが、長明の思想を求めているのだろう。時代は異なれど、ヒーリーも「近代」への反省と批判という大きなうねりの中で、場所という「結び目」を論じている。他者、場所、過去、未来とのつながりから「私」を知るため、また「知の源泉」に触れるためのツールとして都市計画を位置付けようとするヒーリーの思考は、もはや都市計画論の域に収まらない、社会哲学の理論として評価されるべきであろう。

〈徒歩旅行者〉として本書を読む

日本語版の出版にあたり、原著には含まれない「ダイアグラム」を添付することにした。「関係性」の上に構築されたヒーリーの都市計画理論は、各章の内容が相互に行きつ戻りつを繰り返す。2章「場所」・3章「ガバナンス」の理論編は、続く事例編（4章から7章）のそれぞれに潜り込み、8章の「計画という仕事」として再び解釈される。また、事例編は三つの実践の現場を小さなスケールから順に並べているが、「関係性の時空間」のパラダイムでは、中心／周縁、階層といったスケールを超越して個々の場所は相互につながっていると考える。それゆえ、律儀に頭から読みはじめる必要はなく、9章の「場所の質を問う」から読み始めても、8章「計画という仕事」でプランナーの役割を見直すことから始めてもよい。また、事例編をじっくり読んだ後に理論編を読めば、より理解は深まるかもしれない。読み手自身の「関心」にしたがって「場所」の物語を自由に読みつないでいけば、ヒーリーの「場所のガバナンス」の全貌は自ずと立ち現れてくるだろう。こうした本書の読み方の発想は、冒頭に「場所」の引用を引いた人類学者ティム・インゴルドの著書『ラインズ 線の文化史』から得た。

関係とは、すでにどこかの場所に置かれてある存在同士の連結ではなく、生きられる経験の土地に奇跡をしるす道である。全ての関係はネットワーク上の点を連結することではなく、それぞれが交差する踏み跡の網細工（メッシュワーク）のなかの一本のラインとなる［…］物語が終了する地点、生が始まる地点は存在しない（インゴルド、2014: 145）。

また、インゴルドは「場所をつくる」ことのメタファーとして〈徒歩旅行〉を持ち出す。

すべての生物は徒歩旅行者であり、徒歩旅行とはすでに完成された存在をひとつの位置から別の位置へと輸送することではなく、自己刷新ないし生成の運動である。世界というもつれを通って道を切り拓きつつ、徒歩旅行者は世界の織物の一部として成長し、

> 自らの運動を通じて永遠に織られ続ける世界に参与する（同上：184）。

「知の源泉」をめざし都市計画探究の徒歩旅行をはじめる読者にとって、巻末に織り込まれたダイアグラムが道案内としてお役に立てたらうれしい。それにしても、ヒーリーとインゴルドの思考がなぜこんなにも接近しているのか興味を持たれた方も多いだろう。ふたりは粘菌学者であった父に連れられ、幼い頃からキノコを探して森を歩き回っていた姉弟だったのだ。

◆

ヒーリーの著作を日本の読者に届けたいと思い立ってから、はや十数年。海外の最新理論への盲目的な信奉や、他地域の成功事例の無批判な移植への違和感から、どのようにヒーリーの考えを紹介すべきか二の足を踏んでいた。二年前に恩師の早稲田大学・後藤春彦先生より邦訳本出版の話があり、大きく背中を押していただいた。編集を担当いただいた鹿島出版会の久保田昭子さん、装丁・ダイアグラムを作成いただいたバルセロナ在住の坂本知子さんのお二人には、建築学科同窓生に共通する「多様な見方への関心」を惜しみなく向けていただいた。東京、バルセロナ、ウォーフアイランドをつないで進めてきた翻訳・編集は、ヒーリーの描く「場所論」さながら大変刺激的な時空間となった。心より感謝します。最後に、邦訳本出版を快諾し、訳者なりの新たな「解釈」にたどりつく機会を与えてくださった師パッツィ・ヒーリーに、改めて尊敬と感謝の意を表します。

二〇一五年初夏、ウォーフアイランド、カナダ

村上佳代

本書は、日本学術振興会　科学研究費基盤研究（A）海外23254005「『シティ・リージョン』を単位とする戦略的社会空間政策再編に関する研究」（研究代表者　後藤春彦）の助成を受けた成果の一部です。

This work was supported by JSPS KAKENHI Grant-in-Aid for Scientific Research (A) Grant Number 23254005

参考文献

- Patsy Healey, *Collaborative Planning: Shaping places in fragmented societies*, London: Macmillan, 1997/2006.
- Patsy Healey, *Urban Complexity and Spatial Strategies: Towards a relational planning for our times*, Routledge, 2007.
- Stephen Graham and Patsy Healey, *Relational Concepts of Space and Place: Issues for Planning Theory and Practice*, European Planning Studies, 7 (5), 1999.
- Patsy Healey, *The Pragmatic Tradition in Planning Thought*, Journal of Planning Education and Research, 28 (3), 2009, pp277-292.
- Jean Hillier and Jonathan Metzger (eds) *Connections: Exploring Contemporary Planning Theory and Practice with Patsy Healey*, Ashgate, 2015.
- ティム・インゴルド、工藤晋訳『ラインズ 線の文化史』左右社、二〇一四。

註

1 主にJean Hillier and Jonathan Metzger, *Connections: An Introduction*, in Hillier and Metzger (eds), 2015.　およびPatsy Healey, *Collaborative Planning in perspective*, Plannig Theory, Vol.2, 2003を参照している。

2 「穢れ」の研究で脚光を浴びる。ダグラスの研究はウィリアム・ジェームズらのプラグマティズムの延長にあり、ヒーリーは二〇〇〇年以降にその思想を再評価することになる。

3 Thomas, H. and Healey, P. 'Preface'. In H. Thomas and P. Healey (eds), *Dilenmas of Planning Practice*, Aldershot: Avebury, 1991, pp.x-xiv.

4 アンドレ・グンダー・フランク、大崎正治・前田幸一・中尾久訳『世界資本主義と低開発――収奪の《中枢－衛星》構造』柘植書房、一九七六／大村書店、一九七九、西川潤訳『世界資本主義とラテンアメリカ――ルンペン・ブルジョワジーとルンペン的発展』岩波書店、一九七八。

5 ダヴィド・ハーヴェイ、竹内啓一・松本正美訳『都市と社会的不平等』日本ブリタニカ、一九八〇。

6 本書の5章サウス・タインサイドや、6章のブリンドレイプレイス開発の事例を参照。

7 二〇一五年四月時点Google Scholarによる検索で三八四八件の引用論文がある。

8 アンソニー・ギデンズ、門田健一訳『社会の構成』勁草書房、二〇一五。

9 John Forester, *Critical Theory and Public Life*, Cambridge, MA: MIT Press, 1985.

10 John Forester, *Planning in the Face of Power*, Berkeley, University of California Press, 1989.

[11] ユルゲン・ハーバーマス、河上倫逸・藤沢賢一郎・丸山高司他訳『コミュニケーション的行為の理論』上・中・下、未来社、一九八五－八七。

[12] ユルゲン・ハーバーマス、細谷貞雄・山田正行「公共性の構造転換――市民社会の一カテゴリーについての探究」、未來社、一九九四。

[13] 高見沢実『都市計画理論の展開と近年の課題』(pp.16-36)、小泉秀樹『コラボラティブ・プランニング――多様な主体による討議にもとづく都市計画への転換』(pp.266-292)、高見沢実編『都市計画の理論――系譜と課題』学芸出版社、二〇〇六。

[14] 「空間」を実在主義的地理概念(絶対空間と絶対時間)から、新しい関係性の地理概念(相対時空間)として捉えるパラダイムシフト。

[15] エドワード・W・ソジャ、加藤政洋・西部均・水内俊雄・長尾謙吉・大城直樹訳『ポストモダン地理学』青土社、二〇〇三。

[16] David Harvey, *Justice, Nature and the Geography of Difference*, Wiley, 1996.

[17] Manuel Castells, *The Rise of the Network Society*, Blackwell, 1996.

[18] サスキア・サッセン、伊豫谷登士翁・大井由紀・高橋華生子訳『グローバル・シティ――ニューヨーク・ロンドン・東京から世界を読む』筑摩書房、二〇〇八。

[19] いくつかの(あるいは単体の)都市部と周辺農村部を含む空間概念。

[20] Committee on Spatial Development (1999) European Spatial Development Perspective. ESDPでは、構造基金や共通農業政策、環境政策など政策間の協調を図ること、都市・農村地域の連携、住民自治組織から地方政府・中央政府さらにはEUといった多様な主体間の調整の必要性が強調されていた。

[21] スコットランド、ウェールズでの権限移譲に加えて、イングランドでは県レベルに相当するいくつかのカウンティを包合した広域的な空間として九つのリージョンが設定された(うち一つは首都ロンドン)。

[22] ドリーン・マッシー、森正人・伊澤孝志訳『空間のために』月曜社、二〇一四。

[23] David Harvey, *Justice, Nature and the Geography of Difference*, Wiley, 1996, p259.

[24] Nigel Thrift, *New urban eras and old technological fears: reconfiguring the goodwill of electronic things*, Urban Studies, 33 (8), 1996, pp.1463-1493.

[25] Doreen Massey, Power-geometry and a progressive sense of place, in J. Bird, B. Burtis, T. Putnam, G. Robertson and L. Tickner (eds), *Mapping the Future: Local Cultures Global Change*, London: Routledge, 1993, pp.59-69.

[26] Charles Jencks, *The city that never sleeps*, New Statesman, 28, June, 1996, pp.26-28.
[27] ジョン・デューイ、河村望訳『行動の論理学　探求の理論』人間の科学社、二〇一三。
[28] 仲正昌樹『今こそアーレントを読み直す』講談社、二〇〇九。
[29] 中村雄二郎『臨床の知』「中村雄二郎著作集第二期Ⅱ」岩波書店、二〇〇〇。
[30] 西田幾多郎『善の研究』岩波書店、一九五〇。
[31] ヴィレム・フルッサー、瀧本雅志訳『デザインの小さな哲学』鹿島出版会、二〇〇九、p.134。
[32] 小林一彦『鴨長明　方丈記』ＮＨＫ「100分de名著」ブックス、ＮＨＫ出版、二〇一三。

参考文献 | References

- Abbott, C. (2001) *Greater Portland: Urban Life and Landscape in the Pacific Northwest*, University of Pennsylvania Press, Philadelphia.
- Abbott, C. and Margheim, J. (2008) Imagining Portland's urban growth boundary: Planning regulation as cultural icon, *Journal of the American Planning Association*, 74 (2) , 196-208.
- Abers, R. (1998) Learning democratic practice: Distributing government resources through popular participation in Porto Alegre, Brazil, in Douglass, M. and Friedmann, J. (eds) *Cities for Citizens*, Wiley, London, pp. 39-66.
- Albrechts, L. (1998) The Flemish diamond, *European Planning Studies*, 6, 411-24.
- Albrechts, L. (2001) From traditional land use planning to strategic spatial planning: The case of Flanders, in Albrechts, L., Alden, J. and da Rosa Pires, A. (eds) *The Changing Institutional Landscape of Planning*, Ashgate, Aldershot, pp. 83-108.
- Albrechts, L. (2004) Strategic (spatial) planning reexamined, *Environment and Planning B: Planning and Design*, 31, 743-58.
- Albrechts, L., Healey, P. and Kunzmann, K. (2003) Strategic spatial planning and regional governance in Europe, *Journal of the American Planning Association*, 69, 113-29.
- Allmendinger, P. (2009) *Planning Theory*, Palgrave Macmillan, London.
- Alterman, R. (ed.) (1988) *Private Supply of Public Services: Evaluation of Real Estate Exactions, Linkage, and Alternative Land Policies*, New York University Press, New York.
- Altshuler, A. and Luberoff, D. (2003) *Mega-Projects: The Changing Role of Urban Public Investment*, Brookings Institution, Washington, DC.
- Amin, A. (2002) Spatialities of globalisation, *Environment and Planning A*, 34, 385-99.
- Amin, A. (2006) The good city, *Urban Studies*, 43, 1009-23.
- Amin, A., Massey, D. and Thrift, N. (2000) *Cities for the Many not the Few*, Policy Press, Bristol.
- Amin, A. and Thrift, N. (2002) *Cities: Reimagining the Urban*, Polity/Blackwell, Oxford.
- Ascher, F. (1995) *Metapolis ou L'avenir des villes*, Editions O. Jacob, Paris.

- Askew, J. (1996) Case study: King's Cross, in Greed, C. (ed.) *Implementing Town Planning*, Longman, Harlow, pp. 199-214.
- Attili, G. and Sandercock, L. (2007) *Where Strangers Become Neighbours: The Story of the Collingwood Neighbourhood House and the Integration of Immigrants in Vancouver*, video, www.mongrelstories.com, 50 minutes.
- Baiocchi, G. (2003) Participation, activism and politics: The Porto Alegre experiment, in Fung, A. and Wright, E. O. (eds) *Deepening Democracy: Institutional Innovation and Empowered Participatory Governance*, Verso, London, pp. 45-76.
- Balducci, A. (2008) Constructing (spatial) strategies in complex environments, In van der Broek, J., Moulaert, F. and Oosterlynck, S. (eds) *Empowering the Planning Fields: Ethics, Creativity and Action*, Acco, Leuven, pp. 79-99.
- Barber, A. (2007) Planning for sustainable urbanisation: Policy challenges and city centre housing in Birmingham, *Town Planning Review*, 78, 179-202.
- Barnett, J. (2003) *Redesigning Cities: Principles, Practice, Implementation*, University of Chicago Press, Chicago.
- Barnett, J. (2006) Omaha by design - all of it: New prospects in urban planning and design, In Saunders, W. S. (eds.) *Urban Planning Today*, University of Minnesota Press, Minneapolis, pp. 93-105.
- Barrett, S. and Fudge, C. (1981) *Policy and Action*, Methuen, London.
- Benedicto, J. L. L. and Carrasco, J. V. (2007) Barcelona Universal Forum 2004: Culture as driver of urban economy, In Salet, W. and Gualini, E. (eds) *Framing Strategic Urban Projects: Learning from Current Experiences in European Urban Regions*, Routledge, London, pp. 84-114.
- Booher, D. and Innes, J. (2002) Network power for collaborative planning, *Journal of Planning Education and Research*, 21, 221-36.
- Booth, P. (1996) *Controlling Development: Certainty and Discretion in Europe, the USA and Hong Kong*, London, UCL Press.
- Boyer, C. (1983) *Dreaming the Rational City*, MIT Press, Cambridge, MA.
- Breetzke, K. (2009) *From Conceptual Frameworks to Quantititive Models: Spatial Planning in the Durban Metropolitan Area, South Africa - the Link to Housing and Infrastructure Planning*, UN-Habitat, Nairobi.
- Bridge, G. and Watson, S. (eds) (2000) *A Companion to the City*, Blackwell, Oxford.
- Briggs, X. d. S. (2008) *Democracy as Problem-Solving*, MIT Press, Boston, MA.

- Bryson, J. and Crosby, B. (1992) *Leadership in the Common Good: Tackling Public Problems in a Shared Power World*, Jossey Bass, San Francisco.
- Busquets, J. (2004) Barcelona - rethinking urbanistic projects, in El-Khoury, R. and Robbins, E. (eds) *Shaping the City - Studies in History, Theory and Urban Design*, Routledge, London, pp. 14-40.
- Calavita, N. and Ferrer, A. (2004) Behind Barcelona's success story - citizen movements and planners' power, in Marshall, T. (ed.) *Transforming Barcelona*, Routledge, London, pp. 47-64.
- Callon, M., Lascoumes, P. and Barthe, Y. (2009) *Acting in an Uncertain World: An Essay on Technical Democracy*, MIT Press, Cambridge, MA.
- Campbell, H. (2001) Planners and politicians: The pivotal planning relationship, *Planning Theory and Practice*, 2, 83-100.
- Campbell, H. (2006) Just planning: The art of situated ethical judgment, *Journal of Planning Education and Research*, 26, 92-106.
- Campbell, H. and Marshall, R. (2000) Moral obligation, planning and the public Interest: A commentary on current British practice, *Environment and Planning B: Planning and Design*, 27, 297-312.
- Cars, G., Healey, P., Madanipour, A. and de Magalhaes, C. (eds) (2002) *Urban Governance, Institutional Capacity and Social Milieux*, Ashgate, Aldershot.
- Castells, M. (1977) *The Urban Question*, Edward Arnold, London. 邦訳＝マニュエル・カステル著、山田操訳『都市問題——科学的理論と分析』恒星社厚生閣、一九八四。
- Castells, M. (1983) *The City and the Grassroots*, University of California Berkeley Press, Berkeley, CA. 邦訳＝マニュエル・カステル著、石川淳志監訳『都市とグラスルーツ——都市社会運動の比較文化理論』法政大学出版局、一九九七。
- Castells, M. (1996) *The Rise of the Network Society*, Blackwell, Oxford.
- Castells, M. (1997) *The Power of Identity*, Blackwell, Oxford.
- Chambers, R. (2005) *Ideas for Development*, Earthscan, London. 邦訳＝ロバート・チェンバース著、野田直人監訳『開発の思想と行動——「責任ある豊かさ」のために』明石書店、二〇〇七。
- Churchman, C. W. (1979) *The Systems Approach*, 2nd edn, Dell Publishing, New York.
- Cockburn, C. (1977) *The Local State*, Pluto Press, London.
- Committee for Spatial Development (CSD) (1999) *The European Spatial Development Perspective*, European Commission, Luxembourg.
- Connolly, W. E. (1987) *Politics and Ambiguity*, University of Wisconsin Press, Madison, WI.

- Connolly, W. E. (2005) *Pluralism*, Duke University Press, Durham, NC.　邦訳＝ウィリアム・E・コノリー著、杉田敦・鵜飼健史・乙部延剛・五野井郁夫訳『プルーラリズム』岩波書店、二〇〇八。
- Cooke, B. and Kothari, U. (eds) (2001) *Participation: The New Tyranny*, Zed Books, London.
- Corburn, J. (2005) *Street Science: Community Knowledge and Environmental Health Justice*, MIT Press, Cambridge, MA.
- Crawley, I. (1991) Some reflections on planning and politics in Inner London, in Thomas, H. and Healey, P. (eds) *Dilemmas of Planning Practice: Ethics, Legitimacy and the Validation of Knowledge*, Avebury, Aldershot, pp. 101-14.
- Crot, L. (2009) *The Characteristics and Outcomes of Participatory Budgeting: Buenos Aires, Argentina*, UN-Habitat, Nairobi.
- Cullingworth, B. and Nadin, V. (2001) *Town and Country Planning in Britain*, Routledge, London.
- Cullingworth, J. B. and Caves, R. W. (2003) *Planning in the USA: Policies, Issues and Processes*, Routledge, London.
- Cunningham, F. (2002) *Theories of Democracy: A Critical Introduction*, Routledge, London.
- Davidoff, P. (1965) Advocacy and pluralism in planning, *Journal of the American Institute of Planners*, 31, 331-8.
- Davies, H. W. E., Edwards, D., Hooper, A. and Punter, J. (1989) *Development Control in Western Europe*, HMSO, London.
- Davoudi, S. (2003) Polycentricity in European spatial planning: From an analytical tool to a normative agenda, *European Planning Studies*, 11, 979-99
- Davoudi, S. and Healey, P. (1990) *Using Planning Consultants: The Experience of the Tyne and Wear Development Corporation, Project Paper No 2*, University of Newcastle (Department of Town and Country Planning) , Newcastle.
- Dean, M. (1999) *Governmentality: Power and Rule in Modern Societies*, Sage, London.
- Dewey, J. (1927/1991) *The Public and its Problems*, Swallow Press/Ohio University Press, Athens, OH.　邦訳＝ジョン・デューイ著、阿部齊訳『公衆とその諸問題——現代政治の基礎』筑摩書房、二〇一四。
- Diaz Orueta, F. and Fainstein, S. (2008) The new mega-projects: Genesis and impacts, *International Journal of Urban and Regional Research*, 32, 759-67.
- du Gay, P. (2000) *In Praise of Bureaucracy*, Sage, London.
- Duany, A., Plater-Zyberk, E. and Speck, J. (2000) *Suburban Nation: The Rise of Sprawl and the Decline of the American Dream*, North Point Press, New York.

- Dühr, S. (2007) *The Visual Language of Spatial Planning: Exploring Cartographic Representations for Spatial Planning in Europe*, Routledge, London.
- Edwards, I. (1994) Cato Manor: Cruel past, pivotal future, *Review of African Political Economy*, 61, 415-27.
- Edwards, M. (1992) A microcosm: Redevelopment proposals at King's Cross, in Thornley, A. (ed.) *The Crisis of London*, Routledge, London, pp. 163-84.
- Edwards, M. (2009) King's Cross: Renaissance for whom?, in Punter, J. (ed.) *Urban Design, Urban Renaissance and British Cities*, Routledge, London.
- Ellis, H. (2002) Planning and public empowerment: Third party rights in development control, *Planning Theory and Practice*, 1, 203-18.
- Ellis, H. (2002) Planning and public empowerment: Third Party Rights in Development Control, *Planning Theory and Practice*, 1, 2, 203-18.
- Elson, M. J. (1986) *Green Belts: Conflict Mediation in the Urban Fringe*, Heinemann, London.
- Esteban, J. (2004) The planning project: Bringing value to the periphery, recovering the centre, in Marshall, T. (ed.) *Transforming Barcelona*, Routledge, London, pp. 111-50.
- Evans, N. (2001) Community planning in Japan: The case of Mano and its experience of the Hanshin earthquake, unpublished PhD, School of East Asian Studies, University of Sheffield, Sheffield.
- Fainstein, S. (1997) The egalitarian city: The restructuring of Amsterdam, *International Planning Studies*, 2, 295-314.
- Fainstein, S. (2001a) *The City Builders: Property Development in New York and London 1980-2000*, University of Kansas Press, Kansas.
- Fainstein, S. (2001b) Competitiveness, cohesion and governance: Their implications for social justice, *International Journal of Urban and Regional Research*, 25, 884-8.
- Fainstein, S. (2005) Cities and diversity: Should we plan for it? Can we plan for it? *Urban Affairs Review*, 41, 3-19.
- Fainstein, S. and Fainstein, N. (eds) (1986) *Restructuring the City: The Political Economy of Urban Redevelopment*, Longman, New York.
- Faludi, A. (2003) Special issue on the application of the European Spatial Development Perspective (introduction and conclusion by A. Faludi) , *Town Planning Review*, 74, 1-12, 121-40.
- Faludi, A. and van der Valk, A. (1994) *Rule and Order in Dutch Planning Doctrine in the Twentieth Century*, Kluwer Academic Publishers, Dordrecht.

- Faludi, A. and Waterhout, B. (eds) (2002) *The Making of the European Spatial Development Perspective*, Routledge, London.
- Feagin, J. (1988) *Free Enterprise City*, Rutgers University Press, New Brunswick.
- Fischer, F. (2000) *Citizens, Experts and the Environment: The Politics of Local Knowledge*, Duke University Press, Durham, NC.
- Fischer, F. (2003) *Reframing Public Policy: Discursive Politics and Deliberative Practices*, Oxford University Press, Oxford.
- Fischer, F. and Forester, J. (eds) (1993) *The Argumentative Turn in Policy Analysis and Planning*, UCL Press, London.
- Fishman, R. (1977) *Urban Utopias in the Twentieth Century: Ebenezer Howard, Frank Lloyd Wright, Le Corbusier*, Basic Books, New York.
- Flyvbjerg, B. (1998) *Rationality and Power*, University of Chicago Press, Chicago.
- Flyvbjerg, B. (2001) *Making Social Science Matter: Why Social Inquiry Fails and How It Can Succeed Again*, Cambridge University Press, Cambridge.
- Flyvbjerg, B., Bruzelius, N. and Rothengatter, W. (2003) *Megaprojects and Risk: An Anatomy of Ambition*, Cambridge University Press, Cambridge.
- Font, A. (2007) The urban region of Barcelona: From the compact city to the metropolitan territories, in Font, A. (ed.) *The explosion of the City*, Ministerio de Vivienda/Colegio Oficial de Arquitectos de Catalunya (COAC) , Madrid, pp. 224-66.
- Forester, J. (1989) *Planning in the Face of Power*, University of California Press, Berkeley.
- Forester, J. (1999) *The Deliberative Practitioner: Encouraging Participatory Planning Processes*, MIT Press, London.
- Forester, J. (2007) No longer muddling through: Institutional norms fostering dialogue, getting the facts, and encouraging mediated negotiation, in Verma, N. (ed.) *Institutions and planning*, Elsevier, Oxford, pp. 91-105.
- Frieden, B. J. and Sagalyn, L. B. (1991) *Downtown Inc. How America Rebuilds Cities*, MIT Press, Boston, MA.
- Friedmann, J. (1973) *Re-tracking America: A Theory of Transactive Planning*, Anchor Press, New York.
- Friedmann, J. (1987) *Planning in the Public Domain*, Princeton University Press, Princeton.
- Friedmann, J. (2002) *The Prospect of Cities*, University of Minnesota Press, Minneapolis.
- Funck, C. (2007) Machizukuri, civil society, and the transformation of Japanese city planning: Case from Kobe, in Sorensen, A. and Funck, C. (eds) *Living Cities in Japan:*

Citizens' Movements, Machizukuri and Local Environments, Routledge, London, pp. 137-56.

- Galster, G. (1996) *Reality and Research: Social Science and U.S. Urban Policy since 1960*, Urban Institute, Washington, DC.
- Gans, H. (1969) Planning for people not buildings, *Environment and Planning A*, 1, 33-46.
- Geddes, P. (1915/1968) *Cities in Evolution*, Ernest Benn, London.　邦訳＝パトリック・ゲデス著、西村一朗他訳『進化する都市』鹿島出版会、一九八二。
- Geertz, C. (1983) *Local Knowledge*, Basic Books, New York.　邦訳＝クリフォード・ギアーツ著、梶原景昭他訳『ローカル・ノレッジ――解釈人類学論集』岩波書店、一九九九。
- Giddens, A. (1984) *The Constitution of Society*, Polity Press, Cambridge.　邦訳＝アンソニー・ギデンズ著、門田健一訳『社会の構成』勁草書房、二〇一五。
- Gilbert, A. (1998) *The Latin American City*, 2nd edn, Latin America Bureau, London.
- Glenn, H. P. (2007) *Legal Traditions of the World*, 2nd edn, Oxford University Press, Oxford.
- Goodman, R. (1972) *After the Planners*, Penguin, Harmondsworth.
- Graham, S. and Healey, P. (1999) Relational concepts in time and space: Issues for planning theory and practice, *European Planning Studies*, 7, 623-46.
- Graham, S. and Marvin, S. (1996) *Telecommunications and the City: Electronic Spaces, Urban Places*, Routledge, London.
- Graham, S. and Marvin, S. (2001) *Splintering Urbanism*, Routledge, London.
- Grant, J. (2006) *Planning the Good Community: New Urbanism in Theory and Practice*, Routledge, London.
- Grant, J. (2009) Experiential planning: A practitioner's account of Vancouver's success, *Journal of the American Planning Association*, 75, 358-70.
- Gualini, E. (2004) *Multi-level Governance and Institutional Change: The Europeanisation of Regional Policy in Italy*, Ashgate, Aldershot.
- Gualini, E. (2006) The rescaling of governance in Europe: New spatial and institutional rationales, *European Planning Studies*, 14, 881-904.
- Habermas, J. (1984) *The Theory of Communicative Action: Vol 1: Reason and the Rationalisation of Society*, Polity Press, Cambridge.　邦訳＝ユルゲン・ハーバーマス著『コミュニケイション的行為の理論』［上巻］河上倫逸他訳、［中巻］藤澤賢一郎他訳、［下巻］丸山高司他訳、未來社、一九八五－一九八七。
- Hajer, M. (1995) *The Politics of Environmental Discourse*, Oxford University Press, Oxford.

- Hajer, M. (2005) Setting the stage: A dramaturgy of policy deliberation, *Administration and Society*, 36, 624-47.
- Hajer, M. and Wagenaar, H. (eds) (2003) *Deliberative Policy Analysis: Understanding Governance in the Network Society*, Cambridge University Press, Cambridge.
- Hall, P. (1982) *Great Planning Disasters*, University of California Press, Berkeley, CA.
- Hall, P. (1988) *Cities of Tomorrow*, Blackwell, Oxford.
- Hall, P., Thomas, R., Gracey, H. and Drewett, R. (1973) *The Containment of Urban England*, George, Allen and Unwin, London.
- Hamaguchi, E. (1985) A contextual model of the Japanese: Toward a methodological innovation in Japanese Studies, *Journal of Japanese Studies*, 11, 289-321.
- Hanley, L. (2007) *Estates: An Intimate History*, Granta Books, London.
- Harrison, P., Todes, A. and Watson, V. (2007) *Planning and Transformation: Learning from the Post-Apartheid Experience*, Routledge, London.
- Harvey, D. (1973) *Social Justice and the City*, Edward Arnold, London. 邦訳＝ダヴィド・ハーヴェイ著、竹内啓一・松本正美訳『都市と社会的不平等』日本ブリタニカ、一九八〇。
- Harvey, D. (1989) *The Condition of Postmodernity*, Blackwell, Oxford. 邦訳＝デヴィッド・ハーヴェイ著、吉原直樹監訳『ポストモダニティの条件』青木書店、一九九九。
- Haughton, G. (1999) Environmental justice and the sustainable city, *Journal of Planning Education and Research*, 18, 233-43.
- Hayek, F. A. (1944) *The Road to Serfdom*, Routledge and Kegan Paul, London. 邦訳＝F・A・ハイエク著、西山千明訳『隷属への道』春秋社、一九九二。
- Healey, P. (1985) The professionalisation of planning in Britain: Its form and consequences, *Town Planning Review*, 56, 492-507.
- Healey, P. (1988) The British planning system and managing the urban environment, *Town Planning Review*, 59, 397-417.
- Healey, P. (1992) A planner's day: Knowledge and action in communicative practice, *Journal of the American Planning Association*, 58, 9-20.
- Healey, P. (1997/2006) *Collaborative Planning: Shaping Places in Fragmented Societies*, 2nd edn, Macmillan, London.
- Healey, P. (2004a) Creativity and urban governance, *Policy Studies*, 25, 87-102.
- Healey, P. (2004b) The treatment of space and place in the new strategic spatial planning in Europe, *International Journal of Urban and Regional Research*, 28, 45-67.

- Healey, P. (2007) *Urban Complexity and Spatial Strategies: Towards a Relational Planning for our Times*, Routledge, London.
- Healey, P. (2008) Knowledge flows, spatial strategy-making and the roles of academics, *Environment and Planning C: Government and Policy*, 26, 861-81.
- Healey, P., Khakee, A., Motte, A. and Needham, B. (eds) (1997) *Making Strategic Spatial Plans: Innovation in Europe*, UCL Press, London.
- Hillier, J. (2002) Direct action and agonism in democratic planning practice, in P. Allmendinger and M. Tewdwr-Jones (eds) *Planning Futures: New Directions for Planning Theory*, Routledge, London, pp. 110-35.
- Hillier, J. (2007) *Stretching Beyond the Horizon: A Multiplanar Theory of Spatial Planning and Governance*, Ashgate, Aldershot.
- Hillier, J. and Healey, P. (eds) (2008) *Critical Readings in Planning Theory: Vol 1 Foundations of the Planning Enterprise; Vol 2 Political Economy, Diversity and Pragmatism; Vol 3 Contemporary Movements in Planning Theory*, Ashgate, Aldershot.
- Hirayama, Y. (2000) Collapse and reconstruction: Housing recovery policy in Kobe after the Hanshin great earthquake, *Urban Studies*, 15, 111-28.
- Hoch, C. (1994) *What Planners Do*, Planners Press, Chicago.
- Hoch, C. (2007) Pragmatic communicative action theory, *Journal of Planning Education and Research*, 26, 272-83.
- Hopkins, L. (2001) *Urban Development: The Logic of Making Plans*, Island Press, Washington, DC.
- Howard, E. (1989) *Garden Cities of Tomorrow*, Attic Books, Eastbourne. 邦訳＝エベネザー・ハワード著、長素連訳『明日の田園都市』鹿島出版会、一九八一。
- Ikejiofor, U. C. (2009) *Planning within a Context of Informality: Issues and Trends in Land Delivery in Enugu, Nigeria*, UN-Habitat, Nairobi.
- Imrie, R. and Raco, M. (eds) (2003) *Urban Renaissance? New Labour, Community and Urban Policy*, Policy Press, Bristol.
- Innes, J. E. and Booher, D. E. (2010) *Beyond Collaboration: Planning and Policy in an Age of Complexity*, Routledge, London.
- Ishida, Y. (2007) The concept of *machi-sodate* and urban planning: The case of Tokyu Tama Den'en Toshi, in Sorensen, E. and Funck, C. (eds) *Living Cities in Japan*, Routledge, London, pp. 115-36.
- Jabareen, Y. (2006) Spaces of risk: The contribution of planning policies to conflicts in cities: Lessons from Nazareth, *Planning Theory and Practice*, 7, 305-23.

- James, W. (1920) *Collected Essays and Reviews*, Longmans, Green, London.
- Jessop, B. (1995) Towards a Schumpeterian workfare regime in Britain? Reflections on regulation, governance and the welfare state, *Environment and Planning A*, 27, 1613-26.
- Jessop, B. (2002) *The Future of the Capitalist State*, Polity Press, Cambridge. 邦訳＝ボブ・ジェソップ著、中谷義和監訳『資本主義国家の未来』御茶の水書房、二〇〇五。
- Johnson, S. R. (2004) The myth and reality of Portland's engaged citizenry and process-oriented governance, in C. P. Ozawa (ed.) *The Portland Edge: Challenges and Successes of Growing Communities*, Island Press, Washington, DC.
- Johnson, T. J. (1972) *Professionals and Power*, Macmillan, London.
- Jolles, A., Klusman, E. and Teunissan, B. (eds) (2003) *Planning Amsterdam: Scenarios for Urban Development 1928-2003*, NAi, Rotterdam.
- Keeble, L. (1952) *Principles and Practice of Town and Country Planning*, Estates Gazette, London.
- Keifer, M. J. (2006) Public planning and private initiative: The South Boston Waterfront, in Saunders, W. S. (ed.) *Urban Planning Today*, University of Minnesota Press, Minneapolis.
- Kingdon, J. W. (2003) *Agendas, Alternatives, and Public Policies*, Longman, New York.
- Kitchen, J. E. (1997) *People, Politics, Policies and Plans*, Paul Chapman, London.
- Kitchen, T. (1991) A client-based view of the planning service, in Thomas, H. and Healey, P. (eds) *Dilemmas of Planning Practice: Ethics, Legitimacy and the Validation of Knowledge*, Avebury, Aldershot.
- Kitchen, T. (2007) *Skills for Planning Practice*, Palgrave, Basingstoke.
- Krumholz, N. and Forester, J. (1990) *Making Equity Planning Work*, Temple University Press, Philadelphia.
- Latham, I. and Swenarton, M. (eds) (1999) *Brindleyplace: A Model for Urban Regeneration*, Right Angle Publishing, London.
- Latour, B. (1987) *Science in Action*, Harvard University Press, Cambridge, MA. 邦訳＝ブルーノ・ラトゥール著、川崎勝・高田紀代志訳『科学が作られているとき――人類学的考察』産業図書、一九九九。
- Le Galès, P. (2002) *European Cities: Social Conflicts and Governance*, Oxford University Press, Oxford.
- Leitner, H., Peck, J. and Sheppard, E. S. (eds) (2007) *Contesting Neoliberalism: Urban Frontiers*, Guilford Press, New York.
- Leonardsen, D. (2007) Planning of mega projects: Experiences

and lessons, *Planning Theory and Practice*, 8, 11-30.

- Loftman, P. and Nevin, B. (1994) Prestige project developments: Economic renaissance or economic myth? A case study of Birmingham, *Local Economy*, 8, 307-25.
- Logan, J. and Molotch, H. (1987) *Urban Fortunes: The Political Economy of Place*, University of Califiornia Press, Berkeley, CA.
- Madanipour, A. (2003) *Public and Private Spaces in the City*, Routledge, London.
- Madanipour, A. (2007) *Designing the City of Reason: Foundations and Frameworks*, Routledge, London.
- Madanipour, A., Cars, G. and Allen, J. (eds) (1998) *Social Exclusion in European Cities*, Jessica Kingsley/Her Majesty's Stationery Office, London.
- Majone, G. (1987) *Evidence, Argument and Persuasion in the Policy Process*, Yale University Press, New Haven, CT. 邦訳＝ジアンドメニコ・マヨーネ著、今村都南雄訳『政策過程論の視座──政策分析と議論』三嶺書房、一九九八。
- Majoor, S. (2008) *Disconnected Innovations: New Urbanity in Large-Scale Development Projects*, Uitgeverij Eburon, Delft.
- Majoor, S. and Salet, W. (2008) The enlargement of local power in transscalar strategies of planning: Recent tendencies in two European cases, *GeoJournal*, 72, 91-103.
- Mansuur, A. and van der Plas, G. (2003) *De Noordvleugel*, DRO/Gemeente Amsterdam, Amsterdam.
- Maragall, P. (2004) Governing Barcelona, in Marshall, T. (ed.) *Transforming Barcelona*, Routledge, London, pp. 65-89.
- Marshall, T. (ed.) (2004) *Transforming Barcelona*, Routledge, London.
- Massey, D. (2005) *For Space*, Sage, London. 邦訳＝ドリーン・マッシー著、森正人・伊澤高志訳『空間のために』月曜社、二〇一四。
- Mastop, H. and Faludi, A. (1997) Evaluation of strategic plans: The performance principle, *Environment and Planning B: Planning and Design*, 24, 815-32.
- Mayer, H. and Provo, J. (2004) The Portland Edge in context, in Ozawa, C. P. (ed.) *The Portland Edge: Challenges and Successes in Growing Communities*, Portland State University, Portland, OR.
- McLoughlin, B. (1992) *Shaping Melbourne's Future*, Cambridge University Press, Melbourne.
- Meyerson, M. and Banfield, E. (1955) *Politics, Planning and the Public Interest*, Free Press, New York.
- Mitlin, D. and Satterthwaite, D. (eds) (2004) *Empowering Squatter Citizens: Local Government, Civil Society and Urban Poverty Reduction*, Earthscan, London.
- Moulaert, F., with Delladetsima, P., Delvainquiere, J. C., Demaziere, C., Rodriguez, A., Vicari, S. and Martinez, M.

(2000) *Globalisation and Integrated Area Development in European Cities*, Oxford University Press, Oxford.

- Murie, A. and Musterd, S. (2004) Social exclusion and opportunity structures in European cities and neighbourhoods, *Urban Studies*, 41, 1441-59.
- Murray, H. (2006) Paved with good intentions: Boston's Central Artery Project and a failure of city building, in Saunders, W. S. (ed.) *Urban Planning Today*, University of Minnesota Press, Minneapolis, pp. 63-82.
- Musterd, S. and Salet, W. (eds) (2003) *Amsterdam Human Capital*, Amsterdam University Press, Amsterdam.
- Nadin, V. (2007) The emergence of the spatial planning approach in England, *Planning Practice and Research*, 22, 43-62.
- Newman, P. and Thornley, A. (1996) *Urban Planning in Europe*, Routledge, London.
- Newton, K. (1976) *Second City Politics: Democratic Processes and Decision-Making in Birmingham*, Clarendon Press, Oxford.
- Nicholson, D. (1991) Planners' skills and planning practice, in Thomas, H. and Healey, P. (eds) *Dilemmas of Planning Practice: Ethics, Legitimacy and the Validation of Knowledge*,) Avebury Technical, Aldershot, pp. 53-62.
- Nishida, K. (1921/1987) *An Inquiry into the Good*, Yale University Press, New Haven, MA. 原著＝西田幾多郎著『善の研究』岩波書店、一九二一。
- Nnkya, T. J. (1999) Land use planning practice under the public land ownership policy of Tanzania, *Habitat International*, 23, 135-55.
- Nussbaum, M. (2001) *Upheavals of Thought: The Intelligence of Emotions*, Cambridge University Press, Cambridge.
- O'Connor, T. H. (1993) *Building a New Boston: Politics and Urban Renewal: 1950-1970*, Northeastern University Press, Boston, MA.
- Office of the Mayor of Durban (2001) Long Term Development Framework, eThekwini Municipality, Office of the Mayor of Durban.
- Ozawa, C. P. (ed.) (2004) *The Portland Edge: Challenges and Successes in Growing Eommunities*, Island Press, Washington, DC.
- Payne, G. (2005) Getting ahead of the game: A twin-track approach to improving existing slums and reducing the need for future slums, *Environment and Urbanisation*, 17, 133-45.
- Pell, B. (1991) From the public to the private sector, in Thomas, H. and Healey, P. (eds) *Dilemmas of Planning Practice: Ethics, Legitimacy and the Validation of Knowledge*, Avebury, Aldershot, pp. 53-62.

- Pennington, M. (2002) *Liberating the Land: The Case for Private Land-Use Planning*, Institute for Economic Affairs, London.
- Peterson, P. (2008) Civic engagement and urban reform in Brazil, *Planning Theory and Practice*, 9, 406-10.
- Pieterse, E. (2006) Building with ruins and dreams: Some thoughts on realizing integrated urban development in South Africa through crisis, *Urban Studies*, 43, 285-304.
- Porter, R. (2000) *Enlightenment: Britain and the Creation of the Modern World*, Penguin Books, London.
- Punter, J. (2003) *The Vancouver Achievement*, UBC Press, Vancouver.
- Putnam, R. (1993) *Making Democracy Work: Civil Traditions in Modern Italy*, University of Princeton Press, Princeton, NJ. 邦訳＝ロバート・D・パットナム著、河田潤一訳『哲学する民主主義——伝統と改革の市民的構造』NTT出版、二〇〇一。
- Ritzdorf, M. (1985) Challenging the exclusionary impact of family definitions in American Municipal Zoning Ordinances, *Journal of Urban Affairs*, 7, 15-26.
- Rose, R. (2009) *Learning from Comparative Public Policy: A Practical Guide*, Routledge, London.
- Roy, A. (2005) Urban informality: Towards an epistemology of planning, *Journal of the American Planning Association*, 71, 147-58.
- Rydin, Y. (2003) *Urban and Environmental Planning in the UK*, Palgrave, Basingstoke.
- Sager, T. (2009) Planners' role: Torn between dialogical ideals and neoliberal realities, *European Planning Studies*, 17, 65-84.
- Salet, W. and Gualini, E. (eds) (2007) *Framing Strategic Urban Projects: Learning from Current Experiences in European Urban Regions*, Routledge, London.
- Salet, W. and Thornley, A. (2007) Institutional influences on the integration of multilevel governance and spatial policy in European city-regions, *Journal of Planning Education and Research*, 27, 188-98.
- Salet, W., Thornley, A. and Kreukels, A. (eds) (2003) *Metropolitan Governance and Spatial Planning: Comparative Studies of European City-Regions*, E&FN Spon, London.
- Sandercock, L. (2000) When strangers become neighbours: Managing cities of difference, *Planning Theory and Practice*, 1, 13-30.
- Sandercock, L. (2003) *Mongrel Cities: Cosmopolis 11*, Continuum, London.
- Sandercock, L. (2005) An anatomy of civic ambition in Vancouver, *Harvard Design Magazine*, 22, 36-43.
- Sanyal, B. (ed.) (2005) *Comparative Planning Cultures*,

Routledge, London.
- Satterthwaite, D. (ed.) (1999) *The Earthscan Reader in Sustainable Cities*, Earthscan, London.
- Schlosberg, D. (1999) *Environmental Justice and the New Pluralism*, Oxford University Press, Oxford.
- Schon, D. (1983) *The Reflective Practitioner*, Basic Books, New York. 邦訳＝ドナルド・A・ショーン著、柳沢昌一・三輪建二監訳『省察的実践とは何か――プロフェッショナルの行為と思考』鳳書房、二〇〇七。
- Secchi, B. (1986) Una nuova forma di piano, *Urbanistica*, 82, 6-13.
- Seidman, S. (1998) *Contested Knowledge: Social Theory in the Post- Modern Era*, Blackwell, Oxford.
- Shipley, R. (2002) Visioning in planning: Is the practice based on sound theory?, *Environment and Planning A*, 34, 7-22.
- Sieverts, T. (2003) *Cities without Cities: An Interpretation of Zwischenstadt*, Spon/Routledge, London.
- Simon, D. and Narman, A. (eds) (1999) *Development as Theory and Practice*, Addison Wesley Longman, Harlow.
- Smith, C. (2006) *The Plan of Chicago: Daniel Burnham and the Remaking of the American City*, University of Chicago Press, Chicago.
- Smith, T. D. (1970) *An Autobiography*, Oriel Press, Newcastle upon Tyne.
- Smyth, H. (1994) *Marketing the City: The Role of Flagship Developments in Urban Regeneration*, E&FN Spon, London.
- Sorensen, A. (2002) *The Making of Urban Japan*, Routledge, New York.
- Sorensen, A. and Funck, C. (eds) (2007) *Making Livable Places: Citizens' Movements, Machizukuri and Living Environments in Japan*, Routledge, London.
- Sørensen, E. and Torfing, J. (eds) (2007) *Theories of Democratic Network Governance*, Palgrave Macmillan, Basingstoke.
- Sorkin, M. (ed.) (1992) *Variations on a Theme Park*, The Noonday Press, New York.
- Stone, C. N. (2005) Looking back to look forward: Reflections on urban regime analysis, *Urban Affairs Review*, 40, 309-41.
- Strobel, R. W. (2003) From 'cosmopolitan fantasies' to 'national traditions': Socialist realism in East Berlin, in Nasr, J. and Volait, M. (eds) *Urbanism Imported or Exported: Native Aspirations and Foreign Plans*, Wiley-Academic, London, pp. 128-54.
- Sutcliffe, A. (1981) *Towards the Planned City: Germany, Britain, the United States and France, 1780-1914*, Blackwell, Oxford.
- Talen, E. (1999) Sense of community and neighbourhood form: An assessment of the social doctrine of new urbanism,

Urban Studies, 36, 1361-79.

- Tarrow, S. (1994) *Power in Movement*, Cambridge University Press, Cambridge. 邦訳＝シドニー・タロー著、大畑裕嗣監訳『社会運動の力——集合行為の比較社会学』彩流社、二〇〇六。
- Taylor, M. (2003) *Public Policy in the Community*, Palgrave, Houndmills.
- Thornley, A. (1991) *Urban Planning under Thatcherism: The Challenge of the Market*, Routledge, London.
- Tomalty, R. (2002) Growth management in the Vancouver region, *Local Environment*, 7, 431-45.
- Tonnies, F. (1988) *Community and Society*, Transaction Books, New Brunswick, NJ.
- UN-Habitat (2003) *The Challenge of Slums: Global Report on Human Settlements 2003*, Earthscan, London.
- UN-Habitat (2009) *Global Report on Human Settlements 2009: Revisiting Urban Planning*, London, Earthscan.
- Urry, J. (1981) *The Anatomy of Civil Society: The Economy, Civil Society and the State*, Macmillan, London.
- van Horen, B. (2000) Informal settlement upgrading: Bridging the gap between the *de facto* and the *de jure, Journal of Planning Education and Research*, 19, 389-400.
- Vigar, G., Healey, P., Hull, A. and Davoudi, S. (2000) *Planning, Governance and Spatial Strategy in Britain*, Macmillan, London.
- Wacquant, L. (1999) Urban marginality in the coming millennium, *Urban Studies*, 36, 1639-48.
- Ward, S. (2002) *Planning in the Twentieth Century*: The Advanced Capitalist World, Wiley, London.
- Watanabe, S.-i. J. (2007) *Toshi keikaku* vs machizukuri: Emerging paradigm of civil society in Japan, in Sorensen, A. and Funck, C. (eds) *Living Cities in Japan: Citizens' Movements, Machizukuri and Local Environments*, Routledge, London, pp. 39-55.
- Watson, V. (2003) Conflicting rationalities: Implications for planning theory and practice, Planning *Theory and Practice*, 4, 395-407.
- Wenger, E. (1998) *Communities of Practice: Learning, Meaning and Identity*, Cambridge University Press, Cambridge.
- Westbrook, R. B. (2005) *Democratic Hope: Pragmatism and the Politics of Truth*, Cornell University Press, Cornell, NY.
- Wheeler, S. M. (2002) The new regionalism: Characteristics of an emerging movement, *Journal of the American Planning Association*, 68, 267-78.
- Wheeler, S. M. (2004) *Planning for Sustainability: Creating Livable, Equitable and Ecological Communities*, Routledge, London.

- Williams, K., Burton, E. and Jenks, M. (2000) *Achieving Sustainable Urban Form*, E&FN Spon, London.
- Wilson, D. and Game, C. (2002) *Local Government in the United Kingdom*, Palgrave Macmillan, London.
- Witt, M. (2004) Dialectics of control: The origins and evolution of conflict in Portland's Neighborhood Association Program, in C. P. Ozawa (ed.) *The Portland Edge: Challenges and Successes in Growing Communities*, Island Press, Washington, DC.
- Yanow, D. and Schwartz-Shea, P. (eds) (2006) *Interpretation and Method: Empirical Research Methods and the Interpretive Turn*, M. E. Sharpe, New York.
- Yiftachel, O. (1994) The dark side of modernism: Planning as control of an ethnic minority, in Watson, S. and Gibson, K. (eds) *Postmodern Cities and Spaces*, Blackwell, Oxford, pp. 216-42.
- Yiftachel, O. (1998) Planning and social control: Exploring the dark side, *Journal of Planning Literature*, 12, 396-406.
- Young, I. M. (1990) *Justice and the Politics of Difference*, Princeton University Press, Princeton, NJ.

［著者］

パッツィ・ヒーリー｜Patsy Healey

英国ニューカッスル大学、建築・都市計画・ランドスケープ学部名誉教授。プランナー、教育者、研究者として都市計画分野への多大なる貢献を認められ、1999年に大英帝国勲章、2007年に王立都市計画協会（The Royal Town Planning Institute）の最高栄誉賞ゴールドメダルを受賞。2004年には設立にも携わったAssociation of European Schools of Planningの名誉会員、2009年には英国学士院特別会員に選ばれている。RTPIが発行する学術雑誌*Planning Theory and Practice*では初代編集長を務めた（2009年まで）。主著の*Collaborative Planning: Shaping Places in Fragmented Societies*（Macmillan, 1997/2006）, *Urban Complexity and Spatial Strategies: Towards a relational planning for our times*（Routledge, 2007）のほか、学術論文・著書多数。現在は、住まいのある北東イングランドで地域のまちづくり組織The Glendate Gateway Trustの代表を務めるなど市民活動にも力を入れながら、研究・執筆活動を続けている。

［監訳者］

後藤春彦｜Haruhiko Goto

早稲田大学創造理工学部建築学科教授。専門は都市計画、都市景観、地域デザイン。

著書・訳書に『場所の力』（ドロレス・ハイデン著、学芸出版社、2002）、『図説　都市デザインの進め方』（共著、丸善、2006）、『景観まちづくり論』（学芸出版社、2007）、『生活景』（共著、学芸出版社、2009）ほか。

［訳者］

村上佳代｜Kayo Murakami

早稲田大学大学院理工学研究科建設工学専攻修了後、英国ニューカッスル大学へ留学。2004年、同大学にてPh.D取得。早稲田大学理工学総合研究所客員講師を経て、2006年よりニューカッスル大学のCentre for Rural Economyにて研究員・プロジェクトマネジャーを務める。2009年よりカナダへ移住、オンタリオ州ウォーフアイランドにて医療や福祉、教育の分野で市民活動の支援を続けている。

共訳書に『英国農村における新たな知の地平』（農林統計出版、2012）がある。

索引 | Index

人名・組織名

あ行

アージェント(開発企業)|Argent plc 194, 205, 206
アバークロンビー, パトリック|Abercrombie, Patrick 219
アーバン・ファンデーション|Urban Foundation Informal Settlements Division 150, 154
アフリカ民族会議党|African National Congress 148, 156, 158
アボット, カール|Abbott, Carl 238
アムステルダム市役所|Amsterdam City Council 046, 064, 066, 225-229, 231-235
アルツフーラー, A.|Altshuler, A. 200
アルブレヒト, ルイス|Albrechts, Louis 267
イナンダ・コミュニティ開発トラスト|Inanda Community Development Trust 154-161, 295, 304
インカタ自由党|Inkatha party 156, 158
ウォード, S.|Ward, S. 182, 299
英仏海峡トンネル鉄道|Channel Tunnel Rail Link 204
オルムステッド, フレデリック・ロー|Olmstead, Frederick Law 237

か行

ガウディ, アントニオ|Gaudí, Antoni 179
カステル, マニュエル|Castells, Manuel 033, 329
カナダ太平洋鉄道|Canadian Pacific Railway 112
カムデン区役所(ロンドン)|London Borough of Camden 204, 205
環境保護省(米国)|Environmental Protection Agency, US 022
ガンズ, ハーバート|Gans, Herbert 027, 282, 283
キッチン, テッド|Kitchen, Ted 264, 278, 280-282
ギデンズ, アンソニー|Giddens, Anthony 081, 101
ギル, エリック|Gill, Eric 019
キングス・クロス・レイルウェイ・ランド・グループ(住民活動家グループ)|Kings Cross Railway Lands Group 204
グッドマン, ロバート|Goodman, Robert 094
クラムホルツ, ノーム|Krumholz, Norm 264, 276, 277, 283, 284
ゲーツヘッド市役所|Gateshead Council 166, 167
ゲデス, パトリック|Geddes, Patrick 262, 263
コガー, ジェニス|Cogger, Janice 277
国際オリンピック委員会|International Olympic Committee 181, 182
コバーン, ジェイソン|Coburn, Jason 022, 023
ゴールドシュミット, ニール|Goldschmidt, Neil 239

さ行

サマランチ, アントニオ|Samaranch, Antonio 182
シアウォーター(開発企業)|Shearwater 192, 193
ジェームズ, ウイリアム|James, William 038
ショーン, ドナルド|Schon, Donald 275, 289
セイガリン, L.B.|Sagalyn, L.B. 176, 177
セルダ, イルデフォンソ|Cerda, Ildefons 179, 219
ソーレンセン, A.|Sørensen, A. 119, 121, 122

た行

タイン・アンド・ウエア都市開発公社|Tyne and Wear Urban Development Corporation 166
ダヴィドフ, ポール|Davidoff, Paul 093, 094
ダーバン市役所|Durban City Council 150, 156
地区計画グループ(サウス・タインサイド)|Area Planning Group 142-145
チャットウィン, アラン|Chatwin, Alan 193, 194
トンプソン, ベン|Thompson, Ben 172

な行

ニコルソン, D.|Nicholson, D. 267
ニューヨーク市環境保護課|New York City Department of Environmental Protection 022

は行

ハイバリー・イニシアティブ|Highbury Initiative 191

ハイン, B. ジョン(ボストン市長)|Hynes, Mayor John B. 170
ハーヴェイ, デヴィッド|Harvey, David 053, 054, 081
ハックスリー, マーゴ|Huxley, Margo 222
バーネット, ジョナサン|Barnett, Jonathan 117
ハーバード大デザイン学部|Harvard School of Design 178
バーミンガム市役所|Birmingham City Council 187, 266, 274
バルセロナ市役所|Barcelona City Council 181, 183, 207
パルティード・ドス・トラバリャドーレス(労働者党)|Partidos dos Trabalhadores 086
ハーレマーメール市役所|Haarlemmermeer municipality 063-066, 274, 278, 300
ハワード, エベネザー『明日の田園都市』|Howard, Ebenezer *Garden Cities of Tomorrow* 058, 078
バンクーバー市役所|Vancouver City Council 110-117, 129, 132, 135, 216-218, 262, 264, 276, 280, 295, 296, 299, 300
ビーズリー, ラリー|Beasley, Larry 263, 264
ヒリアー, J.|Hillier, J. 052
ファインスタイン, スーザン|Fainstein, Susan 227
ファレル(都市デザインコンサルタント)|Farrell urban design consultancy 193
ファン・エーステレン, コーネリアス|van Eesteren, Cornelius 046, 228, 231
ファン・ホーレン, B|van Horen, B. 152
ファン・レイン, エリック|van Rijin, Erik 064, 065, 274, 278, 280
ファンク, C.|Funck, C. 119
フィッシャー, F.|Fischer, F. 262
フォスター, ノーマン|Foster, Norman 167
フォレスター, ジョン|Forester, John 272, 274, 276, 277, 284
フーコー, ミシェル|Foucault, Michel 082
ブスケッツ, ジョアン|Busquets, Joan 182
ブラッドマン, ゴッドフリー|Bradman, Godfrey 193, 199
フランコ将軍/独裁政権|Franco, General 180, 186, 295, 299
フリーデン, B.J.|Frieden, B.J. 176, 177
ボイーガス, オリオル|Bohigas, Oriol 182
ボストン再開発公社|Boston Redevelopment Authority 171, 174, 175
ホック, C.|Hoch, C. 264, 276, 283
ホワイト, ケビン(ボストン市長)|White, Mayor Kevin 171, 174

ま行

マクローリン, ブライアン|McLoughlin, Brian 222, 228
マサチューセッツ工科大学|Massachusetts Institute of Technology 178
マッコール, トム(オレゴン州知事)|MacCall, Tom 238
マッシィ, ドリーン|Massey, Doreen 054
マラガル, パスクアル(バルセロナ市長)|Maragall, Mayor Pasqual 182
マーリン・シアウォーター・レイン(開発組合)|Merlin-Shearwater-Laing 192
ミラノ市役所|Milan City Council 247, 253
メトロ|Metro, agency 239, 240, 242, 243, 250
モア, トーマス『ユートピア』|More, Thomas *Utopia* 058

や行

ヤバリーン, ヨセフ|Jabareen, Yosef 023, 025
ユィフタチェル, オーレン|Yiftachel, Oren 033

ら行

ライト, ジェフ|Wright, Geoff 193, 196, 266, 274
ラウス・カンパニー|Rouse Corporation 172, 174-176, 178, 187, 192
ラウス, ジェームズ|Rouse, James 172-176, 198, 200, 208
ラハミノフ, アリー|Rahaminoff, Arie 266
リビングストン, ケン(ロンドン市長)|Livingstone, Ken 205
リンチ, ケヴィン|Lynch, Kevin 172
ルバロフ, D.|Luberoff, D. 200
レイン(建設会社)|Laing 192
ローグ, エド|Logue, Ed 094, 095, 171
ローズホウ(開発企業)|Rosehaugh Stanhope 192-194, 200, 204
ロンドン再開発組合|London Regeneration Consortium 204, 205

E

EU|European Union 035, 056, 058, 066, 092, 098, 139, 181, 185, 189

場所・地名

あ行

アムステルダム（オランダ）| Amsterdam 043, 046-049, 077, 219, 225-236, 245, 246, 248-254, 260, 274, 299, 302, 304
総合計画（1935）| General Extension Plan 229
マスタープラン（1985）| structuurplan 230, 231
イスラエル | Israel 018, 023, 024, 033, 266
イングランド／英国 | England/UK 018-021, 029, 137-143, 159, 251, 272
計画システムの改定 | reforms to planning system 272
州レベルの開発事業体 | regional development agencies 209
エジンバラ | Edinburgh 056
オーストラリア | Australia 052, 057, 192, 216, 222
オマハ（ネブラスカ）| Omaha 117, 128, 217
オランダ | Netherlands 062, 066, 225-227, 230, 231, 234
― 国土空間計画局が発行する空間開発に関する文書 | Statements produced by National Spatial Planning Department 228
オレゴン | Oregon 085, 238-240, 242, 243

か行

カナリー・ワーフ（ロンドン）| Canary Wharf 164, 167
キングスクロス駅周辺地区（ロンドン）| King's Cross station 202, 205
クインシー・マーケット（ボストン）| Quincy Market 171-173
グリーンポイント／ウィリアムズバーグ（ブルックリン）| Greenpoint/Williamsburg 021-023, 028, 032, 054, 128
神戸 | Kobe 062, 084, 099, 109, 118-132, 135, 136, 216, 222, 263, 271, 291, 295
近隣住区団体（町会）| neighbourhood associations 119, 124
地区開発（計画）ガイドライン | neighbourhood development guidelines 118, 125
阪神・淡路大震災（1995）| earthquake 118, 124, 125
コロンボ（スリランカ）| Colombo 049

さ行

サウス・タインサイド（英国）| South Tyneside 066, 098, 138-145, 147, 157-161, 260, 271, 296, 299, 302, 306
サブサハラアフリカ諸国 | sub-Saharan Africa 033, 160
シカゴ | Chicago 090-094, 160
― バーナム計画（1909）| Burnham Plan 245
スイス | Switzerland 067, 085

た行

台北（台湾）| Taipei 049
ダーバン（南アフリカ）| Durban 060, 065, 138, 146-154, 156, 224, 251, 280, 295, 299
ディッチリング（英国）| Ditchling 018-020, 063, 111, 135, 160, 278

な行

ナザレ（イスラエル）| Nazareth 018, 023-025, 037, 057, 110, 111
ナザレ・2000計画 | Nazareth 2000 Plan 023
日本 | Japan 071, 118-126, 130-132, 295
ニューカッスル・アポン・タイン（英国）| Newcastle upon Tyne 043-046, 049, 056, 165-168, 202, 284
ニューデリー（インド）| New Delhi 049

は行

バーミンガム | Birmingham 061, 099, 169, 187-198, 200, 202, 203, 206, 207, 210, 212, 215-218, 224, 260, 266, 274, 299, 302
パリ | Paris 164
オスマンによる ― 大改造 | Hausmann's reorganisation of 167
バルセロナ／バルセロナの水辺空間 | Barcelona/Barcelona waterfront 056, 077, 093, 116, 164, 169, 178-187, 197, 198, 200, 202-212, 215, 216, 218, 219, 223, 251, 260, 264, 276, 294-296, 299
オリンピック事業 169, 181-185, 208
都市圏総合計画（1976）| General Metropolitan Plan 180, 215, 219
ハーレマーメール（オランダ）| Haarlemmermeer 063-066, 230, 274, 278, 300
バンクーバー（カナダ）| Vancouver 053, 061, 065, 084, 093, 094, 098, 109-119, 127-132, 135, 136, 147, 216-218, 229, 245, 260, 262, 264, 276, 280, 291, 294-296, 299-302, 304, 307
ファニエル・ホール・マーケットプレイス（ボストン）| Faneuil Hall Marketplace 169-177, 190, 202, 208

ブイテンベルダート（アムステルダム）|Buitenveldert 046-048, 228
ブラジリア（ブラジル）|Brazilia 049, 056
ブリンドレイプレイス（バーミンガム）|Brindleyplace 169, 187-196, 202, 205, 208, 212, 266, 274, 299, 302
ブルックリン|Brooklyn 021, 022, 054, 262
米国|United States 022, 027, 028, 048, 063, 066, 077, 090, 092, 093, 113, 121, 133, 162, 172, 177, 187, 190, 212, 216, 224, 226, 237-243, 253, 257, 263, 289
　合衆国憲法|constitution 077
ベルギー|Belgium 251
ベルリン|Berlin 284
ボストン|Boston 056, 094, 095, 099, 110, 164, 169-178, 198, 200, 203, 206, 215, 216, 294, 295
　港湾地区再開発計画|Waterfront Renewal Plan 172
ポートランド（オレゴン）|Portland 093, 116, 225, 236-246, 249, 250, 252-256, 260, 264, 276, 281, 300, 304, 307
　近隣区住民組合のための事務所|Office of Neighbourhood Associations 240
　市街地（市中心部）計画（1972）|Downtowncity centrePlan 239, 241
ボルチモア|Baltimore 172, 182, 190, 294,
ポルト・アレグレ|Porto Alegre 086-089, 096, 098, 132, 251, 253, 294, 295

ま行

真野地区（神戸）|Mano 122, 124-126
マルセイユ大都市圏|Marseille Metropolitan Urban Area 061
南アフリカ|South Africa 137-139, 146-158, 160, 163, 299
　アパルトヘイトの崩壊|overturning of apartheid 148
ミラノ|Milan 067, 247-249, 251-253

ら行

ロンドン|London 019, 140, 164, 167, 192, 203-205, 219
　大ロンドン計画（1944）|Greater London Plan 219, 220
　ロンドン計画（2004）|Plan 219, 221, 246

事項

あ行

圧力団体|pressure groups 028, 029, 067, 078, 079, 085, 158, 199, 267, 278, 305, 307
アナーキスト|anarchist 067
アリーナ型|arenas 271, 273
イベント誘致型再開発|event-led regeneration 181, 185
インターフェイスにおける行為|acting at the interface 081, 158, 161
エコノミスト(雑誌)|The Economist 029
エリート|elites 026-028, 032, 033, 035, 059, 072, 077, 086, 088, 091, 095, 096, 121, 167, 168, 170, 300, 304, 309
汚職|corruption 033, 077, 091, 092, 170, 277, 304

か行

階級闘争|class struggles 077, 089
階層性|hierarchy
　入れ籠状に存在する地域|existing of places in a — 062, 215, 246, 293
　政府の —|levels of government 066, 097, 127, 216
開発計画|development plans 010, 029, 103, 135, 141, 170-172, 215, 219, 223, 224, 296
科学|science 016, 038, 039
　— 的知見|scientific knowledge 022, 028
　草の根の —|street — 022
ガバナンス|governance 074-106
　アリーナ/階層/境界|arenas, levels and divisions 097-100
　— 文化|— culture 090, 225, 264, 286-289
　官僚機構型 —|bureaucratic — 091-093, 097
　起業家的事業型 —|proactive — 091
　協議型 —|deliberative and collaborative — 091, 096, 123
　政策提唱型 —|ideological advocacy — 091, 093, 094
　定義|meaning 074-076
　マルチレベル —|multilevel — 098
　目標設定・合理的分析型 —|rational — 091-093
環境正義運動|environmental justice movement 022, 023, 094
環境に対する関心|environmental concerns 023, 028, 094, 239, 253, 263, 274
環境の質|environmental qualities 011, 122, 140, 199
環境保護運動|environmental movement 028, 071
関係の網の目|social networks 037, 293
官僚/官僚制|bureaucracy 028, 031, 036, 039, 078, 091-093, 097, 121, 129, 135-137, 144, 147, 155, 156, 158, 216, 222, 236, 254, 258, 260, 298
起業家/起業家的精神|entrepreneurs/entrepreneurship 068, 081, 089, 091, 172, 182, 199, 200, 300, 301
気候変動|climate change 056, 226, 298
巨大開発事業|major projects 164-213
　— とリスク|— and risk 172, 175, 178, 198, 199, 209
　— と倫理的なジレンマ|— and ethical dilemmas 281
　— の中で公共圏を守る|safeguarding the public realm in 209-212
　— の中の計画的志向|a planning orientation in — 168, 169, 191, 201, 211
　— 批判|criticism of 167, 168, 175, 177, 180, 182, 183, 190, 196, 198-203, 205, 207, 210, 211
　事業マーケティング|marketing and publicity 207, 208
　立ち上げ|developing of an idea 201
　地区の改変|area transformation 197-212
　デザイン案の策定|development of the design scheme 206
ギリシャのポリス|Greek polis 076
暮らしやすさ(居住性)[と/や]持続可能性|liveability, sustainability 038, 039, 047, 050, 053, 094-096, 104, 113-115, 126, 127, 131, 132, 160, 201, 233, 242-255, 261, 274, 278-280, 287, 290-297, 301, 306
グリーンベルト|green belts 141, 188, 220, 243
計画教育|planning education 269, 270
計画サービスのクライアント/顧客|clients/customers of municipal planning service 283
計画の正当性|legitimacy, sources of in planning work 282, 285
計画プロジェクト|planning project 027, 030-041, 161, 162, 290, 296-299, 308-311
経済的競争力|economic competitiveness 081, 089
経済問題|economic issues 027-029, 032, 034, 035, 038, 051, 062-065, 070, 071, 080-085, 089, 092, 292, 299-301
経路依存性|path dependency 295
権限委譲|devolution 098
権利|rights 051, 063, 068, 079, 084-087, 094, 102, 120, 128, 129, 135, 140, 152, 159, 160, 222-224

行為者（エージェンシー）| agency 303-308
高速道路 | motorways 026, 042, 062, 112, 124, 170, 171, 176, 238, 240, 241
交通手段 | mobility 048, 240, 241
公民権運動 | civil rights movements 028
合理的な計画プロセス | rational planning process 092
国際慈善団体 | international aid agencies 216
国家 | nationhood 049
コミュニティ開発支援者 | community development workers 157, 259, 260, 302
コンパクトシティ | compact city 228, 231, 233, 234, 242

さ行

参加 | participation 029, 035, 061, 083-086, 090, 091, 097, 114, 118, 123, 129, 152-156, 171, 187, 216, 217, 230, 242, 254, 262, 272, 276, 294-296
参加型予算編成（ポルト・アレグレ）| participatory budgeting process 088, 089, 096, 098
産業化 | industrialization 026, 042
持続可能性 | sustainability 034, 114, 206, 283, 310, 311
→「暮らしやすさ」も参照
持続可能な開発 | sustainable development 029, 035, 050
市民運動 | protest movements/social movements 023, 086, 095, 120, 122, 123, 178, 228, 238, 240, 244
市民活動/活動家 | citizen / civil society activism 039, 072, 099, 116, 126, 127, 135, 157, 158, 179, 201, 204, 225, 238, 241, 250, 263, 291, 295, 307
市民社会 | civil society 067, 080-082, 085, 087, 109, 118-120, 123, 127, 130-132, 135, 143, 161, 179, 200, 211, 234, 236, 244, 251, 259, 271
市民の権利 | citizens' rights 087
社会 | society
　— の発展 | development of — 070-072
　— 領域 | spheres of — 080
　単一の発展経路 | linear development trajectories 071, 072
社会空間の関係構造 | sociospatial relations 049-054
社会主義国 | socialist states 078
社会的不平等 | social inequalities 031
住宅開発地 | housing estates 020, 042, 180, 184, 231, 232, 241
住民投票 | citizen referenda 085, 242
知る/理解する | knowledgeability 038, 050
人権 | human rights 051, 066, 077, 098, 160
新自由主義 | neo-liberalism 081, 099, 167, 299
スプロール | sprawl 121, 141, 232, 238, 239, 243, 244, 248
生活世界 | life worlds 081, 082, 084, 101, 136
正義 | justice 022, 050, 053, 093, 094, 225, 227, 283, 297
政策コミュニティ | policy community 087, 089, 099, 139
政策提唱型プランニング | advocacy planning 093, 094
政治家/議員 | politicians 027-029, 049, 056, 063, 087, 090, 092, 094, 112, 116, 117, 137, 165, 179-182
政治的コミュニティ | political community 077
政府 | government 075-080, 083-087, 100, 104
政府系独立法人 | government agencies 099
専門性 | experts/expertise 039, 135, 158, 257-259, 261-270, 275, 287, 305
　技術的 — | technical — 039, 145, 282, 285, 290, 291
　市民的 — | citizen — 262
　専門家グループ | specialist groups 258-261
総合的な意識の覚醒 | comprehensive consciousness 254, 256, 264
組織や制度 | institutional sites 270-279
ゾーニング | zoning 031, 063, 091, 092, 103, 114, 122, 127, 129, 130, 137, 140, 219, 223

た行

「匠の技」の経験 | 'craft' experience 267
多元的価値/多元主義 | pluralism 038, 059, 104, 131, 246, 254, 261, 293
脱工業化 | de-industrialisation 139, 159, 230
地域の知見/現場の知識 | local knowledge 022, 067, 153, 154, 159
知識 | knowledge
　経験に根ざした — | experiential — 262
　— 社会 | — society 072
地図 | maps 058, 218, 329
チーム | teams 116, 173, 211, 251, 267, 276, 277, 304-306
ディストリクト・カウンシル | District Councils 020, 021

道徳｜ethics of conduct 261, 279, 280
透明性｜transparency 039, 050, 070, 075, 086, 090-093, 098, 104, 135, 157, 159, 160, 261, 278-280, 296-298, 304, 305, 309
都市化｜urbanization 014, 030, 120, 121, 141, 146, 222, 283, 293, 302, 308, 311
都市群都市（ミラノ）｜Citta di Citta 247, 249, 251
都市再生事業｜urban regeneration 056, 139, 141-143, 147, 165, 166, 186, 212, 230
都市の近代化｜modernising of cities 030
都市の場所性｜urban locales 164-170

な行

ニューアーバニズム｜new urbanism 048
ネットワーク型ガバナンス｜network governance 098
ネットワークシティ｜network city 233-235

は行

場所／場所性｜place 018-025
概念｜an idea of — 054, 056
—の意味｜sense of — 057
—のイメージ｜images of — 058-061
—の経験｜experiencing — 042-049
—の社会的意味｜social meaning of — 054
—をめぐる政治｜politics of — 025-030
無常な存在としての—｜mutability of — 069
より広い世界の中での—｜— in wider worlds 061-069
場所づくり｜place making 069-072
場所の開発戦略｜strategic planning approach 214-225, 244-257
場所の質｜place qualities 029, 054-057
場所の地理｜place geographies 054-057
パートナーシップ｜partnership 100, 103
パリッシュ・カウンシル｜Parish Councils 020, 021
非正規居住区｜informal settlements 146
ビジョン｜vision statements 039, 058, 060, 126, 191, 192, 248-250, 268, 305
人々が共同して行動を起こすこと｜collective action 036, 039, 074, 081, 083, 256, 303, 306
貧困層の居住環境改善｜improving living conditions for poor 032, 116
フォーラム型｜forums 271-273
福祉国家｜welfare state 026, 079, 080, 099, 139, 232, 300
不動産開発市場｜property development markets 195
不動産権利｜private property rights 077, 078, 129
プランナー｜planners 258, 268
プランニング・エイド｜Planning Aid system 196
分析｜analysis 032, 033, 076, 080-083, 090-093, 096, 102, 105-107, 117, 217, 222, 238, 244, 247, 249, 250, 260, 262-265, 275, 291, 292, 300, 310
文脈｜context 299-303
法廷型｜courts 271-273

ま行

マイノリティ｜minority groups 031, 216
マスタープラン｜master plan/planning 059, 092, 137, 192-194, 201, 209, 215, 222, 228, 230, 231
まちづくりの実践｜machizukuri practices 031, 109, 113, 116, 118-126, 129-130
民間の開発業者｜private sector developers 099, 101, 103, 110, 112, 113, 130, 167, 174, 179, 180, 186, 191-200, 202-208, 259, 302, 307
民主主義｜democracy 021, 026, 033, 036, 148, 154, 160, 186, 205, 227, 300
間接—｜representative — 079, 085, 091, 093, 095
直接—｜participatory — 095
民主的実践｜democratic practice 160, 230

ら行

利益誘導型政治｜clientelist politics / porkbarrel 090, 092
倫理｜ethical issues 279-286
ロビーグループ｜lobby group 028, 029, 032, 278

や行

よい暮らし｜good life 050-054, 071

メイキング・ベター・プレイス

場所《ばしょ》の質《しつ》を問《と》う

2015年9月25日　第1刷発行

監訳者　後藤春彦《ごとうはるひこ》

訳者　村上佳代《むらかみかよ》

発行者　坪内文生

発行所　鹿島出版会

〒104-0028　東京都中央区八重洲2-5-14

電話03-6202-5200　振替00160-2-180883

印刷　三美印刷

製本　牧製本

装丁　坂本知子

本文DTP　フレッド・オッツ・スニーズ

ISBN 978-4-306-07318-0 C3052

本書の内容に関するご意見・ご感想は下記までお寄せ下さい。

URL　http://www.kajima-publishing.co.jp/

e-mail　info@kajima-publishing.co.jp

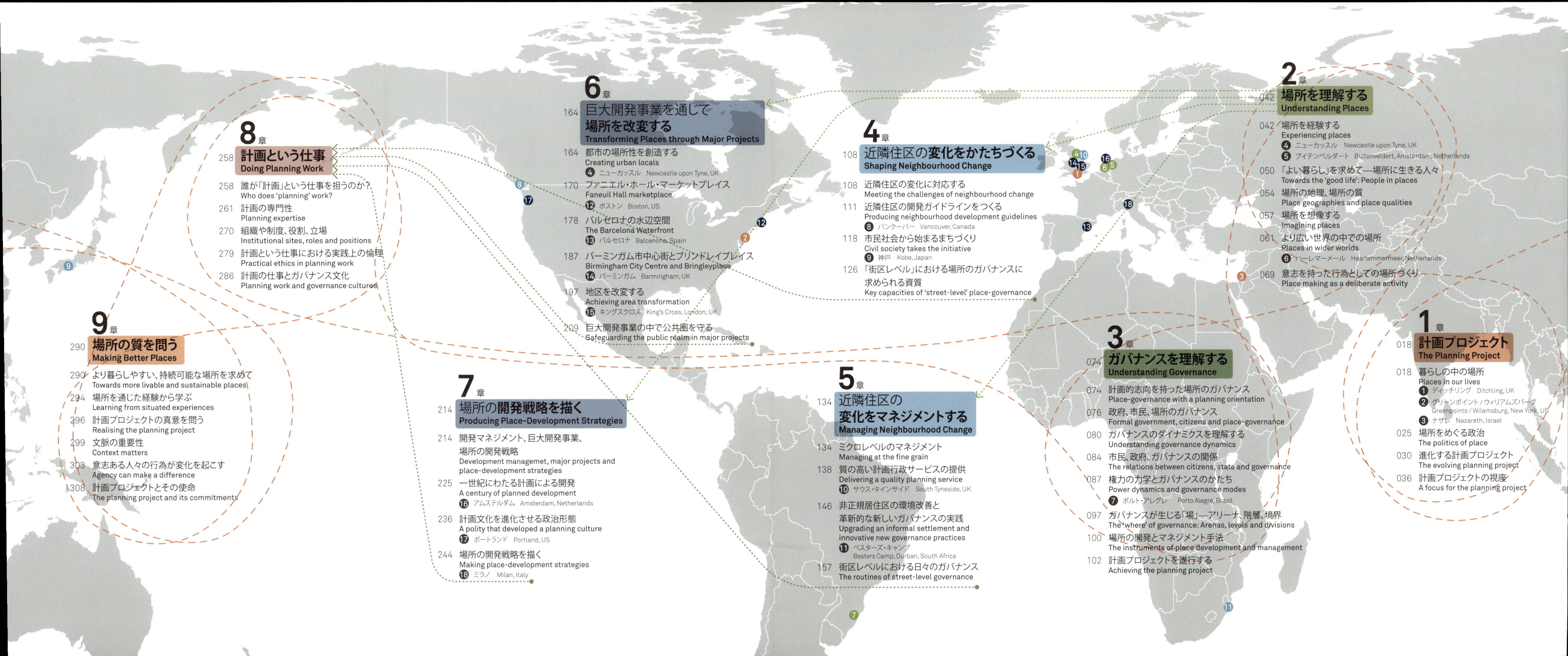